图 2-15　更换底图的抠图效果

图 2-28　更换背景后的效果

图 2-75　火焰原图

图 2-82　更换背景后的抠图效果

图 2-92　玻璃瓶原图

图 2-105　最后完成的效果

图 2-121　原图

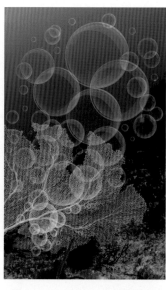

图 2-126　设置为滤色后效果

图 3-97　"波纹"滤镜效果

图 3-103　应用"挤压"滤镜效果

图 3-115 "旋转扭曲"滤镜效果

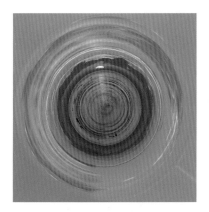

图 3-126 "极坐标"滤镜效果

图 3-130 "极坐标"滤镜效果

图 3-132 "极坐标"滤镜效果

图 4-22 完成的效果

图 4-48　绘制蓝色飘带

图 4-49　绘制橙色飘带

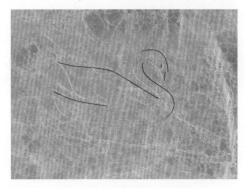

图 4-97　大理石材质的效果

图 4-100　更换图层样式的效果

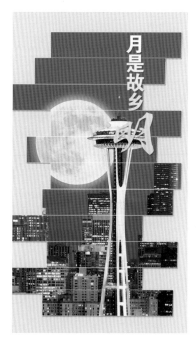

图 4-120　加入文字后效果

图 4-121　圆形分割效果

图 4-122　六边形分割效果

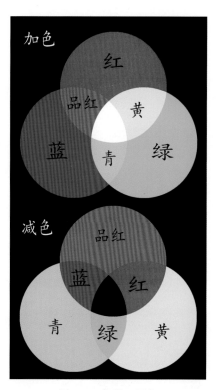

图 5-1　色彩三原色

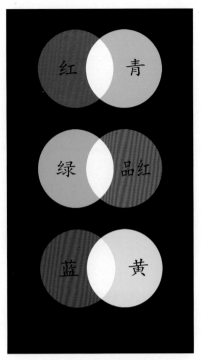

图 5-2　互补色配对

图 5-10　原图

图 5-18　画笔涂抹蒙版后的效果

图 5-44　"匹配颜色"的效果

图 5-150 填充色块

图 5-154 填充色块

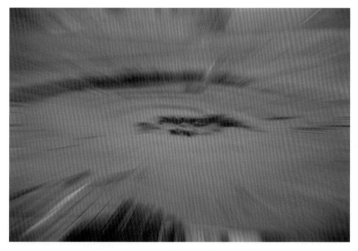

图 6-22 "高斯模糊"滤镜缩放效果

图 6-44 黑色画笔涂抹蒙版的效果

图 6-61 完成效果

图 6-108　"图片框"滤镜的效果

图 7-22　原图二

图 7-23　雨中效果二

图 7-55　"粗糙画笔"滤镜效果

图 7-72　原图　　　　　　　　图 7-79　"颜色加深"图层混合模式效果

图 7-88　擦除效果

图 7-99　双重曝光效果一　　　　　图 7-137　彩色素描效果

图 7-156　金色材质效果

图 8-1　通道磨皮效果前后对比

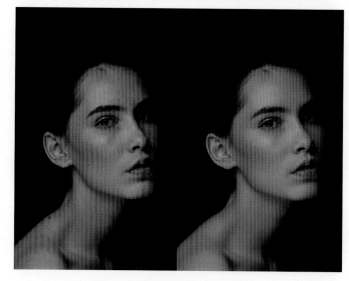

图 8-2　高斯磨皮效果前后对比

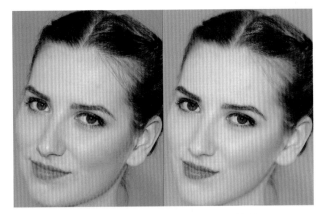

图 8-30　人脸修图完成前后对比效果

图 8-59　"海绵工具"处理的效果

图 9-50　"黑色编织纸"纹理效果

图 9-54　立体字效果

图 9-70　文字剪贴图层效果

图 9-84　压痕字体效果

图 9-108　输入路径文字

图 10-36　自动颜色校正的效果

图 9-143　完成的效果

图 10-27　苹果创意合成效果

图 10-56　完成的效果

图 10-70　添加光影的效果

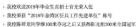

图 10-80　添加导航栏文字

图 10-88　更换插图的效果

图 10-89　更换插图的效果

图 10-100　添加主题文字

图 10-111　添加树叶图层

图 10-131　完成的整体效果

21世纪 新形态教·学·练 一体化规划丛书

Photoshop
边做边学

微课视频版

◎ 龚玉清 编著

清华大学出版社

北京

内 容 简 介

本书是一本全面系统地讲述 Photoshop CC 2019 软件操作与应用的实用教程，将软件的操作方法和平面设计原理融合在一起，通过实例分析和教学视频，指导读者学习掌握 Photoshop 的核心技术、图像合成及作品设计的方法要领，边做边学，学以致用。

全书共分 10 章：第 1 章是入门基础，讲述 Photoshop 的关键知识与基本操作；第 2 章是抠图技法，分类讲述 10 种抠图方法；第 3 章是变形操作，通过案例深入讲解各类变形的操作方法；第 4 章是创意绘制，讲解各类富有创意的图形绘制方法；第 5 章是色彩应用，讲解调色和配色的技巧方法与实例；第 6 章是光影变化，讲解图像光影效果的制作；第 7 章是特殊效果，讲解图像特殊效果的制作方法；第 8 章是人像修图，用实例讲解 5 种人脸磨皮方法及常用人像的处理技巧；第 9 章是字体设计，讲解字体效果设计方法；第 10 章是合成设计，讲解图像素材的创意合成和作品设计。全书提供了实例的教学视频、素材、源文件以及各类资源库。

本书适合作为高等院校数字媒体艺术、平面设计、UI 设计等相关专业或课程的教材，也可作为从事平面设计工作的读者自学或培训的参考用书。

图书在版编目（CIP）数据

Photoshop 边做边学：微课视频版/龚玉清编著. —北京：清华大学出版社，2021.3
（21 世纪新形态教·学·练一体化规划丛书）
ISBN 978-7-302-57091-2

Ⅰ．①P…　Ⅱ．①龚…　Ⅲ．①图像处理软件　Ⅳ．①TP391.413

中国版本图书馆 CIP 数据核字（2020）第 251174 号

责任编辑：赵　凯
封面设计：刘　键
责任校对：时翠兰
责任印制：杨　艳

出版发行：清华大学出版社
　　　　网　　　址：http://www.tup.com.cn，http://www.wqbook.com
　　　　地　　　址：北京清华大学学研大厦 A 座　　　　邮　　编：100084
　　　　社　总　机：010-62770175　　　　邮　　购：010-83470235
　　　　投稿与读者服务：010-62776969，c-service@tup.tsinghua.edu.cn
　　　　质量反馈：010-62772015，zhiliang@tup.tsinghua.edu.cn
　　　　课件下载：http://www.tup.com.cn,010-83470236
印　装　者：北京嘉实印刷有限公司
经　　　销：全国新华书店
开　　　本：203mm×260mm　　印　张：28.5　　插　页：8　　字　　数：747 千字
版　　　次：2021 年 4 月第 1 版　　　　　　　　　　　印　　次：2021 年 4 月第 1 次印刷
印　　　数：1～1500
定　　　价：89.00 元

产品编号：086463-01

Photoshop CC 2019 是由 Adobe Systems 公司开发的一款图像编辑处理软件,广泛应用于商业海报、户外平面广告、书籍封面、数码照片、网页、手机 App 界面、网店美工等设计领域,是平面设计相关专业和课程的首选软件,也是学习图像处理的必备工具软件。

本书以 Photoshop CC 2019 为基础,深入浅出地讲解图像处理的基本操作和核心技术,全书共分 10 章:

第 1 章入门基础,从 Photoshop 的工作界面说起,介绍图像的色彩模式和文件格式,全面认识图像的基本属性和特征,重点详解图像的基本操作、图层操作、工具箱、图层混合模式,使读者能够胜任图像的基本编辑处理任务。

第 2 章抠图技法,分类详解钢笔工具抠图、通道抠图、选择主体抠图、蒙版抠图等 10 种抠图方法。选择哪一种抠图方法最为合适,取决于被抠取的对象的外形是否规整、与背景的颜色反差、对象本身的透明属性等。

第 3 章变形操作,以内容识别填充、内容识别取样填充等案例深入讲解各类不同的变形操作方法,既快速便捷,又别出心裁,很好地实现理想效果。

第 4 章创意绘制,细致地讲解 5 个图形绘制的案例,包括绘制花瓣、彩色飘带、透明气泡、Logo设计和版式分割,尽可能将每个步骤详细讲解到位,激发创意灵感,为平面设计作品增添动人元素。

第 5 章色彩应用,深入讲解多类调色方法,包括"色相/饱和度"命令或调整图层、"匹配颜色"命令、"应用图像"命令、图层混合模式、Lab 调色法、曲线调色、Camera Raw 滤镜调色、黑白变彩色、黑白照片上色等。

第 6 章光影变化,结合光线与阴影处理的基础知识,以在图像中添加光线、逆光调整等案例,深入讲解光线与阴影的后期处理,为图像增添别致的光影效果。

第 7 章特殊效果,深入讲解烟雾效果、雨中效果、下雨效果、漫画效果等图像特殊效果的制作方法,凸显特定创意、氛围或场景。

第 8 章人像修图,深入讲解通道磨皮、高斯磨皮、表面模糊磨皮、画笔磨皮、滤镜插件磨皮等人脸磨皮方法,还讲解了人脸去除油光、增加黑白照片质感、人像调色等局部或者整体修图的方法。

第 9 章字体设计,深入讲解火焰字体、木刻字体、高光字体、压痕字体、变形字体、路径文字造型、粉笔字体等文字效果制作过程,将字体特效的设计理念与平面设计的主题相统一。

第 10 章合成设计,讲解图像合成和作品设计案例,使学习者领悟到合成设计的精髓要义,明白平面设计的功夫既在 Photoshop 之内,更在 Photoshop 之外。

　　本书注重突出 Photoshop 软件的基础性、应用性和操作性,通过 100 多个实例和 1000 余幅插图,详实地讲解了图像处理的基础知识和关键步骤,是一本优秀的 Photoshop CC 2019 图像编辑处理教程,具有以下突出特点:

　　(1) 应用导向,体系完整。本书是按照图像编辑处理的知识结构编排章节,而不是按照 Photoshop 软件的功能作用,注重从平面设计的实践中梳理总结,引导和启发读者从无到有、由浅入深地建立起图像处理的知识技能的体系,这样能够牢固而有效地提升学习效率和巩固学习效果。例如,第 2 章抠图技法,总结梳理了 10 种常用抠图方法,将选区、图层、通道、路径、蒙版等知识要点融入一个架构里,方法各异,但目的相同,能够通过比较各类抠图技法的优劣,从而深刻领会到不同抠图方法的适用对象特点,快速提升学习者的技能水平。

　　(2) 案例讲解,视频指导。本书所有知识点均配有相应的案例及操作步骤说明,每个实例均录制了教学微视频。通过本书的案例讲解和视频演示,读者能够一看就懂,照例能做,学后能用。例如,第 5 章色彩应用,没有美工基础的学习者要看懂弄通,要下一番狠功夫。为了破解用色配色的难题,本书从 RGB 三原色的颜色构成上,通过实例演示 3 种原色的相应数值的相加,帮助读者更好地理解加色原理和配色技巧。

　　(3) 突出实践,边做边学。本书的实例来自实际应用的场景,包括活动海报、网站首页、电子相册等,展示了在不同的媒介上的应用特点和设计要求。例如,第 10 章合成设计,五四青年节的活动海报是为一场主题演讲活动而设计;妈妈相册是为一位辛苦一生的母亲献上节日礼物而设计。这些设计作品来自真实生活,为课程思政提供了鲜活的素材,为读者提供了学习借鉴的样板。

　　本书可作为高等院校数字媒体艺术、平面设计、UI 设计等相关专业或课程的教材,也可作为平面设计工作、自学或培训的参考用书。

　　本书第 1 章至第 10 章由吉林大学珠海学院龚玉清编写,其中第 10 章的"折纸插画设计"实例由陆军步兵学院胡萍编写。参与本书资料收集和初稿整理的有吉林大学珠海学院旅游管理学院黎芷源、陈正炜、王林岱、吴嘉怡、张清玉、申苗苗、李思曲、刘译鸿、张晓敏和温欣铭。本书是 2020 年吉林大学珠海学院教学质量工程建设项目线上线下混合式一流课程建设项目"平面设计"(编号:ZLGC20200305)、吉林大学珠海学院课程思政示范团队培育项目"大学计算机基础课程思政教学团队"(编号:KCSZ2020003)的建设成果,同时也是 2019 年、2020 年广东省本科高校教学质量与教学改革工程建设项目省级在线开放课程"多媒体技术与应用""平面设计"的研究成果,在编写过程中得到吉林大学珠海学院计算机学院梁艳春院长和王婧老师的大力支持。感谢清华大学出版社魏江江老师慧眼识珠,感谢赵凯老师和王冰飞老师细致审阅,你们的鼓励是我们前进的动力。

　　由于编者水平有限,书中不当之处在所难免,欢迎广大同行和读者批评指正。

龚玉清

2020 年 12 月 15 日

CONTENTS

目　录

第1章

入 门 基 础

本章彩图

本章概述

　　本章首先从 Photoshop 的工作界面说起，介绍图像的色彩模式和文件格式，全面认识图像的基本属性和特征，接着重点讲解图像的基本操作、图层操作、工具箱，使读者能够掌握图像的基本编辑处理操作。本篇是后续篇章的起点和基础，读者既要熟练掌握 Photoshop 基本操作要领，又要从不断操作练习中巩固加深对 Photoshop 的基本特性和规律的认识。

学习目标

　　1. 了解图像文件的格式及基本操作流程。

　　2. 熟悉 Photoshop 的工作界面及组成。

　　3. 认识图像的各类色彩模式及文件格式。

　　4. 学会图像与图层的基本操作技能及错误操作的处理。

学习重难点

　　1. 掌握工具箱各项工具的使用方法。

　　2. 记忆并熟练使用 Photoshop 快捷键。

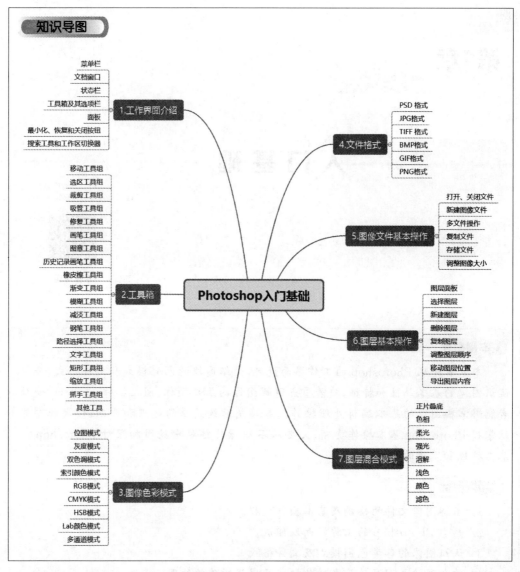

"工欲善其事,必先利其器"。掌握工具,打牢基础,是迈开平面设计的第一步。平面设计的工具软件有很多,比如面向图形处理的软件有 CorelDRAW、Illustrator、Freehand 等,面向图像处理的软件则首推 Photoshop。

Photoshop 的应用体现在我们生活的方方面面,无论是商业海报、户外平面广告、书籍封面包装、数码照片处理、网页设计,还是手机 App 界面、企业 Logo、网店美工,都有 Photoshop 大显身手之处。

图像处理软件 Photoshop 是 Adobe 系列软件之一。Adobe 系列软件还包括矢量图形编辑软件 Adobe Illustrator、音频编辑软件 Adobe Audition、文档创作软件 Adobe Acrobat、网页编辑软件 Adobe Dreamweaver、二维矢量动画创作软件 Adobe Animate、视频特效编辑软件 Adobe After Effects、视频剪辑软件 Adobe Premiere Pro 及摄影图片处理软件 LightRoom 等。

Photoshop 全称为 Adobe Photoshop,是由 Adobe Systems 公司开发并发行的一款图像处理软件,常被缩写或简称为 PS。从 20 世纪 90 年代至今,Photoshop 历经了多次版本的迭代更新。

比较早期的版本有 Photoshop 5.0、Photoshop 6.0、Photoshop 7.0，2002 年推出 CS 套装的第一个版本，CS 是 Creative Suite（创意套件）的首字母缩写，2008 年、2010 年、2012 年又分别推出了 Photoshop CS4、Photoshop CS5、Photoshop CS6 等版本。

2013 年推出了 Photoshop CC，CC 是 Creative Cloud 的首字母缩写。历经了 Photoshop CC、Photoshop CC 2015、Photoshop CC 2017、Photoshop CC 2019 等版本。本书以 Photoshop CC 2019（以下简称 Photoshop）为使用版本，其启动界面如图 1-1 所示。

图 1-1 Photoshop CC 2019 启动界面

1.1 Photoshop 介绍

1.1

安装好 Photoshop 之后，可以通过多种方式启动。以 Windows10 操作系统为例，一是在"开始"菜单中找到并单击 Adobe Photoshop CC 2019 选项，即可启动；二是双击桌面上的 Adobe Photoshop CC 2019 快捷方式图标（图 1-2）来启动；三是将 Photoshop 固定到任务栏内，通过单击任务栏中的 Photoshop 图标（图 1-3）来启动。将 Photoshop 固定到任务栏的方法是，在"开始"菜单中找到并右键单击（简称右击）Adobe Photoshop CC 2019 选项，在弹出的菜单中选择"更多"→"固定到任务栏"即可。

图 1-2 Photoshop 快捷方式图标

图 1-3 Photoshop 通过任务栏启动

如果之前在 Photoshop 处理过一些图像文档,再次打开 Photoshop,在起始界面中会显示之前操作过的文档。

在弹出"新建文档"的对话框中,提供了预设的几种文档样式,如"照片""打印""图稿和插图""Web""移动设备""胶片和视频"等几类(图 1-4)。可以选择其中一类的选项卡,也可以直接打开最近使用项。

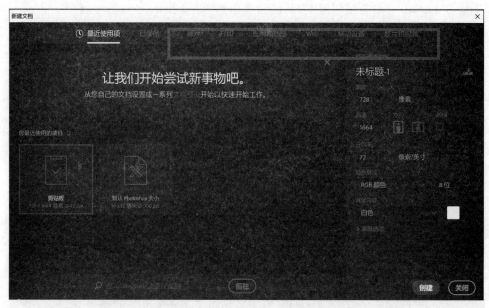

图 1-4 "新建文档"对话框界面

进入 Photoshop 后,打开一张图像,可见 Photoshop 的工作界面包括菜单栏、选项栏、文档窗口、工具箱、状态栏以及"图层""通道""路径"等多个面板,还有最小化、恢复和关闭按钮等几个部分,如图 1-5 所示。

图 1-5 Photoshop 工作界面

1.1.1　菜单栏

Photoshop 的菜单栏包含各种可以执行的命令,通过单击菜单选项即可打开菜单及选择需要的命令。每个菜单包含多个命令,其中有些命令带有　▶　(箭头)符号,表示该命令还有多个子命令;有些命令后面带有一连串的字母或字母组合,表示 Photoshop 命令的快捷键。例如:"文件"下拉菜单中的"打开"命令后面,显示了 Ctrl＋O 快捷键,如图 1-6 所示,那么同时按下键盘上的 Ctrl 键和 O 键,即可快速执行该命令,并会弹出"打开"对话框。

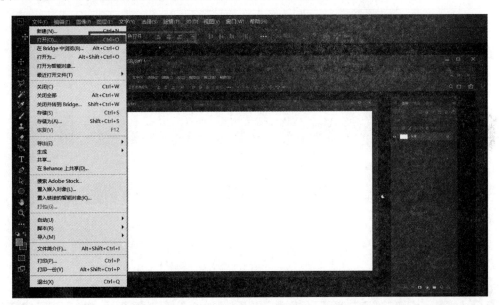

图 1-6　Photoshop 菜单栏命令

1.1.2　文档窗口

文档窗口是 Photoshop 显示和编辑图像的区域。打开一张图片,即会打开该图片对应的文档窗口。

有三种方式弹出打开界面:一是使用 Ctrl＋O 快捷键;二是双击文档窗口的空白区域;三是单击菜单"文件"→"打开"命令。在弹出的"打开"对话框中选择一张图片,单击"打开"按钮,如图 1-7 所示。打开图片文档之后,图片就在文档窗口中显示出来了,如图 1-8 所示。

在文档窗口的标题栏中就可看到这个图片文档的名称、文件格式、窗口缩放比例、颜色模式、色彩深度等信息,如图 1-9 所示。

1.1.3　状态栏

状态栏位于文档窗口的下方,可以显示当前文档的大小、文档尺寸、当前工具和测量比例等信息。在状态栏中单击向右箭头按钮 ❯ ,在弹出的快捷菜单中选择相应的命令,即可显示相关的内容信息,如图 1-10 所示,可根据个人喜好和需要切换显示信息。

图 1-7 "打开"对话框

图 1-8 打开图片之后的 Photoshop 界面

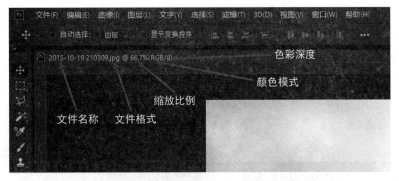

图 1-9　文档窗口的图片文件信息

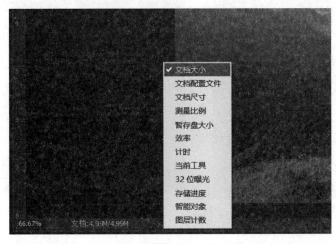

图 1-10　文档的状态栏信息

1.1.4　工具箱及选项栏

工具箱包含各种编辑处理图像的工具,位于 Photoshop 工作界面的右侧。有的图标右下角带有箭头标记,例如矩形选框工具 ▦ ,表示这是一个工具组,包含了多个其他工具。右击该图标,或者鼠标左键长按该图标,即可看到该工具组中的其他工具。

将光标移动到某个工具图标上,即可选择该工具,如图 1-11所示。下文将专门讲解工具箱的功能与使用。

选项栏用于设置当前所选工具的各种功能。选项栏随着所选工具的不同而改变选项设置内容与功能。当选择了某个工具后,即可在其选项栏中设置相关参数选项,如图 1-12 所示。

图 1-11　工具箱中展开工具组

图 1-12　"矩形选框工具"的选项栏

1.1.5　面板

面板主要用来配合图像的编辑、操作控制及参数设置等,帮助修改和监视图像处理的工作。面板在默认情况下,位于文档窗口的右侧。面板可以层叠在一起,单击面板名称(标签)即可切换到相对应的面板,如图1-13所示。将光标移至面板名称(标签)的上方,按住鼠标左键拖曳,即可将面板各窗口进行分离,如图1-14所示。

图1-13　面板层叠在一起

图1-14　面板分离开来

如果要将面板层叠在一起,可以拖曳该面板到界面上方,当出现蓝色边框后松开鼠标,即可完成堆叠工作。

面板右上角有 ◀◀ 、 ▶▶ 按钮,可以展开或者折叠面板。每个面板的右上角都有一个"面板菜单"按钮,单击该按钮可以打开该面板的相关设置菜单,如图1-15所示。Photoshop包含大量面板,如图层面板、通道面板、路径面板等,通过"窗口"菜单选择相应的命令,即可将其打开或者关闭,如图1-16所示。

如果在"窗口"菜单命令前面带有 ✔ 标记,则表示这个面板已经打开了,再次执行这个命令,可将其关闭。

1.1.6　最小化、恢复和关闭按钮

单击Photoshop工作界面右上角的"最小化"按钮 ▬ ,即可将软件最小化,单击"恢复"按钮 ▢ ,恢复软件正常显示,单击"关闭"按钮 ✕ ,即可退出软件,如果软件中还有未保存的文件,则会对用户进行提示。

1.1.7　搜索工具和工作区切换器

通过单击"搜索工具"按钮 🔍 ,可在线搜索Stock资源中的用户界面的元素、文档、帮助和学习内容等。

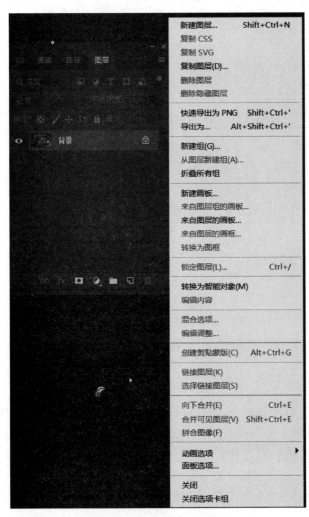

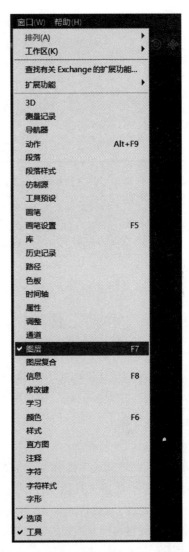

图 1-15　"图层"面板的菜单　　　　　　图 1-16　"窗口"菜单打开或者关闭面板

　　单击"工作区切换"按钮 ，不仅可以根据个人喜好和需要切换不同布局的工作区，还可以进行恢复到默认工作区、新建工作区或删除工作区等操作。

　　单击"共享图像"按钮 ，可以实现当前文档图像与 Windows 中的其他联系人共享。

1.2　工具箱

　　Photoshop 工具箱由多组工具组合而成，是图像操作各类工具的总和，如图 1-17 所示，以下通过分组介绍，每组以实例介绍一个工具。

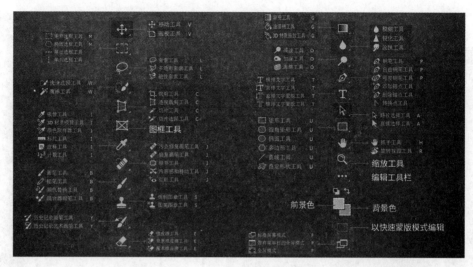

图 1-17　工具箱总体组成图

1.2.1

1.2.1 "移动工具"组

"移动工具"组是 Photoshop 软件工具栏的使用频率非常高的工具之一,主要负责图层、选区等的移动、复制操作等。"移动工具"组包括"移动工具"和"画板工具",如图 1-18 所示。

图 1-18　"移动工具"组

1. 移动工具

"移动工具"可对图像、图层、参考线等进行移动操作,不仅可以将图像在当前的文档窗口中进行移动,还可以将其他图像移动到当前操作的文档窗口中。

使用方法:单击工具箱中的"移动工具" ,在图像文档窗口中按住鼠标左键移动对象,拖动到目标位置释放,即可将对象移动到此位置;如果目标对象是另外一个图像文档窗口,则可将拖曳的对象复制到目标位置。使用拖曳的方法,将葫芦图片复制到花瓶图片中,如图 1-19 所示。

图 1-19　使用"移动工具"在不同文档之间复制对象

2. 画板工具

"画板工具"可以创建多页面的文档,在一个文档中创建多个画板,既方便多页面的同步创建,也可以很好地观察整体效果。

使用方法：单击工具箱中的"画板工具" ，在其选项栏设置"宽度"和"高度"，然后单击"添加新画板" ，再在文档窗口中的空白区域单击，即可新建画板。图1-20是通过上述步骤创建的四个画板。

图1-20 使用"画板工具"创建四个画板

1.2.2 "选区工具"组

在 Photoshop 中进行图像的局部处理时，就需要用到选区。选区就是设立编辑图像可操作区域，选区内图像可编辑，选区外的图像不可编辑。在选区被取消之前，各类工具和命令只能在这个被选定的范围内生效。

Photoshop 中有许多创建选区的方法，常规创建选区的主要工具有"矩形选框工具""椭圆选框工具""单行选框工具""单列选框工具"，如图1-21所示；"套索工具""多边形套索工具""磁性套索工具"，如图1-22所示；"快速选择工具"和"魔棒工具"，如图1-23所示。

图1-21 "选框工具"组　　　图1-22 "套索工具"组　　　图1-23 "快速选择工具"组

"矩形选框工具"用来创建长方形或正方形选区。使用方法：单击工具箱的"矩形选框工具"，在图像文档窗口中，按住鼠标左键从左上角拖曳到右下角，松开鼠标，即可形成矩形选区，如图1-24所示。

使用"套索工具"可以在图像中绘制任何形状的选区。使用方法：单击工具箱"套索工具"，在图像文档窗口中按住鼠标左键，沿着要选取的对象荷花边缘移动，当围成一个闭合的区域时，就可以松开鼠标左键，此时就会形成不规则的选区，如图1-25所示。

图1-24　"矩形选框工具"框选出矩形选区　　　　图1-25　"套索工具"绘制出不规则的选区

"快速选择工具"在图像文档窗口中，根据图像颜色的相似性，可智能地绘制需要的选区。使用方法：单击工具箱"快速选择工具"，在图像文档窗口中按住鼠标左键，沿着要选取的对象背景区域移动，此时移动过的区域都会连接在一起成为选区，如图1-26所示。如果要选取人像，只要按下快捷键Shift+Ctrl+I，反选选区就行了，如图1-27所示。

图1-26　"快速选择工具"选取出背景　　　　图1-27　反选选区后选取人像

1.2.3

1.2.3　"裁剪工具"组

"裁剪工具"组包括"裁剪工具""透视裁剪工具""切片工具""切片选择工具"，用于对图像进行裁剪与切片等操作，如图1-28所示。

"裁剪工具"用来裁剪图像，将图像不需要的部分裁剪掉，或者对图像进行构图，裁剪掉构图不完美的部分，从而定义画布的大小。

使用方法：单击工具箱中的"裁剪工具"，在图像文档窗口中按住鼠标左键，从左上角拖曳到右下角，形成裁剪后的区域，如图1-29所示；如果裁剪范围符合要求，按回车键确定，如图1-30所示为裁剪前后的对比,可以比较裁剪前后的效果,裁剪后主体更突出了。

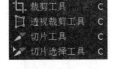

图 1-28 "裁剪工具"组　　　图 1-29 使用"裁剪工具"拖曳出要裁剪的区域范围

图 1-30 裁剪前后的对比效果

1.2.4 "吸管工具"组

"吸管工具"组包括"吸管工具""3D 材质吸管工具""颜色取样器工具""标尺工具""注释工具""计数工具",如图 1-31 所示。

"吸管工具"可以吸取图像的颜色作为前景色或者背景色。使用"吸管工具"在图像上单击,此时吸取的颜色为前景色,如果按住 Alt 键,然后再单击图像,此时吸取的颜色为背景色,每次只能吸取一种颜色。使用"吸管工具"获取图像的样色,是色彩设计的常用方法之一。

图 1-31 "吸管工具"组

使用方法:单击工具箱"吸管工具" 🖊 ,在"吸管工具"选项栏里"取样大小"选择"51×51 平均"选项,勾选"显示取样环"复选项;然后鼠标移动到图像文档窗口中要取样的位置,单击,按下鼠标时,会出现取样环,表示取样的范围,松开鼠标时,取样就完成了,工具箱的"设置前景色"色块颜色发生了改变,说明取样的颜色已经成为前景色了,如图 1-32 所示。

"颜色取样器工具"在图像中最多可以定义 10 个颜色取样点,并且将取样点的颜色信息保存在"信息"面板中。通过鼠标拖动取样点从而改变取样点的位置,如果要删除取样点,只需用鼠标将其拖出画布即可。

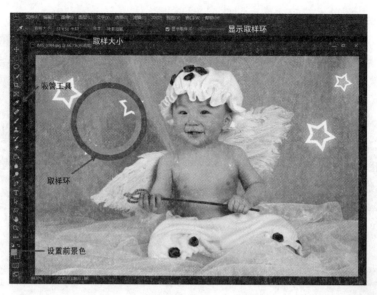

图 1-32 使用"吸管工具"取样颜色

1.2.5 "修复工具"组

"修复工具"组包括"污点修复画笔工具""修复画笔工具""修补工具""内容感知移动工具""红眼工具",如图 1-33 所示。

"污点修复画笔工具"可以快速去除图像中的污点、划痕等不理想部分。它通过对修复图像周围的区域进行自动取样来做图像修复,并将样本像素的纹理、光照、透明度、阴影与所修复的像素相匹配。

使用方法:单击工具箱中的"污点修复画笔工具" ,在选项栏中设置合适的笔尖大小,设置"模式"为"正常","源"为"取样","样本"为"当前图层",然后在需要修复的位置相邻处按住 Alt 键单击,完成

图 1-33 "修复工具"组

取样;再按住鼠标左键在要修复的位置涂抹,松开鼠标后,看到涂抹位置小男孩脸上的痣不见了,原图和修复后的图片对比效果如图 1-34 所示,这是人像修图的常用方法之一。

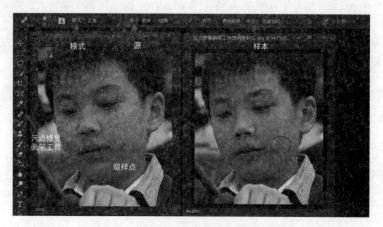

图 1-34 使用"污点修复画笔工具"修图

1.2.6 "画笔工具"组

1.2.6

"画笔工具"组包括"画笔工具""铅笔工具""颜色替换工具""混合器画笔工具",如图1-35所示。

图1-35 "画笔工具"组

"画笔工具"类似现实中的各种绘画笔,使用前景色来绘制线或色块。另外,还可以用它来修改通道和蒙版等。

使用方法:单击工具箱中的"画笔工具"，按快捷键Shift+Ctrl+N,新建一个空白的图层,在"画笔工具"选项栏里设置画笔笔尖"大小"为"50像素","硬度"为"100％",如果在文档窗口中的画面上单击,能够绘制出一个点;如果按住鼠标左键并拖动,则可以绘制出线条,绘制效果如图1-36所示。新建图层的方法,能够使得绘制的线条不会影响到原来的图层,这样便于修改。

图1-36 使用"画笔工具"绘制点和线条

如果需要修改画笔的形状和效果,那么就要在"画笔工具"选项栏进一步设置。单击选项栏中的 图标即可打开"画笔预设"选取器,其中可以看到不同类型的画笔笔尖,单击笔尖图标即可选中,作为后续绘图使用,如图1-37所示。

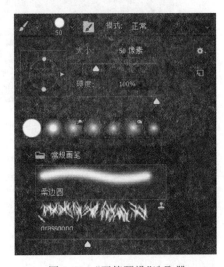

"画笔预设"选取器各参数设置说明如下:

"角度/圆度":画笔的角度用于设定画笔的长轴在水平方向旋转的角度,圆度是画笔在Z轴,即垂直于画面的轴向上的选中效果。

"大小":通过设置参数值(单位为像素)或者拖动滑块,即可调整画笔笔尖的大小。在英文半角输入法状态下,可以按"↑"键和"↓"键增大或者减小画笔笔尖的大小。

图1-37 "画笔预设"选取器

"硬度"：用来设置画笔使用时边界的清晰程度，数值越大，画笔边界越清晰，数值越小，画笔边界越模糊。

"画笔预设"选取器还会列出最近使用过的笔尖，以及可供使用的不同类型的笔尖。

1.2.7 "图章工具"组

"图章工具"组包括"仿制图章工具"和"图案图章工具"两个工具，如图 1-38 所示。

"仿制图章工具"可以通过涂抹的方式，从图像中复制信息到其他区域或其他图像中。它可以去除水印，消除人物里脸部斑点，去除背景与主体无关的物体，填补图像的空缺部位等。

图 1-38 "图章工具"组

使用方法：单击工具箱中的"仿制图章工具"，在其选项栏中打开"画笔预设"选取器，设置笔尖"大小"为"62 像素"，"硬度"为"0％"，在图像文档窗口中按下 Alt 键，同时单击要复制的蜜蜂位置，鼠标移动到另外一朵花上，按住鼠标左键，细致地涂抹，涂抹完成后松开鼠标，即可看到复制出来的蜜蜂。复制前后对比效果如图 1-39 所示。

图 1-39 使用"仿制图章工具"复制蜜蜂

1.2.8 "历史记录画笔工具"组

"历史记录画笔工具"组包括"历史记录画笔工具"与"历史记录艺术画笔工具"两个工具，如图 1-40 所示。

这两个工具是以"历史记录"面板中"标记"的步骤为"源"，然后在图像上绘制。绘制出来的部分会显示出标记的历史记录的状态。"历史记录画笔工具"会完全真实地显示历史效果，"历史记录艺术画笔工具"则会对这些历史效果进一步艺术化处理，呈现出别样生动的艺术绘画效果。

图 1-40　"历史记录画笔工具"组

　　"历史记录画笔工具"可以使图像恢复到某一步骤处理前的状态。图 1-41 左侧为原始图，中间为使用"仿制图章工具"复制了一朵荷花，右侧为使用"历史记录画笔工具"将上一步的历史操作复原了一部分，实际上是将图像或部分图像恢复到某一操作步骤或原图像状态。

图 1-41　"历史记录画笔工具"还原历史操作的状态

　　使用方法：单击工具箱中的"仿制图章工具" ，按下 Alt 键，单击原图中的荷花取样，然后在原图上涂抹，就复制出来了一朵荷花；打开"历史记录"面板，在想要绘制内容的步骤前单击，使之出现 图标，即可完成历史记录的设定。然后单击工具箱中的"历史记录画笔工具" ，适当调整画笔大小和硬度等参数，在画面中复制的荷花位置上涂抹，被涂抹的区域将还原为被标记的历史记录效果。

1.2.9　"橡皮擦工具"组

　　"橡皮擦工具"组包括"橡皮擦工具""背景橡皮擦工具"和"魔术橡皮擦工具" 3 个工具，如图 1-42 所示。

1.2.9

图 1-42　"橡皮擦工具"组

　　"橡皮擦工具"就像现实的橡皮擦一样，可以擦除文件中不需要的图像。如果擦除背景图层的图像，擦除部分由背景色来填充，如图 1-43 左侧所示；若无背景图层，擦除部分则会透明显示，如图 1-43 右侧所示。

　　使用方法：单击工具箱中的"橡皮擦工具" ，在选项栏"画笔预设"选取器里设置笔尖"大小"和"硬度"等参数，方法与"画笔工具"相同，再在图像窗口中按住鼠标左键涂抹画面。

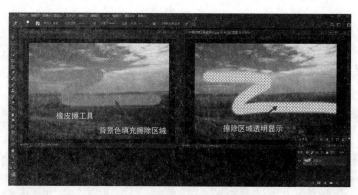

图 1-43 "橡皮擦工具"擦除效果

1.2.10 "渐变工具"组

1.2.10

"渐变工具"组包括"渐变工具""油漆桶工具""3D 材质拖放工具",如图 1-44 所示。

"渐变工具"用来绘制渐变颜色的效果。渐变是多种颜色的过渡而产生的效果,能够使设计作品的背景不那么单一,同时渐变效果叠加在原图上,能够整体改变原图的色调。

图 1-44 "渐变工具"组

使用方法:在当前打开的文档窗口中按快捷键 Shift+Ctrl+N,新建一个空白图层,单击工具箱中的"矩形选框工具"，在文档窗口中从左上角到右下角拉出一个矩形选区,单击工具箱中的"设置前景色"图标,在弹出的"拾色器(前景)"对话框中设置颜色为棕红色 RGB(232,91,5),单击工具箱中的"渐变工具"，在其选项栏中单击"渐变色条",在弹出的"渐变编辑器"窗口中单击"预设"中的第 2 个渐变样式，即从前景色到透明的渐变,然后,在"渐变工具"选项栏中单击第一个渐变类型图标，即"线性渐变",最后,在当前文档窗口中,按住鼠标左键,从矩形选框的上边缘往下拉到下边缘,这样就将当前的渐变颜色填充到了矩形选框中,画面的整体色调发生了改变,效果如图 1-45 所示。

图 1-45 使用"渐变工具"填充矩形选区

1.2.11

1.2.11 "模糊工具"组

"模糊工具"组包括"模糊工具""锐化工具"和"涂抹工具",如图 1-46 所示。

"模糊工具"可以使图像模糊,降低图像清晰度,常用于为了突出主体而模糊背景等次要的对象。其选项栏里的"模式"包括"正常""变暗""变亮""色相""饱和度""颜色"和"明度"。

图 1-46 "模糊工具"组

使用方法:在打开图片素材之后单击工具箱中的"模糊工具"， 在其选项栏中打开"画笔预设"选取器,设置画笔笔尖"大小"为"111 像素","硬度"为"0％",在选项栏中,"模式"选择为"正常","强度"为"100％",在文档窗口的画面上,按住鼠标左键,在需要模糊虚化的背景部分涂抹,保留花蕊的部分不要涂抹,这样花蕊就特别清晰而突出出来了,效果如图 1-47 所示。

图 1-47 使用"模糊工具"模糊荷花花蕊之外的部分

1.2.12

1.2.12 "减淡工具"组

"减淡工具"组包括"减淡工具""加深工具"和"海绵工具",如图 1-48 所示。

"减淡工具"可以对图像"亮部""中间调""阴影"分别进行减淡处理,用来增强图像的明亮程度。

使用方法:单击工具箱中的"减淡工具"，在其选项栏中单击"范围"按钮,选择需要被减淡处理的范围,有"亮部""中间调""阴影"三个选项,这里选择"阴影",然后设置曝光度的参数值为

"88%",曝光度是设置减淡的强度,勾选"保护色调",可以保护图像的整体色调不发生改变。上述设置完成后,调整合适的笔尖大小为180像素,硬度为0%,设置方法与在"画笔工具"使用"画笔预设"选取器相同,最后,在男孩的右侧半边脸阴影处涂抹。处理前后的两张图片对比效果如图1-49所示,在处理后的右侧图片中,男孩右脸的阴影明显改善了。

图1-48 "减淡工具"组

图1-49 "减淡工具"处理步骤及前后对比效果

1.2.13 "钢笔工具"组

"钢笔工具"组包括"钢笔工具""自由钢笔工具""弯度钢笔工具""添加锚点工具""删除锚点工具"和"转换点工具",如图1-50所示。

图1-50 "钢笔工具"组

"钢笔工具"是一种矢量工具,主要用于矢量绘图,在其选项卡里有三种模式,即"形状""路径""像素",其中"路径"模式可以绘制出矢量的路径。路径控制性好,可以多次修改,可用于绘制具有高精准度的图像,比如绘制直线和曲线。路径是由一些锚点连接成的线段或者闭合曲线,调整锚点的位置或其控制柄的弧度时,可以很好地调整整个路径的形态。钢笔工具绘制的路径,转化为选区后,可以获得很好的抠取选区的效果。本书第2章第1节,将会详细介绍通过钢笔工具抠图的方法和实例。

1.2.14 "路径选择工具"组

"路径选择工具"组包括"路径选择工具"和"直接选择工具"两种,如图1-51所示。

"路径选择工具"用来选取和移动路径操作。例如,使用"钢笔工具"绘制了路径后,如果需要对路径进行移动或者删除,那么就要使用"路径选择工具",选择需要删除的路径,然后按键盘上的Delete键,即可删除路径。

图1-51 "路径选择工具"组

1.2.15

1.2.15 "文字工具"组

"文字工具"组包括"横排文字工具""直排文字工具""直排文字蒙版工具"和"横排文字蒙版工具",如图 1-52 所示。

图 1-52 "文字工具"组

"横排文字工具"和"直排文字工具"主要用于创建实体文字,如点文字、段落文字、路径文字、区域文字;"直排文字蒙版工具"和"横排文字蒙版工具"主要用于创建文字形状的选区,可以填充或设置各种效果。

"横排文字工具"用来创建和编辑横排的文本,是目前最为常用的文字排列方式,符合国家规范的文字书写要求。"竖排文字工具"用来创建和编辑竖排的文本,文字纵向排列,常用于古代文字书写样式。

单击工具箱中的"横排文字工具",在其选项栏里可以设置文字的字体、大小、颜色等属性,具体设置如图 1-53 所示。

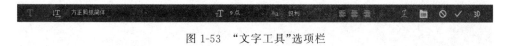

图 1-53 "文字工具"选项栏

"切换文本取向":单击该图标,横排的文字变为竖排,竖排的文字变为横排。

"设置字体":在选项栏中单击"设置字体"下拉箭头,并在下拉列表中选择合适的字体,可将所选文字设置为不同的字体。

"设置字体样式":字体样式只针对部分英文字体有效,在下拉列表中可选择需要的字体样式,包括 Regular(规则)、Italic(斜体)、Bold(粗体)和 Bold Italic(粗斜体)。

"设置字体大小":可直接在输入框中输入数值,也可以在下拉列表中选择预设好的字体大小。如果要改变部分文字的大小,则要先选中需要更改的文字后再设置。

"设置消除锯齿的方法":选择文字后,可以在下拉列表框中选择一种消除锯齿的方法。"无":不会消除锯齿;"锐利":文字的边缘最为锐利;"犀利":文字的边缘比较锐利;"浑厚":文字的边缘变粗一些;"平滑":文字的边缘会非常平滑。

"设置文本的对齐方式":包括左对齐、居中对齐和右对齐。

"设置文本颜色":单击该颜色块,在弹出的"拾色器"窗口中设置文字的颜色。

"创建文字变形":选中文本后,单击该图标,即可在弹出的"变形文字"窗口中为文本设置变形效果,如图 1-54 所示。

"切换字符和段落面板":单击该图标,可以打

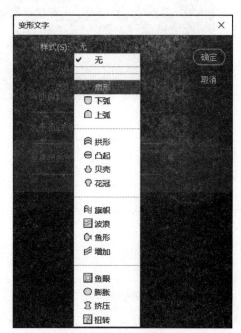

图 1-54 "变形文字"对话框设置文字变形效果

开或者关闭字符和段落面板。

"取消所有当前编辑":在文本输入或编辑状态下,显示该图标,单击该图标,可以取消当前的编辑操作。

"提交所有当前编辑":在文本输入或编辑状态下,显示该图标,单击该图标,可确定并完成当前的文字输入和编辑操作。

"从文本创建3D":单击该图标,可将文本对象转换为带有立体感的3D对象。

使用方法:单击工具箱中的"横排文字工具" $\mathbf{T}$,在"横排文字工具"选项栏里单击"切换文本取向"图标 ,文字由横排变为竖排,设置字体为"方正剪纸简体",文字大小为"18.71点",字体颜色为RGB(151,236,11),其他设置为默认,在文档窗口中单击,会出现文字录入光标提示,输入文字"小荷才露尖尖角,早有蜻蜓立上头",输入之后可以看到图层面板多了一个文本图层,效果如图1-55所示。

图1-55 使用"文字工具"创建文字

1.2.16

1.2.16 "矩形工具"组

"矩形工具"组包括"矩形工具""圆角矩形工具""椭圆工具""多边形工具""直线工具"和"自定形状工具"等六个工具,如图1-56所示。

"矩形工具"是用于绘制矩形和正方形。

使用方法:单击工具箱中的"矩形工具" ,在其选项栏里设置"绘图模式""填充""描边"等属性;设置完成后,在文档窗口中按住鼠标左键,从左上角到右下角拖曳,松开鼠标后可以看到出现了一个矩形图形,效果如图1-57所示。

如果要绘制精确尺寸大小的矩形,可以单击工具箱中的"矩形工

图1-56 "矩形工具"组

图 1-57　使用"矩形工具"绘制矩形

具"■，在文档窗口单击，然后在弹出的对话框中设置"宽度"和"高度"的像素值，如图 1-58 所示。

　　绘制矩形过程时，如果同时按住键盘 Shift 键，可以画出正方形；如果按住键盘 Alt 键，可以画出由鼠标落点为中心点向四周延伸的矩形；如果同时按住 Shift 键和 Alt 键，可以画出由鼠标落点为中心点的正方形。

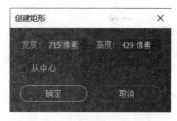

图 1-58　"创建矩形"对话框

1.2.17　"缩放工具"组

"缩放工具"用来放大或缩小图像在屏幕上的显示大小，如图 1-59 所示。

图 1-59　"缩放工具"

1.2.17

　　图像编辑处理时，常常需要观察或者操作画面的细节部分，这时候就需要将画面的显示比例放大一些，或者需要观察整体设计效果，需要把画面的显示比例缩小一些。这些情况都需要使用"缩放工具"来放大或者缩小画面显示比例。"缩放工具"并不会改变图像的真实大小，只是改变在屏幕上的显示比例。

　　使用方法：打开图像文件后，单击工具箱中的"缩放工具"🔍，在图像文档窗口上单击，即可放大图像显示比例，连续多次单击，则可放大多倍。如果要缩小显示比例,可以在选项栏上单击"缩小"图标 ,那么"缩放工具"的工作模式就从"放大"变为"缩小",此时单击图像文档窗口中的画面,就会缩小图像的显示比例。

使用"缩放工具" 放大视图的显示比例,有利于观察画面细节,图 1-60 左侧缩放比例为"16.7%",右侧缩放比例为"100%"。

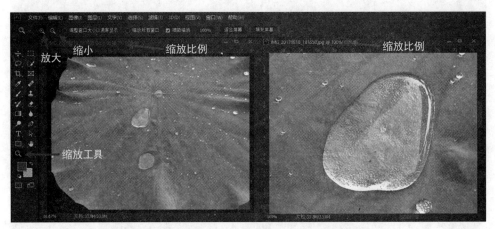

图 1-60　使用"缩放工具"调整图像显示比例

1.2.18　"抓手工具"组

"抓手工具"组包括"抓手工具"和"旋转视图工具"两个工具,如图 1-61 所示。

"抓手工具":当图像进行放大操作时,在文件中不能显示图像全部的内容,通过抓手工具可移动图像显示的位置,可以查看图像不同区域。

图 1-61　"抓手工具"组

使用方法:打开图像文件后,单击工具箱中的"抓手工具" ,在图像文档窗口中按住鼠标左键拖动,画面也随之移动,这时就可以查看图像的不同位置,如图 1-62 和图 1-63 所示。

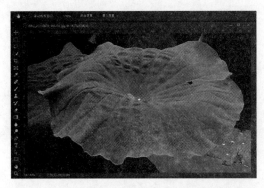

图 1-62　使用"抓手工具"移动画面显示区域之前

图 1-63　使用"抓手工具"移动画面显示区域之后

在使用工具箱的其他工具时,按住键盘上的空格键(即 Space 键),可以快速暂时切换到"抓手工具",此时可以在画面中按住鼠标左键拖动画面;松开空格键(Space 键)时,又会自动切换到之前使用的工具。这有利于提高 Photoshop 编辑处理的工作效率。

"旋转视图工具" 可以改变文档窗口中图像画面的视图角度,它旋转的是画面的显示角度,而不是对图像本身进行旋转。这一点和使用"自由变换"对图像进行旋转是有根本区别的。

使用方法:右击或者按住工具箱中的"抓手工具" ,在弹出的工具组中单击"旋转视图工具"图标 ;然后在文档窗口中的画面上按住鼠标左键拖动,可以看见整个图像画面发生了旋转;也可以在其选项栏中设置"旋转角度"的数值为"—45°",视图旋转后的效果如图 1-64 所示。

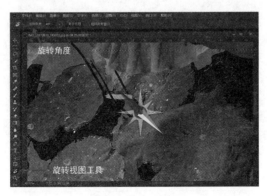

图 1-64 "旋转视图工具"旋转视图角度

1.2.19 工具箱中的其他工具

1.2.19

工具箱中的其他工具包括"编辑工具栏""前景色/背景色""快速蒙版""更改屏幕模式"等 4 个工具,如图 1-65～图 1-67 所示。

图 1-65 单击"编辑工具栏"弹出"自定义工具栏"

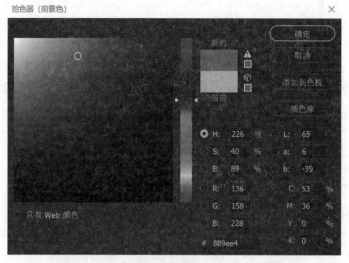

图1-66   单击"前景色"弹出"拾色器"对话框

"编辑工具栏" ····,用来自定义工具的分布、工具的显示方式和快捷键等操作。"前景色/背景色" ,用来设置当前的前景色和背景色。"快速蒙版" ,用来在标准模式和快速蒙版编辑两种方式之间切换。"更改屏幕模式" ,用来在"标准屏幕模式""带有菜单栏的全屏模式"和"全屏模式"之间选择切换。

图1-67   单击"更改屏幕模式"
选择屏幕显示模式

"标准屏幕模式":这是默认的屏幕显示模式,可以显示菜单栏、标题栏、滚动条和其他屏幕元素。在此模式下,按Tab键可以切换为带有菜单栏的全屏模式,再次按Tab键,可以恢复标准屏幕模式。

"带有菜单栏的全屏模式":此模式显示菜单栏、50％的灰色背景、无标题栏和滚动条的全屏窗口。

"全屏模式":只显示黑色背景和图层窗口,此时所有操作必须使用快捷键,所以也被称为"大师模式"。如果需要使用面板、菜单栏、工具箱等,可以按Tab键切换,如果要退出全屏模式,可以按Esc键。

1.3 图像色彩模式

颜色模式,是将某种颜色表现为数字形式的模型,或者说是一种记录图像颜色的方式。图像色彩模式分为位图模式、灰度模式、双色调模式、索引颜色模式、RGB模式、CMYK模式、HSB模式、Lab颜色模式和多通道模式。

单击菜单栏"图像",展开"模式"二级菜单,可以看到这几种图像模式,如图1-68所示。接下来,以图1-69为原始图片,分别讲解这几种模式及其特点。

图 1-68 图像色彩模式

图 1-69 图片色彩模式原图

1.3.1 位图颜色模式

位图颜色模式,用两种颜色(黑和白)来表示图像中的像素,所以位图模式的图像也叫作黑白图像。位图模式下的图像被称为位映射 1 位图像,因为其深度为 1。只有灰度模式和多通道模式可以转化为位图模式。通俗来说就像彩色图像去掉彩色信息变为灰度模式,那灰度模式去掉灰度信息只剩黑与白,即变成位图模式,如图 1-70 所示。

1.3.2 灰度颜色模式

用单一色调表现图像,一个像素的颜色用 8 位来表示,一共可表现 256 阶(色阶)的灰色调(黑和白),也就是 256 种明度的灰色。从黑→灰→白过渡,就如黑白照片,是去掉所有彩色信息后的模式,如图 1-71 所示。

图 1-70　位图颜色模式

图 1-71　灰度颜色模式

1.3.3　双色调颜色模式

在原来黑色油墨上,通过增加油墨,用特殊的灰色油墨或彩色油墨打印灰度图像。在灰度图像中,可以添加 1~4 种颜色到灰度图像中。所有双色调比四色打印更便宜,比灰度图像更生动,如图 1-72 所示。如果要将一幅彩色图像转换为双色调颜色模式时,要先将颜色模式转换为灰度颜色模式,再转换为双色调颜色模式。

1.3.4　索引颜色模式

索引颜色模式是网上和动画中常用的图像模式,彩色图像转换为索引颜色的图像后,包含 256 种颜色,并且索引颜色图像包含一个颜色表。Photoshop 软件会从可使用的颜色中选出相近颜色来模拟原图像中不能用 256 色表示的颜色,这样可以减小图像文件的尺寸,如图 1-73 所示。该颜色模式可以用来存放图像中的颜色并建立颜色索引,颜色表可在转换的过程中定义或在生成索引图像后修改,GIF 图像文件格式采用的就是索引颜色模式,它的文件尺寸非常小,便于网上浏览和传输。

图 1-72　双色调颜色模式

图 1-73　索引颜色模式

1.3.5　RGB 颜色模式

自然界由红(R)、绿(G)、蓝(B)三种不同波长强度组合而成的光,常被称为三基色或三原色。把这三种基色交互重叠,产生了次混合色——青(Cyan)、洋红(Magenta)、黄(Yellow)。这就是人们常说的三基色原理。

因此,在 RGB 模式中,由红、绿、蓝可以叠加而成其他颜色,因此 RGB 颜色模式也称为加色模式。此外,显示器、投影设备以及电视机等设备都通过 RGB 颜色模式创建其他颜色。RGB 颜色模式除了可以编辑最佳的图片,还可以提供真彩色全屏幕的效果,如图 1-74 所示。

1.3.6　CMYK 颜色模式

CMYK 颜色模式是一种印刷模式,用青(Cyan)、洋红(Magenta)、黄(Yellow)、黑(Black)4 种印刷颜色的油墨。CMYK 颜色模式在本质上与 RGB 颜色模式没有太大区别,只是色彩产生的原理不同。

在 RGB 颜色模式中,光源发出的色光混合而成颜色;在 CMYK 模式中,光线照到不同比例 C、M、Y、K 油墨的纸,部分光谱被吸收后,产生颜色。C、M、Y、K 在混合成色时,由于 C、M、Y、K 四种成分的逐渐增多,反射到人眼的光逐渐减少,因此光线的亮度就会越来越低,所以 CMYK 模式又称为减色模式,图 1-75 采用的是 CMYK 颜色模式。

图 1-74　RGB 颜色模式　　　　　　　图 1-75　CMYK 颜色模式

1.3.7　Lab 颜色模式

Lab 颜色由 RGB 三基色转换而来,是 RGB 模式转换成 HSB 模式和 CMYK 模式的桥梁。该颜色模式由一个发光率(Luminance)和两个颜色(a,b)轴组成。它由颜色轴所构成的平面上的环形线来表示色的变化,其中径向表示色饱和度的变化,自内向外表示饱和度逐渐增高,圆周方向表示色调的变化,每个圆周形成一个色环,不同的发光率表示不同的亮度并且对应不同环形颜色变化线。

Lab 是一种"独立于设备"的颜色模式,即不论使用任何一种监视器或者打印机,Lab 的颜色都不变。其中,a 表示从洋红至绿色的范围,b 表示从黄色至蓝色的范围。图 1-76 采用的是 Lab 颜色模式。

1.3.8　多通道颜色模式

多通道模式对有特殊打印要求的图像非常有用。例如,如果图像中只使用了一两种或两三种颜色,使用多通道模式可以减少印刷成本并保证图像颜色的正确输出。图 1-77 采用的是多通道颜色模式。

图 1-76　Lab 颜色模式　　　　　　　　　　　　图 1-77　多通道颜色模式

1.4　图像文件格式

Photoshop 兼容多种文件格式,通过菜单"文件"→"打开"命令,在弹出的"打开"对话框中文件格式一栏可以看到 Photoshop 兼容的各种文件格式,如图 1-78 所示。

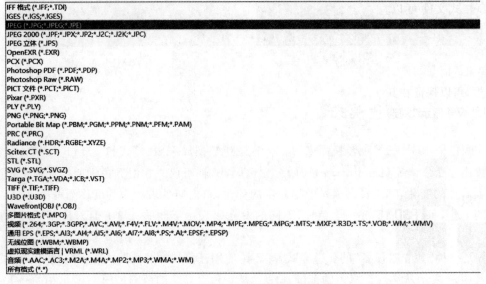

图 1-78　Photoshop 兼容的文件格式

常见的文件格式扩展名有 PSD、JPG、TIFF、BMP、GIF、PNG，其说明及用途如表 1-1 所示。

表 1-1　常见图像文件格式的说明与用途

格式	说　　明	用　　途
PSD 格式	Photoshop 源文件格式	用来存储 PS 源数据，包含分层、通道等信息，以便修改
JPG 格式	具有调节图像质量的功能，支持不同的文件压缩比	电子设备
TIFF 格式	用于存储和图形媒体之间的交换，效率很高	Photoshop 中导出图像到其他排版制作软件中，用于输出印刷
BMP 格式	应用比较广泛的位图图像格式，采用非压缩格式	应用于单机
GIF 格式	Web 所用格式，可以存储动画和透明，索引颜色模式	网上发布
PNG 格式	体积小，无损压缩，支持透明背景，更优化的网络传输显示	适合网络传输和透明背景使用

1.4.1　PSD 格式

PSD 是 Photoshop 的默认格式，也是 Photoshop 专用的分层图像格式，文件的后缀名为 psd。在 Photoshop 中，这种格式的存取速度比其他格式都要快，且支持 Photoshop 的所有图像模式，可以存放 Photoshop 中所有图层、通道、路径、选区、未栅格化的文字、图层样式等数据，便于对图像进行反复修改。

但是这种格式文件大，占用存储空间多，兼容性差。一般来说，在进行计算机平面设计时，大多数排版软件并不支持 PSD 格式的文件。但可对作品保留一份该格式的源文件方便修改，再根据作品的应用情况，另存为其他格式。

PSD 格式文件可以应用在不同的 Adobe 软件中，可以直接将 PSD 格式文件导入 Adobe Illustrator(简称 Ai)、InDesign 等平面设计软件中，也可以导入 After Effects(简称 AE)、Premiere(简称 Pr)等后期制作软件，各软件关系如图 1-79 所示。

保存文件时，选择文件格式为 PSD 格式，在弹出的"Photoshop 格式选项"对话框中，选中"最大兼容"复选框，可以保证在其他版本的 Photoshop 中能够正确打开该文档，然后单击"确定"按钮。如果同时选中"不再显示"复选框，则每次都采用当前设置，不再显示该对话框，如图 1-80 所示。

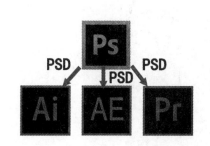

图 1-79　Adobe 多个软件兼容 PSD 格式

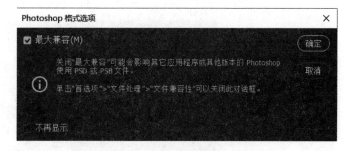

图 1-80　"Photoshop 格式选项"对话框

1.4.2 JPEG 格式

JPEG 格式简称 JPG,文件的后缀名为 jpg,这是最常用、最有效、最基本的有损压缩格式。文件的格式小,占用存储空间少,兼容性极强,同时 JPEG 还是一种很灵活的格式,具有调节图像质量的功能,支持不同的文件压缩比。

但是 JPG 格式采用有损压缩方式,对图像的呈现质量有一定影响,所以如果对于输出品质要求较高,则不建议使用这种格式,建议使用 TIFF 格式。一般在电子设备上显示的图像经常使用这种格式。

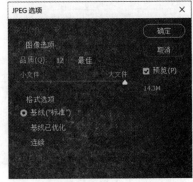

图 1-81 "JPEG 选项"对话框选项设置

保存文件时,选择文件格式为 JPG 格式,在弹出的"JPEG 选项"对话框中可以进行图像品质的设置。品质数量越大,图像质量越高,文件大小也就越大。具体设置数量,要根据图像用处和要求来定,建议采用"6""8""10"等数值设置。设置完成后,单击"确定"按钮,如图 1-81 所示。

1.4.3 TIFF 格式

TIFF 格式简称 TIF 格式,文件名后缀是 tif。适用于不同的应用程序及平台,用于存储和图形媒体之间的交换,效率很高,是图形图像处理中常用的格式之一。

TIFF 格式最大的特点就是保存图像质量不受影响,而且能够保存文档中的图层信息以及 Alpha 通道。但 TIFF 格式并不是 Photoshop 专有格式,有些 Photoshop 特有的功能,如调整图层、智能滤镜等,无法被保存下来。

图像格式很复杂,但由于 TIFF 格式对图像信息的存放灵活多变,可以支持很多色彩系统,而且独立于操作系统,因此得到了广泛应用。TIFF 格式输出的图像具有较高的质量,适合从 Photoshop 中导出图像到其他排版制作软件中。一般来说,如果设计的图像需要高品质印刷输出,通常保存为该格式。

保存文件时,选择文件格式为 TIFF 格式,在弹出的"TIFF 选项"对话框中,可以对"图像压缩""像素顺序""字节顺序""图层压缩"等内容进行设置。如果对图像质量要求非常高,"图像压缩"可以选择"无"单选按钮,然后单击"确定"按钮,如图 1-82 所示。

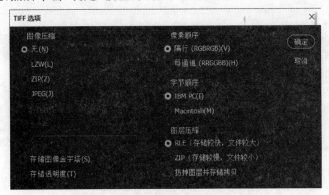

图 1-82 "TIFF 选项"对话框选项设置

1.4.4　BMP 格式

BMP 格式的文件名后缀是 bmp。它的色彩深度有 1 位、4 位、8 位及 24 位几种（biBitCount＝1 等）。BMP 格式是应用比较广泛的一种图像格式，由于采用 RLE 无损压缩方式，所以图像质量较高，但 BMP 格式的缺点是文件占空间较大，通常用于单机上，不适于网络传输。

BMP 格式主要用于保存位图图像，支持 RGB、位图、灰度和索引颜色模式，但是不支持 Alpha 通道。

保存文件时，选择文件格式为 BMP 格式，在弹出的"BMP 选项"对话框中，可以对"文件格式""深度"等内容进行设置。如果对图像质量要求高，"深度"（即色彩深度）可以选择 16 位或者更高，然后单击"确定"按钮，如图 1-83 所示。

1.4.5　GIF 格式

GIF 格式是一种流行的彩色图形文件格式，文件的后缀名为 gif，常应用于网络图像上，是输出图像到网页最常用的格式。GIF 文件格式采用了可变长度的压缩编码和其他一些有效的压缩算法，按行扫描迅速解码，且与硬件无关。

GIF 支持 256 种颜色的彩色图像，并且在一个 GIF 文件中可以记录多幅图像。GIF 是一种 8 位彩色图形文件格式，采用了一种经过改进的 LZW 压缩算法，同时支持透明和动画，而且文件较小，所以广泛用于网络动画。

保存文件时，选择文件格式为 GIF 格式，在弹出的"索引颜色"对话框中，可以进行"调板""颜色"等设置。选中"透明度"复选框，可以保存图像中的透明部分，然后单击"确定"按钮，如图 1-84 所示。

图 1-83　"BMP 选项"对话框选项设置

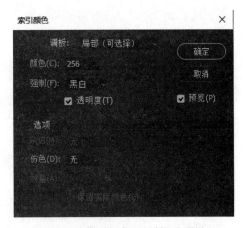
图 1-84　"索引颜色"对话框选项设置

1.4.6　PNG 格式

PNG 是一种专门为 Web 开发的网络图像格式，文件的后缀名为 png，结合了 GIF 和 JPG 的优点，具有存储形式丰富的特点。PNG 最大的色深为 48 位，PNG 文件采用 LZ77 算法的派生算法进行压缩,其结果是获得高的压缩比,生成文件小。PNG 格式可以为图像定义 256 个透明层次,并产生无锯齿状的透明背景。由于 PNG 格式可以实现无损压缩,并且背景部分是透明的,常用于存储背景透明的图像素材。这种支持透明效果的功能是 GIF 和 JPEG 所没有的。

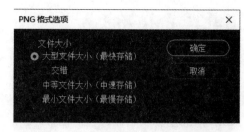

图 1-85 "PNG 格式选项"对话框选项设置

保存文件时,选择文件格式为 PNG 格式,在弹出的"PNG 格式选项"对话框中,可以选择"文件大小"下的单选按钮,然后单击"确定"按钮,如图 1-85 所示。

1.5 图像文件基本操作

1.5.1

1.5.1 打开、关闭文件

1. 打开文件

打开图像文件,有三种方式:一是使用 Ctrl+O 快捷键;二是双击文档窗口的空白区域;三是单击菜单"文件"→"打开"命令,在弹出的"打开"对话框中选择一张图片,单击"打开"按钮,即可在 Photoshop 中打开并进行相关的编辑工作。

如果找到了图片所在的文件夹,却没有看到要打开的图片,这时候要检查"打开"对话框的底部,"文件名"下拉列表框的右侧是否显示的是"所有格式",如果是某种图像文件格式,和你要打开的图像文件格式不一致,那么在"打开"对话框中就显示不出你要打开的图片。此时,将"文件名"下拉列表框的右侧选择为"所有格式"即可,如图 1-86 所示。

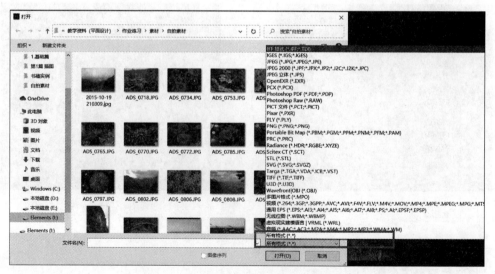

图 1-86 "打开"对话框中选择文件格式

2. 关闭文件

Photoshop 是一个支持多个文件窗口的软件,在完成所需的设计制作后,也可以将暂时不需要的文件关闭。关闭图像文件,有多种方式:

(1)使用 Ctrl＋W 快捷键,关闭当前的图像文件。

(2)使用 Alt＋Ctrl＋W 快捷键,关闭已经打开的全部图像文件。

(3)单击菜单"文件"→"关闭"命令、"关闭全部"命令或"关闭并转到 Bridge"命令。如果图像在打开之后被修改过,则会弹出"要在关闭前存储对 Adobe Photoshop 文档(文件名)的更改吗?"对话框,以确定是否保存修改过的文件。

(4)单击菜单"文件"→"退出"命令,就会直接退出 Photoshop 软件。

(5)单击 Photoshop 工作界面或文件文档窗口右上角的"关闭"按钮 ✕ ,就可以退出 Photoshop 或者关闭文件。

3. 打开使用过的文件

最近操作处理过的图像文件,不用在"打开"对话框中查找文件目录,而可以单击菜单栏"文件"→"最近打开的文件"命令,在展开的二级菜单里找到需要打开的图像文件,如图 1-87 所示。

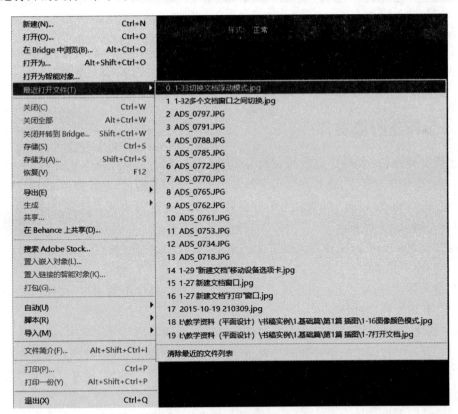

图 1-87　打开最近使用过的文件

4. 打开扩展名不匹配的文件

如果要打开扩展名与实际格式不匹配的文件,或者要打开没有扩展名的文件,可以单击菜单"文件"→"打开为"命令,快捷键为 Alt＋Shift＋Ctrl＋O;在弹出的"打开"对话框中选择文件,然后在格式下拉列表框中为它选定正确的格式,单击"打开"按钮,如图1-88所示。

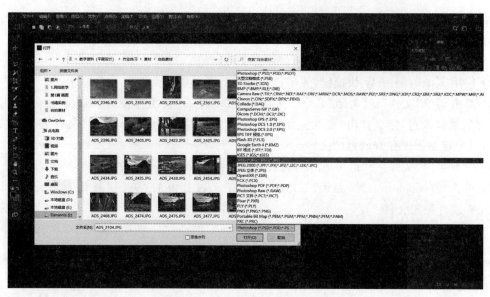

图1-88　打开文件扩展名不匹配的文件

如果文件不能打开,则表示选取的格式可能与文件的实际格式不匹配,或者文件已经损坏,会弹出错误提示信息框,如图1-89所示。

图1-89　文件无法打开的错误信息提示

1.5.2

1.5.2　新建图像文件

新建图像文件之前,要确定好图像文件的用途,是印刷输出,还是电子屏幕展示,还是发微信朋友圈。如果是印刷输出,建议使用 TIFF 格式,分辨率设为 300ppi(像素/英寸)以上;如果是电子屏幕展示,例如设计网页或者演示文稿,建议使用 JPG 格式,分辨率设为 72ppi 即可。

第一次打开 Photoshop,工作界面没有文档窗口,空空如也,要进行平面设计作品的创作或者处理,首先要新建图像文件。

新建图像文件,有两种方式:一是按快捷键 Ctrl＋N;二是单击菜单栏"文件"→"新建"命令。此时,会弹出"新建文档"对话框。

弹出的"新建文档"对话框可以分为三个部分:顶部是预设的尺寸选项卡,提供了预设的几种文档样式,如"照片""打印""图稿和插图""Web""移动设备""胶片和视频"等几类;左侧是预设选项或者最近使用的项目;右侧是自定义选项设置区域,包括图像文件的"宽度""高度""分辨率""颜色模式""背景内容"等,如图1-90所示。

在预设的选项卡里,Photoshop 根据不同行业的需求,对常见的尺寸大小及分辨率进行了分类。使用者可以根据自己的需要,在预设中找到合适的尺寸。例如,如果用于排版、印刷等纸质媒体,可以选择"打印"选项卡,可以在对应的下方列表框中查看常见的打印尺寸,如图1-91所示。如果用于用户界面(UI)设计,则可以选择"移动设备"选项卡,同样可以看到电子移动设备的常用尺寸大小等设置,如图1-92所示。

图 1-90 "新建文档"对话框

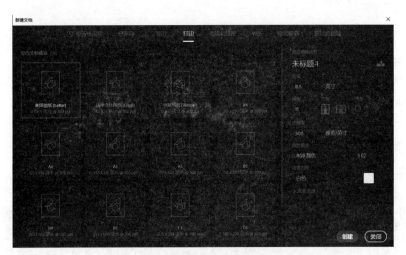

图 1-91 "新建文档"的"打印"选项卡

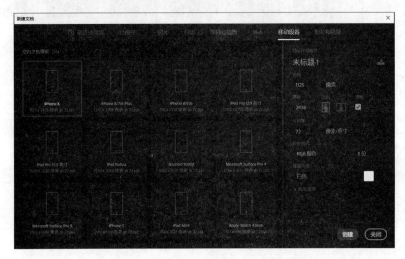

图 1-92 "新建文档"的"移动设备"选项卡

自定义选项设置区域有关参数设置说明如下:

"高度"和"宽度":设置图像文件的高度和宽度,单位有"像素""英寸""厘米"和"毫米"等。

"分辨率":分辨率是单位尺寸内像素的数量多少,单位有"像素/英寸"和"像素/厘米"两种。新建图像文件,主要应考虑输出成品的尺寸大小,要根据图像文件的用途来具体设置。如上文所述,如果是印刷输出,建议分辨率设为300ppi以上;如果是电子屏幕展示,建议分辨率设为72ppi即可。

"颜色模式":设置文件的颜色模式及相应的颜色深度。颜色模式有"位图""灰度""RGB颜色""CMYK颜色""Lab颜色"等五个选项;颜色深度有"8位""16位""32位"等三个选项。高品质印刷输出应选择16位颜色深度,一般多媒体设备显示输出则选择8位颜色深度即可。

"背景内容":设置文件的背景内容,有"白色""背景色"和"透明"三个选项。

"高级选项":可进行"颜色配置文件"和"像素长宽比"的设置。

1.5.3

1.5.3 多文件操作

1. 打开多个图像文件

在"打开"对话框中,可以一次性选择多个图像文件,同时将它们打开。选择方法有两种:一是按住鼠标左键,框选多个文件;二是按住Ctrl键,同时单击多个图像文件,如图1-93所示。选定之后,再单击"打开"按钮。在Photoshop工作界面就会打开多个文档的文档窗口,如图1-94所示。默认情况下只能显示其中一幅图片。

图1-93 "打开"对话框中选择多个文件

图 1-94　多个文档同时打开

2．文档窗口之间的切换

虽然可以打开多个文档,但是文档窗口只能显示一个文档。单击标题栏上的文档名称,即可切换到相应的文档窗口,进一步处理操作,如图 1-95 所示。

图 1-95　在多个文档窗口之间切换显示图片

3．切换文档浮动模式

默认情况下,打开多个图像文档后,多个图像文档均一起合并在文档窗口中,还可以把单个图像文档单独实现一个文档窗口。方法是把鼠标移动到文档名称上,按住鼠标左键向外拖曳,松开鼠标后,该文档即为浮动的模式,如图 1-96 所示。

图 1-96　图像文档窗口单独浮动出来

4. 多文档窗口同时显示

有时候要同时显示多个图像文档,以便于查看对比,此时可以通过设置"窗口排列方式"。单击菜单栏"窗口"→"排列"命令,选择相应的显示排列方式即可,如图 1-97 所示。例如,选择"六联"排列方式,则可以同时打开六张图片的文档窗口,如图 1-98 所示。

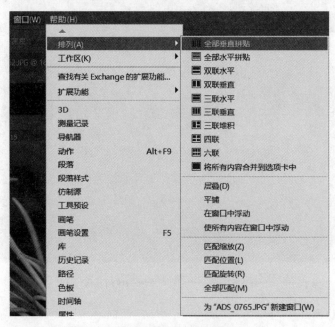

图 1-97　设置文档"窗口"的"排列"方式

图 1-98 文档窗口"六联"排列方式

1.5.4 复制文件

复制是 Photoshop 进行图像处理的基本功能与常用功能。复制图像和文件可以方便操作、节省时间、提高效率。Photoshop 打开文件后,单击菜单栏"图像"→"复制"命令,可以为当前操作文件生成一个文件副本,如图 1-99 所示。

1.5.4

图 1-99 以"双联垂直"的排列方式显示复制的文档窗口

1.5.5　存储文件

对文件进行编辑处理后,需要将操作处理的结果保存到当前文件中,单击菜单栏"文件"→"存储"命令,或者使用快捷键Ctrl+S。如果文件存储后没有弹出任何窗口,则表示是以原有的文件位置、文件名和文件格式保存,存储时将保留所做的修改,并替换掉上一次保存的文件。

如果是第一次对文件进行存储,单击菜单"文件"→"存储为"命令,或者使用快捷键Shift+Ctrl+S,则会弹出"存储为"窗口,从中可以选择文件存储位置,并设置文件存储格式以及文件名,如图1-100所示。

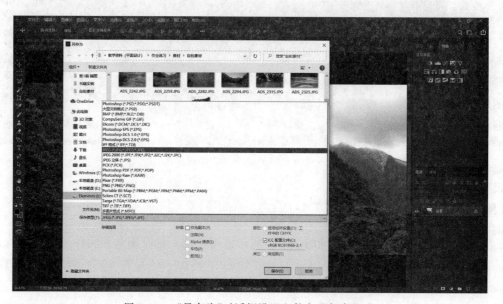

图1-100　"另存为"对话框设置文件名及保存格式

"另存为"对话框中各项设置的说明:

"文件名":设置保存的文件名。

"保存类型":选择文件的保存格式。

"作为副本":选中该复选项,则另外保存一个副本文件。

"注释/Alpha通道/专色/图层":可以选择是否存储注释、Alpha通道、专色和图层。

"使用校样设置":将文件的保存格式设置为PDF时,该复选项才有用。选中后,即可保存打印用的校样设置。

"ICC配置文件":保存嵌入在文档中的ICC配置文件。

"缩览图":为图像创建并显示缩览图。

1.5.6　调整图像大小

通过"图像大小"命令来调整图像尺寸,首先在Photoshop中使用快捷键Ctrl+O,找到并打开一个图像文件,执行"图像"→"图像大小"命令,在弹出的"图像大小"对话框中根据需要对图像"宽度""高度"和"分辨率"等进行修改,如图1-101所示。

"图像大小"对话框中各项设置说明如下:

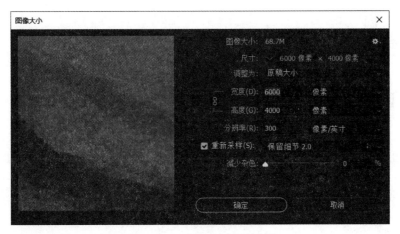

图 1-101 "图像大小"对话框

"图像大小"：显示原图像的大小与修改后图像的大小。

"缩放样式"：单击对话框右上角的"缩放样式"按钮，可在弹出选项中选择是否缩放样式。若选择"缩放样式"选项，则在图像文件中添加了图层样式的情况下，在修改图像的尺寸时，会自动缩放样式。

"尺寸"：显示当前文档的尺寸。单击右侧的"下拉"按钮，可在弹出的下拉菜单中根据需要与习惯选择尺寸的度量单位。

"调整为"：可选择图像的自定义尺寸或各种预设尺寸，单击右侧的"下拉"按钮，在弹出的下拉菜单中根据需要设置图像的尺寸。

"宽度"和"高度"：可以修改图像的宽度和高度，通过单击右侧的"下拉"按钮，可在弹出的下拉菜单中根据需要与习惯选择尺寸的度量单位。"宽度"和"高度"右侧中间的"链接"按钮处于按下状态时，表示约束长宽比，宽度、高度成比例缩放；若处于弹起状态，表示不约束长宽比，宽度、高度的缩放不相互关联。

"分辨率"：用于设置图像分辨率大小，输入数值之前，要选择合理的单位。由于图像原始文件的像素总数是固定的，即使人为调大分辨率，也不会使得模糊的图片变得清晰。

"重新采样"：在该下拉列表框中可以选择重新取样的方式，可选项如图 1-102 所示。

未勾选"重新采样"选项时，修改图像尺寸或分辨率不会改变图像中的像素总数，也就是说，图像尺寸变小或增大，分辨率就会增大或变小。勾选该项时，修改图像尺寸或分辨率会调整图像像素总数，并可在右侧菜单中选取插值方法来确定增加或减少像素的方式。

通过图像大小命令，可调整图像的尺寸、分辨率、像素数量。一般说来，建议将图像的尺寸变小，尽量不要将尺寸变

保留细节 2.0	
自动	Alt+1
保留细节（扩大）	Alt+2
保留细节 2.0	Alt+3
两次立方（较平滑）（扩大）	Alt+4
两次立方（较锐利）（缩减）	Alt+5
两次立方（平滑渐变）	Alt+6
邻近（硬边缘）	Alt+7
两次线性	Alt+8

图 1-102 "重新采样"可选列表

大。因为前者不会影响图像质量，而后者会降低图像质量。调整图像尺寸大小，要注意保持原有画面的比例关系，否则容易产生变形，影响图片视觉效果。调整图像尺寸大小，也可以使用工具箱的"裁剪工具"，直观便捷地进行图像的裁剪。

1.6.1

1.6 图层基本操作

1.6.1 图层面板

Photoshop 是建立在分层处理基础之上的图像处理软件,图层是以分层的形式显示图像,具有空间上层层叠加的特性,充分理解图层的属性和操作特点,就能够很好地掌握相关操作要领。

图 1-103 是一幅生动喜庆的插画图,是由气球、汽车、人物和草地天空背景等四个图层叠加而成的,图层叠加有上下层的关系,上层的图层会覆盖到下层的图层之上,依次覆盖叠加,形成了一个统一的整体。

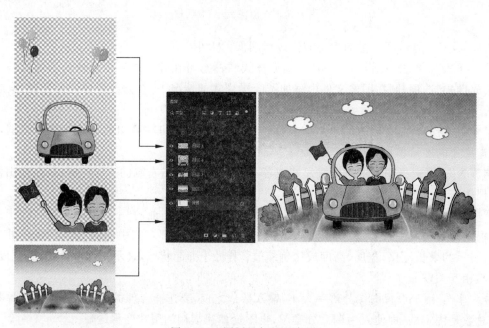

图 1-103　图层叠加的示意图

图层与图层之间相互独立,这就为操作编辑带来了极大的方便。当然,上方的图层的不透明度、图层混合模式的修改,会给下方的图层带来影响。单击菜单"窗口"→"图层"命令,可以打开"图层"面板。"图层"面板常用于图层的新建、删除、选择、复制、组合等操作,还可以设置图层混合模式,添加和编辑图层样式等。

"图层"面板各组成部分如图 1-104 所示。

"图层"面板各组成部分从上到下依次说明如下:

"图层过滤":用于只显示特定图层,例如像素图层、调整图层、文字图层、形状图层和智能对象等;在左侧的下拉列表框中可以选择筛选方式,单击最右侧的"打开或关闭图层过滤"按钮,可以启动或关闭图层过滤功能。

"设置图层的混合模式":用来设置当前所选图层的混合模式和下面的图层产生各类混合效果。各类混合模式的效果及操作方法,将在稍后部分讲解。

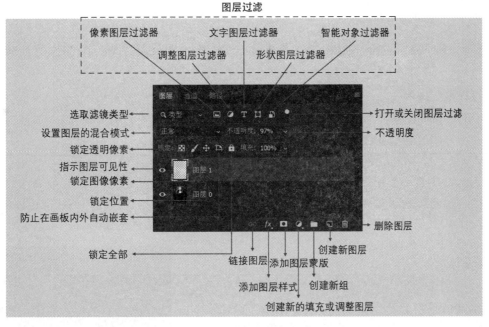

图 1-104　"图层"面板组成

"不透明度"：用来设置当前所选图层的不透明度，0％为完全透明，100％为完全不透明，不透明度的设置，对于上下图层的融合效果作用明显。

"锁定透明像素"：可以将编辑范围限制为当前图层的不透明部分；"锁定图像像素"：可以防止使用绘图工具修改图层的像素；"锁定位置"：可以防止图层的像素被移动；"防止在画板内外自动嵌套"：如果图层移出画板，仍然保留在原来画板中的图层位置，不会移动到别的画板中；"锁定全部"：可以锁定透明像素、图像像素和位置，此时所选图层不能进行任何操作编辑。

"指示图层可见性"：眼睛图标显示，表示当前图层处于可见状态；眼睛图标不显示，表示当前图层处于不可见状态。单击该图标，可以在显示与隐藏之间切换。

"链接图层"：选择多个图层之后，单击该图标，所选择的图层会被链接在一起，当选中被链接的图层中一个图层时，可以进行同步移动或自由变换等操作。当链接多个图层之后，图层的右侧会出现链接标志。

"添加图层样式"：图层样式是为图层对象添加例如阴影、外发光、描边等效果，单击该图标，在弹出的快捷菜单中选择一种样式，即可为当前图层添加该样式。

"添加图层蒙版"：单击该图标，可为当前图层添加图层蒙版，并同步在通道面板中建立对应的通道。

"创建新的填充或调整图层"：单击该图标，在弹出的快捷菜单（4类19种）中选择其中一个菜单项，即创建填充图层或者调整图层，可实现多种色彩调整的效果。

"创建新组"：单击该图标，即可创建一个新的图层组，图层组可以包含多个图层。

"创建新图层"：单击该图标，即可在当前图层的上一层创建一个新的空白图层。

"删除图层"：首先要先选中一个图层，单击该图标，即可删除选中的图层。

1.6.2 选择图层

正确地选择图层,是进行图像处理的第一步。只有选择要处理的图层,才能够产生操作后的效果。

1. 选择单个图层

当打开一张 JPG 格式的图像文件后,在图层面板上会出现一个"背景"图层。"背景"图层,顾名思义,就是所有后续建立的图层的"背景",也就是最底层的图层。

解锁背景图层:背景图层是一种比较特殊的图层,当打开一张图片时,在图层面板中会有一个"背景"图层,右侧有一个锁形图标,表示是背景图层,无法移动或者删除,有的操作命令也不能使用。如果要进行这些操作,则需要"解锁"图层,即将"背景"图层转换为普通图层。操作方法:按住Alt 键,同时双击"背景"图层,或者单击锁形图标,即可将其转换为普通图层,如图 1-105 所示。

单击图层面板中的某一个图层,就会选择这个图层,那么所有的操作都会针对这个图层起作用。

按住键盘上的 Ctrl 键,同时单击文档窗口中某一个对象,则会选中该对象所在的图层。在图像文件的图层较多的情况下,这是较为便捷迅速的选择图层方式。

单击菜单"文件"→"置入嵌入对象"命令,在弹出的"置入嵌入的对象"对话框中选择一张图片,并单击"置入"按钮,即可在当前的背景图层之上叠加新的图层,该图层即为新置入的图片,那么当前图层面板就会包含两个图层,在图层面板中单击新的图层,即可将其选中,如图 1-106 所示。

图 1-105 "背景"图层转换为普通图层的两种方法

图 1-106 "背景"图层之上新增一个图层

在图层面板空白处单击,可以取消所有图层的选择。没有选中任何一个图层,那么就无法进行编辑操作处理。

2.选择多个图层

如果要对多个图层进行编辑操作,则需要同时选中多个图层。选择多个图层有两种方法:

(1)非相邻图层选择。按住 Ctrl 键,依次选择多个图层,如图 1-107 所示,单击图层的名称位置,不要单击图层的缩览图。

(2)相邻图层选择。按住 Shift 键,单击相邻的第一个图层,再单击最后一个图层,这样就会选中两个图层中间的所有图层,如图 1-108 所示。

图 1-107 非相邻图层的选择　　　　图 1-108 相邻连续图层的选择

1.6.3 新建图层

1.6.3

新建图层,是为了编辑处理一个与其他图层互不影响的新对象,从而能够较好地进行缩放、变形、填充、设置不透明度等操作。

1.新建图层的方式

(1)菜单方式:单击菜单栏"图层"→"新建"→"图层"命令,如图 1-109 所示。

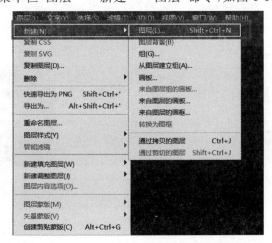

图 1-109 菜单方式新建图层

（2）快捷键方式：按键盘快捷键 Shift＋Ctrl＋N，如图 1-110 菜单命令右侧所示。

（3）图标方式：在"图层"面板底图单击"创建新图层"图标，如图 1-111 所示。

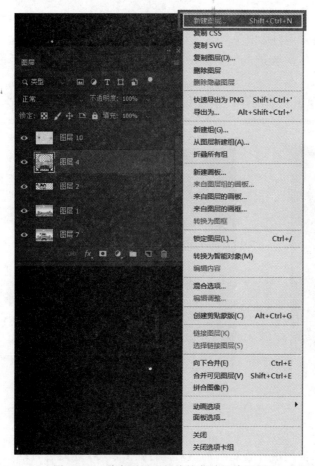

图 1-110　单击图层面板快捷菜单新建图层　　　　图 1-111　单击"创建新图层"图标新建图层

（4）快捷菜单方式：单击图层面板右上角图标█，在弹出的快捷菜单中选择"新建图层"命令，如图 1-110 所示，然后在弹出的"新建图层"对话框中为图层命名，单击"确定"按钮，如图 1-112 所示，这样也可以创建新图层。

图 1-112　"新建图层"对话框

2. 新建图层的命名

在平面设计的过程中,由于设计作品包含了多个对象,所以会有较多的图层,那么这时候就要为图层命名。图层命名的好方法是用简洁的文字概括图层内容,做到见名知意。

图层命名的操作方法:双击图层的名称的位置,图层名称就会处于激活的状态,如图 1-113 所示,接着输入新的名称,按回车键即可确定,如图 1-114 所示。

图 1-113　双击图层名称使之激活

图 1-114　按回车键确定图层名称

1.6.4　删除图层

图像文件中不再需要的图层,可以直接删除,以便于清晰地观看其他图层对象。删除图层的方法也有多种:

1.6.4

(1)菜单方式:单击菜单"图层"→"删除"→"图层"命令,如图 1-115 所示。

(2)图标方式:选中图层,单击"图层"面板底部的"删除图层" ,在弹出的对话框中单击"是"按钮,即可删除该图层,如果勾选"不再显示"复选框,则在以后使用这种方式删除图层时,不会弹出该对话框,如图 1-116 所示。

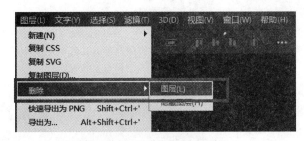

图 1-115　菜单方式删除图层

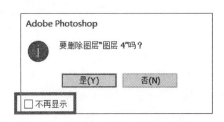

图 1-116　删除图层的确认对话框

(3)快捷键方式:如果图像文档窗口中没有建立选区,那么直接按键盘的删除键 Delete,也可以删除当前的所选图层。如果有选区,则删除的是当前图层中选区的内容。

（4）删除隐藏图层：如果想删除隐藏的图层，可以单击菜单"图层"→"删除"→"隐藏图层"命令，如图 1-117 所示，那么会将所有的隐藏图层删除掉。

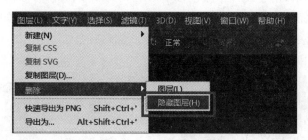

图 1-117　菜单方式删除隐藏图层

1.6.5　复制图层

1.6.5

复制图层的目的，是为了便于观察图层处理前后的对比效果，或者是重复使用图层对象。复制图层有多种方法：

（1）菜单方式：单击菜单栏"图层"→"复制图层"命令，即可为当前所选的图层复制一个完全相同的图层，如图 1-118 所示。

（2）快捷菜单方式：在要复制的图层上右击，在弹出的快捷菜单中选择"复制图层"命令，如图 1-119 所示。

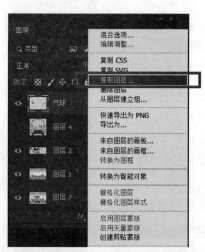

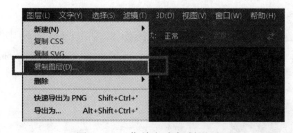

图 1-118　菜单方式复制图层　　　　　　图 1-119　快捷菜单方式复制图层

在弹出的"复制图层"对话框中对复制的图层命名，然后单击"确定"按钮，即可完成复制图层，如图 1-120 所示。

（3）快捷键方式：选中图层后，按快捷键 Ctrl+J，快速复制当前的图层成为一个新图层。如果当前图层包含了选区，那么单击快捷键 Ctrl+J，会将选区的内容复制为独立的图层。

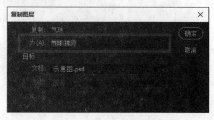

图 1-120　"复制图层"对话框

快捷键操作可以有效地提高操作效率，应当经常练习使用快捷键。在图像后期处理时，常常会使用这个快捷键组合复制原始图层，以便于对比或者恢复到最初的图像状态，这是一条非常实用而且重要的经验技巧。

1.6.6　调整图层顺序

1.6.6

平面设计作品时，图层的顺序关系非常重要，往往影响到图像里各类对象的前后层次关系和最终显示效果，这时候调整图层顺序就非常关键了。在图层面板中，位于上面的图层会遮盖住下面的图层，这是由图层上下层的空间叠加决定的。

调整图层顺序的操作方法：

（1）菜单方式。单击菜单栏"图层"→"排列"命令，根据操作需要选择二级菜单命令：

"置为顶层"：快捷键 Shift＋Ctrl＋]；

"前移一层"：快捷键 Ctrl＋]；

"后移一层"：快捷键 Ctrl＋[；

"置为底层"：快捷键 Shift＋Ctrl＋[；

"反向"：如图 1-121 所示。

（2）鼠标拖曳方式。首先单击选中该图层，再按住鼠标左键拖曳到另外的图层位置，然后松开鼠标，即可完成图层顺序的调整，如图 1-122 所示，画面的效果也会发生改变。

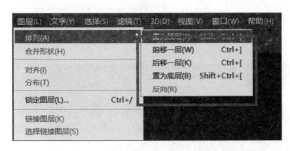

图 1-121　单击菜单命令调整图层顺序

图 1-122　鼠标拖曳调整图层顺序

1.6.7　移动图层位置

1.6.7

移动图层内容的位置，是平面设计的必备操作之一。有两种常用方法：一是使用工具箱中的"移动工具"，如果要调整图层中的部分内容的位置，可以使用选区工具把范围选出来，然后使用移动工具进行移动；二是使用键盘上的方向键，可以实现较为精确的位置移动调整。

1. 使用"移动工具"调整位置

（1）操作步骤。在"图层"面板中选择需要移动的图层，如图 1-123 所示，然后选择工具箱中的"移动工具"  ，如图 1-124 所示，在图像窗口中直接按住鼠标左键拖动，该图层的位置就会变化调整，如图 1-125 所示。

图 1-123　在图层面板选中要移动的图层

（2）自动选择图层或图层组。在工具选项栏中，如果勾选了"自动选择"复选框，同时选择了右侧下拉列表中的"图层"选项，则使用"移动工具"在画布中单击，即会自动选中当前鼠标单击位置的最顶层的图层；右侧下拉列表选中的是"组"选项，那么即会自动选中当前鼠标单击位置的最顶层的图层所在的图层组。

（3）显示定界框。在选项栏中，如果勾选了"显示变换控件"复选框，那么选择了一个图层后，就会在图层的周围显示定界框，如图 1-126 所示。通过定界框可以对图层进行缩放、旋转、切变等操作，之后按回车键确认。

图 1-124　选择工具箱中的"移动工具"

图 1-125　鼠标拖曳移动图层位置

图 1-126 所选图层对象显示定界框

使用"移动工具"移动对象时，如果同时按住 Shift 键，则仅会在水平或者垂直方向移动对象。

2. 移动并复制

在使用"移动工具"移动图层或图层选区时，如果同时按住键盘上的 Alt 键，可以复制当前图层或图层选区，如图 1-127 所示，显示的是复制了红色花朵图层的圆形选区的内容。按住 Alt 键，移动图层会新建一个新的图层，但是如果是图层的选区，则复制的内容还是在原图层，不会新建图层。

图 1-127 所选图层对象显示定界框

3. 在不同的文档之间移动图层

使用"移动工具"可以把一个文档的图层复制到另外一个文档中。操作方法就是直接按住鼠标左键拖曳到另外一个文档中，松开鼠标，即可完成复制工作，如图 1-128、图 1-129 显示的是在不同文档之间复制图层的前后状态。

图 1-128　拖曳复制图层之前

图 1-129　拖曳复制图层之后

1.6.8

1.6.8　导出图层内容

有时候图像文档中的某一个或多个图层需要作为素材使用,可以单独将其导出为一个单独的图像文件,以便于下次编辑使用。

1. 快速导出为 PNG 格式文件

首先选中一个或多个图层,右击该图层,在弹出的快捷菜单中选择"快速导出为 PNG"命令,如图 1-130 所示,接着在弹出的"存储为"对话框中设置保存输出的路径和文件名,然后单击"确定"按钮,在保存的目录下可看到输出的文件,如图 1-131所示。

2. 导出为多种文件格式

"导出为"命令可以把所选图层导出为特定的几种格式,例如 PNG、JPG、GIF、SVG。

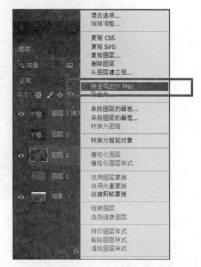

图 1-130　在快捷菜单中选择"快速导出为 PNG"命令

操作方法:首先选中一个或多个图层,右击该图层,在弹出的快捷菜单中选择"导出为"命令,如图 1-132 所示，接着在弹出的"导出为"对话框中设置缩放比例大小、文件格式、图像大小、画布大小、色彩空间等选项，然后单击右下角的"全部导出"按钮完成全部导出操作，如图 1-133 所示。

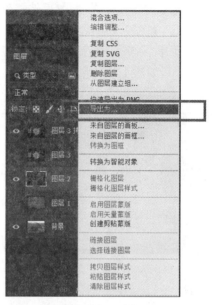

图 1-131 导出的红花图层成为
一个单独的图像文件

图 1-132 在弹出的快捷菜单中选择"导出为"命令

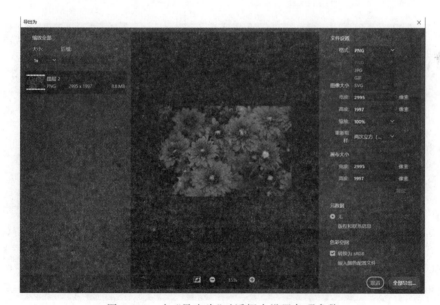

图 1-133 在"导出为"对话框中设置各项参数

1.6.9 剪切、复制、粘贴图像

1. 剪切与粘贴图像

剪切图像是将图像选区内的像素暂时存放在剪贴板中，而原位置的像素会消失；粘贴图像是将暂存在剪贴板里的提取到当前粘贴的位置。通常"剪切"(快捷键 Ctrl＋X)和"粘贴"(快捷键 Ctrl＋V)命令组合使用。具体操作步骤如下：

（1）单击选中一个图通图层，然后选择工具箱里的"椭圆选框工具"，按住鼠标左键拖曳，拖放出一个椭圆选区，如图 1-134 所示。

（2）单击菜单"编辑"→"剪切"命令，或者使用快捷键 Ctrl＋X，然后可以看到文档窗口中选区里的内容消失了，如图 1-135 所示。

图 1-134　椭圆选框工具框选选区

图 1-135　执行剪切命令后的效果

（3）单击菜单"编辑"→"粘贴"命令，或者使用快捷键 Ctrl＋V，可以把剪贴板上的图像粘贴到当前文档窗口中，并新建成一个新的图层，如图 1-136 所示。

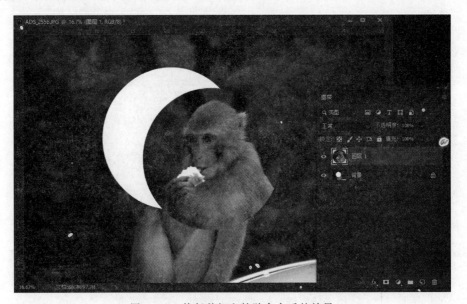
图 1-136　执行剪切和粘贴命令后的效果

在 Photoshop 中，图像的粘贴有 4 种方法，分别为粘贴、原位粘贴、贴入、外部粘贴。

"粘贴"是将通过"剪切"或"复制"命令复制到剪贴板中的图像，粘贴到当前文件或其他图像文件中。其操作方法是执行"编辑"→"粘贴"命令。

"原位粘贴"是将通过"剪切"或"复制"命令复制到剪贴板中的图像，按照原来的位置粘贴到当前文件或其他图像文件中。其操作方法是执行"编辑"→"选择性粘贴"→"原位粘贴"命令。

"贴入"是指将通过"剪切"或"复制"命令复制到剪贴板中的图像,粘贴到当前文件事先制作好的选区中,并且自动添加图层蒙版,将超出选区的部分图像隐藏不可见。其操作方法是执行"编辑"→"选择性粘贴"→"贴入"命令。

"外部粘贴"是指将通过"剪切"或"复制"命令复制到剪贴板中的图像,粘贴到当前文件事先制作好的选区中,并且自动添加图层蒙版,将选区中的图像隐藏不可见,而选区外的图像可见。其操作方法是执行"编辑"→"选择性粘贴"→"外部粘贴"命令。

2. 复制与粘贴图像

复制图像是将图像选区内的像素复制一份存放在剪贴板中,而原位置的像素不会消失。通常"复制"(快捷键 Ctrl+C)和"粘贴"(快捷键 Ctrl+V)命令组合使用。具体操作步骤与上三个步骤唯一不同在于第二步骤,即使用单击菜单"编辑"→"复制"命令,或者使用快捷键 Ctrl+C。粘贴之后的效果如图 1-137 所示。

图 1-137 执行复制和粘贴命令后的效果

3. 合并复制

合并复制是指在有多个图层的图像文件中,将文档内所有的可见图层复制并合并到剪贴板中,原图像保持不变,可通过"粘贴"命令粘贴到原文件中或其他图像文件中。操作步骤如下:

(1)在"图层"面板中单击选中一个图层,然后选择工具箱里的"矩形选框工具",按住鼠标左键拖曳,绘制一个矩形选区,或者直接使用快捷键 Ctrl+A 全选当前图像,如图 1-138 所示。

(2)单击菜单"编辑"→"合并复制"命令。

(3)新建一个新的空白文档,单击菜单"编辑"→"粘贴"命令,或者使用快捷键 Ctrl+V,可以把合并复制的图像粘贴到当前文档窗口中,并成为一个新的图层,如图 1-139 所示。

图 1-138　全选当前图像

图 1-139　执行复制和粘贴命令后的效果

4. 清除图像

可以将图像文件选区中的图像删除,若清除的是背景图层上的图像,清除区域会自动填充背景色;若清除的是其他图层上的图像,清除部分会保持透明。操作步骤如下:

(1)单击选中某一图层,单击工具箱中"矩形选框工具",按住鼠标左键拖曳,拖放出一个椭圆选区,如图 1-140 所示。

(2)单击菜单"编辑"→"清除"命令,在弹出的"填充"对话框中设置填充的内容,如果选择"背景色",然后再单击"确定"按钮,可以看到原有选区内的像素被背景色填充了,如图 1-141 所示。

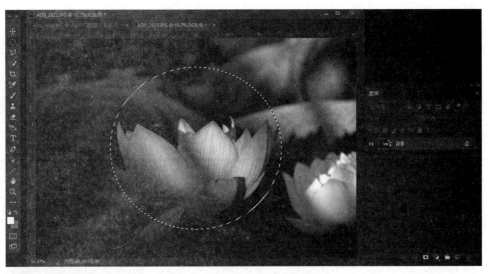

图 1-140　清除图像选区之前的效果

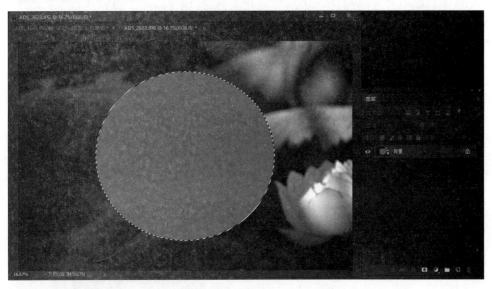

图 1-141　清除图像选区之后的效果

1.7　图层混合模式

　　图层混合，是"基色""混合色""结果色"的关系，即"基色"＋"混合色"＝"结果色"。实际上，"混合模式"就是指"基色"和"混合色"之间的运算方式，在"混合模式"中，每个模式都有其独特的计算公式。图层混合模式有 6 组 27 种，如图 1-142 所示，各分组模式作用说明如下：

　　第一组"组合"模式组包含正常、溶解两种。第二组"加深"模式组是去掉亮部，暗部混合。第三组"减淡"模式组是去掉暗部，亮部混合。第四组"对比"模式组是去掉中性灰，亮暗部混合。第五组"比较"模式组是颜色反相融合差集模式。第六组"色彩"模式组是颜色混合。

下面将各组图层混合模式分别举例说明。

1.7.1

1.7.1 正片叠底

"正片叠底"混合模式常用于图案叠加,存在于颜色混合模式、通道混合模式、图层混合模式的变暗模式组中,是使用频率较高的一种变暗模式。

实例操作步骤如下:

(1) 单击菜单栏"文件"→"打开"命令,在弹出"打开文件"对话框中找到人物原图和蝴蝶图片,单击"打开"按钮,或者直接双击图像文件名,就可以打开原图,如图1-143、图1-144所示。

(2) 单击蝴蝶图片,图层面板中选中的图层即是背景图层,再单击背景图层右侧的锁形图标,把背景图层转换为普通图层。

(3) 单击工具箱中的"移动工具",在蝴蝶图片文档窗口中按住鼠标左键拖曳,把蝴蝶图片拖入人像原图的文档窗口中,如图1-145所示。

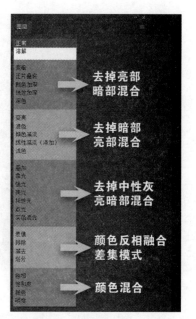

图1-142 图层混合模式分组

(4) 在图层面板中,确认当前选中的是蝴蝶图层,将其图层混合模式设为"正片叠底",不透明度设为"68%",如图1-146所示。

图1-143 打开人像原图

图1-144 打开蝴蝶原图

图1-145 蝴蝶图层叠加在人像图层之上

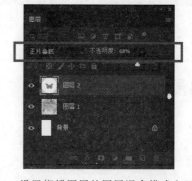

图1-146 设置蝴蝶图层的图层混合模式和不透明度

(5) 按下快捷键Ctrl+T,此时蝴蝶图层四周出现定界框,按下并拖动四周的某一个控制柄,即可适当缩放蝴蝶素材大小，如图 1-147 所示，完成效果如图 1-148 所示。

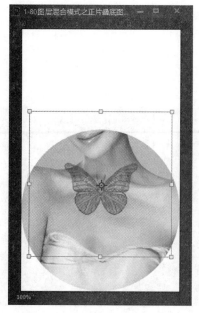

图 1-147　使用快捷键 Ctrl＋T 缩放蝴蝶素材大小

图 1-148　正片叠底的效果

1.7.2　色相

1.7.2

"色相"混合模式常用于更改颜色。当前图层的色相应用到底层图像的亮度和饱和度，可以改变底层图像的色相，而且不会影响到亮度和饱和度，该模式对于白色、黑色、灰色不起作用。

实例操作步骤如下：

（1）打开一张人像衣裙的图片，如图 1-149 所示。

（2）按快捷键 Shift＋Ctrl＋N，新建一个空白图层，在弹出的"新建图层"对话框中单击"确定"按钮，如图 1-150 所示。

图 1-149　人像衣裙图片

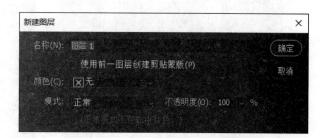

图 1-150　"新建图层"对话框

（3）单击工具箱中的"椭圆选框工具" ，然后在文档窗口中按住键盘 Shift 键，同时按下鼠标左键拖曳，绘制出一个圆形选框，如图 1-151 所示。

（4）单击工具箱"设置前景色"色块，在弹出的"拾色器（前景色）"对话框中设置颜色为蓝色 RGB(0,0,255)，单击"确定"按钮，如图1-152所示。

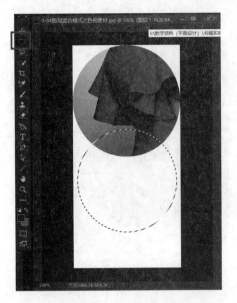

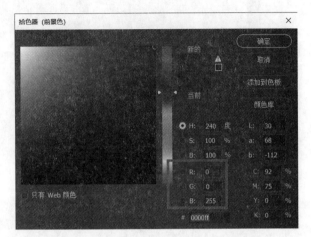

图1-151　绘制圆形选框　　　　　　　　图1-152　"拾色器"对话框设置前景色

（5）按快捷键Alt+Delete，填充圆形选区为前景色蓝色，如图1-153所示，按快捷键Ctrl+D，取消选区。

（6）把蓝色圆形图层的图层混合模式设为"色相"，效果如图1-154所示。

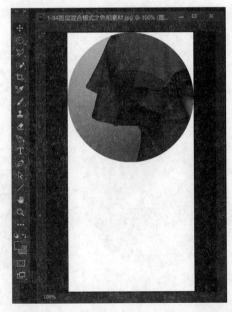

图1-153　将圆形选框填充为蓝色　　　　图1-154　图层混合模式设为"色相"的效果

（7）在"面板"中，将蓝色圆形图层的"不透明度"参数值分别设置为"100％""80％""60％"

"40%""20%""0%",获得不同的效果,如图 1-155 所示。

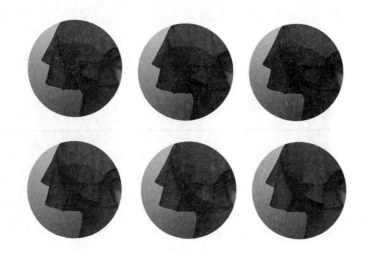

图 1-155　蓝色圆形图层的不透明度设为不同参数值的效果

1.7.3　柔光

1.7.3

"柔光"图层混合模式常用于两图层混合。使颜色变亮或变暗取决于混合色,该效果与发散的聚光灯照在图像上相似。如果混合色(光源)比 50%灰色亮,那么图像变亮,像被减淡了一样。如果混合色(光源)比 50%灰色暗,则图像变暗,就像加深了。用黑色或白色绘画会产生明显较暗或较亮的区域,但不会产生黑色或白色。

实例操作步骤如下:

(1) 打开一张风景图片和一张大写英文字母 D 素材图片,如图 1-156、图 1-157 所示。

图 1-156　风景图片　　　　　图 1-157　大写英文字母 D 素材图片

(2) 在字母 D 图片的文档窗口中按住鼠标左键,将它拖曳到风景素材图片上,如图 1-158 所示。

(3) 按快捷键 Ctrl+T,此时字母图层四周出现定界框,按下并拖动四周的某一个控制柄,即可适当缩放字母图层素材大小。

(4) 最后,把该图层的图层混合模式设为"柔光",效果如图 1-159 所示。

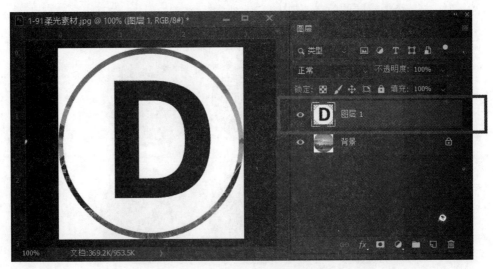

图 1-158　字母 D 图层复制到风景图片上

图 1-159　设置字母 D 图层的图层混合模式为"柔光"

1.7.4

1.7.4　强光

"强光"图层混合模式常用于两图层混合,导致图像像素反差增大或减小,是一个混合色决定混合效果的模式,混合色的混合方式是由混合色的明暗决定的。使用"强光"混合模式后会产生色阶溢出现象,导致图像细节有所损失,当调换基色和混合色的位置,结果色不相同。

实例操作步骤如下:

(1) 打开一张星空图片和一张山峰图片,如图 1-160、图 1-161 所示。

(2) 在星空图片的文档窗口中,按住鼠标左键,将它拖曳到山峰图片上,如图 1-162 所示。

(3) 把该图层的图层混合模式设为"强光",效果如图 1-163 所示。

图 1-160　星空图片

图 1-161　山峰图片

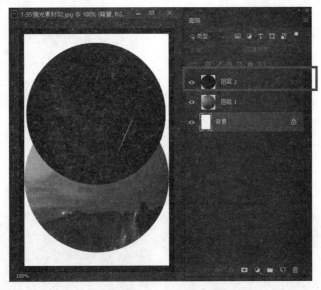

图 1-162　星空图片复制到山峰图片上

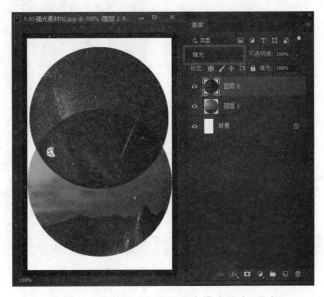

图 1-163　星空图层的图层混合模式设为"强光"

1.7.5 溶解

"溶解"图层混合模式常用于噪点插画。该模式设置并降低图层的不透明度时,可以使半透明区域上的像素离散,产生点状颗粒。通常使画面呈现颗粒状或线条边缘粗糙化的变化。

实例操作步骤如下:

(1) 打开一张黄色圆形图片和一张建筑图片,如图 1-164 和图 1-165 所示。

图 1-164　黄色圆形图片　　　　　　　　　　图 1-165　建筑图片

(2) 在建筑图片的文档窗口中,按住鼠标左键,将它拖曳到黄色圆形图片上,如图 1-166 所示。

(3) 把建筑图层的图层混合模式设为"溶解","不透明度"设为"50%",效果如图 1-167 所示。

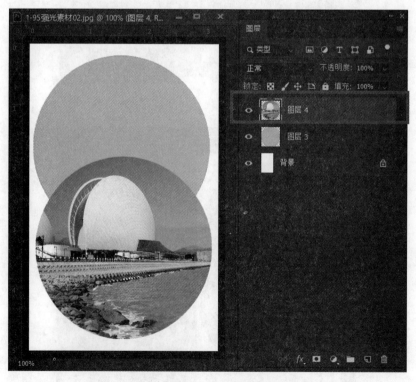

图 1-166　建筑图片复制到黄色圆形图片上

图 1-167 建筑图层的图层混合模式设为"溶解"

1.7.6 浅色

"浅色"图层混合模式常用于图案透底。比较两个图层的所有通道值的总和,并显示值较大的颜色,而且不会生成第三种颜色。

1.7.6

实例操作步骤如下:

(1) 打开一张风景图片和一张文字图片,如图 1-168 和图 1-169 所示。

图 1-168 风景图片

图 1-169 文字图片

(2) 在"武功山"文字图片的文档窗口中,按住鼠标左键,将它拖曳到风景图片上,如图 1-170 所示。

(3) 把"武功山"文字图层的图层混合模式设为"浅色",效果如图 1-171 所示。

图 1-170　复制"武功山"文字图层

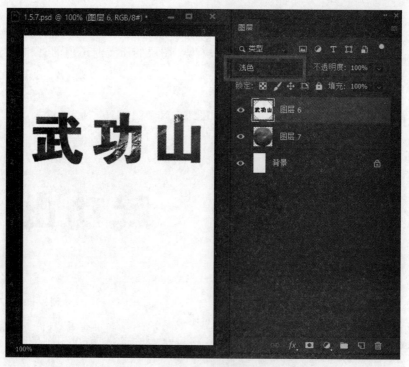

图 1-171　设置图层混合模式后的效果

1.7.7　颜色

"颜色"图层混合模式常用于黑白照片上色。当前图层的色相与饱和度应用到底层图像中,保持此层图像的亮度不变。

实例操作步骤如下:

(1) 打开一张灰度人像图片,如图 1-172 所示。

(2) 单击工具箱中的"设置前景色"图标,在弹出的"拾色器(前景色)"对话框中设置前景色为红色 RGB(214,29,53),如图 1-173 所示。

(3) 单击工具箱中的"画笔工具",在画笔工具选项栏中设置画笔笔尖"大小"为"18 像素""硬度"为"31%",选择"常规画笔"中的"柔边圆",如图 1-174 所示。

图 1-172　人像图片

图 1-173　"拾色器"对话框设置前景色

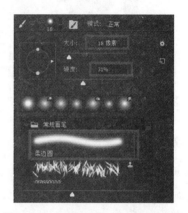

图 1-174　"画笔工具"设置画笔参数

(4) 在图层面板中,按快捷键 Shift+Ctrl+N,新建一个空白的图层,并将其图层混合模式设为"颜色";然后在人像图片的文档窗口中使用设置好的画笔涂抹人像的衣服,效果如图 1-175 所示。

图 1-175　使用画笔涂抹人物衣服

（5）在"图层"面板中，按快捷键 Shift＋Ctrl＋N，再次新建两个空白的图层，并将其图层混合模式设为"颜色"。在两个图层中，依次使用前景色为浅棕色 RGB(242,199,168)的画笔涂抹人的皮肤，使用棕色(161,114,0)画笔涂抹头发，完成后的效果如图 1-176 所示。

图 1-176　使用不同颜色画笔涂抹人物的完成效果

1.7.8

1.7.8　滤色

"滤色"图层混合模式常用于照片暗部提亮。与正片叠底模式的效果刚好相反，它可以使得图像产生漂白的效果，类似于多个摄影幻灯片在彼此间投影。

实例操作步骤如下：

（1）打开一张风景图片，如图 1-177 所示。

图 1-177　风景图片

（2）按快捷键 Ctrl＋Alt＋2，选取当前图像的高光部分，如图 1-178 所示。

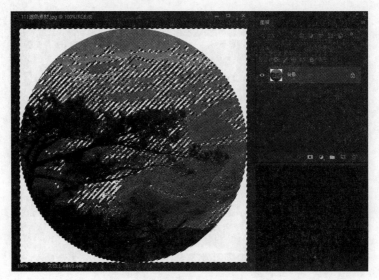

图 1-178　选取图像的高光部分

（3）按快捷键 Shift＋Ctrl＋I，反选当前选区，反选后如图 1-179 所示。

（4）按快捷键 Ctrl＋J，复制当前选区成为一个新图层，如图 1-180 所示。

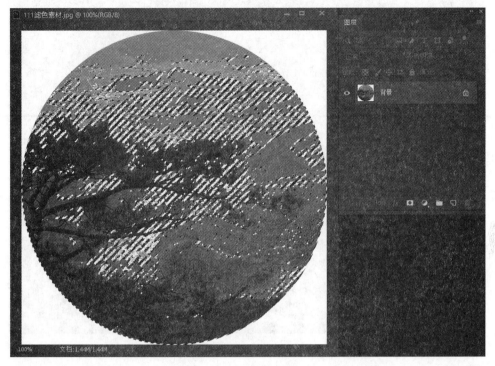

图 1-179 反选当前选区

图 1-180 复制并新建图层

（5）把新建图层的混合模式设为"滤色"，可见画面暗部提亮，效果如图 1-181 所示。

图 1-181　应用滤色图层混合模式的效果

第2章

抠 图 技 法

本章彩图

本章概述

　　抠图是图像处理的基本操作,也最能体现设计者的基本功。抠图处理不好,被选取的对象边缘粗糙生硬,难以与背景较好地融合。本章以 10 个案例详解钢笔工具抠图、通道抠图、选择主体抠图和蒙版抠图等抠图方法。选择哪一种抠图方法最为合适? 这取决于被抠取的对象的外形是否规整、与背景的颜色反差还有本身的透明属性等。

学习目标

　　1. 了解抠图的一般操作流程和方法。

　　2. 熟练使用钢笔工具绘制路径并抠图。

　　3. 理解通道属性并掌握通道抠图方法。

　　4. 理解蒙版属性并掌握蒙版抠图方法。

　　5. 学会使用综合多种方法抠图。

学习重难点

　　1. 钢笔工具的操作要领。

　　2. 通道特性及利用通道抠图。

　　3. 蒙版特性及利用蒙版抠图。

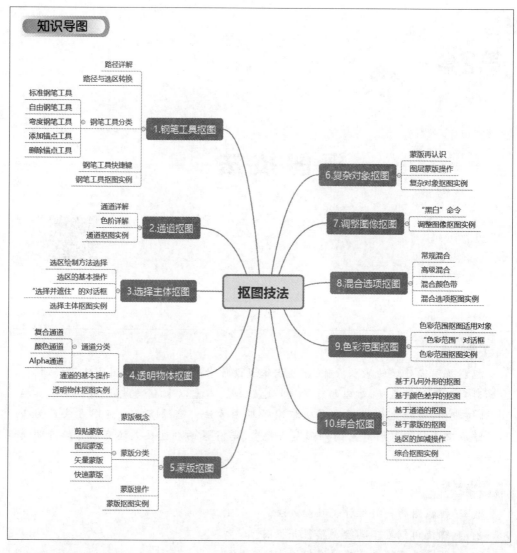

抠图是图像处理中最常见的操作之一,将所需的影像或图片部分区域分离出来,从而为后期合成做准备。从操作技法分析,Photoshop最关键的是如何选择特定对象或者选区,图层、通道、路径以及各类选框套索工具都是围绕这个主要目标:在不使图像失真以及保持完整性的前提下,提取出特定对象或者选区。

要注意的是,本章所涉及的钢笔工具抠图的操作技法及案例仅仅只是抠图的其中一种思路,相比于单纯地记忆操作步骤,更重要的是能够理解基础概念与原理,从而为进一步学习和掌握Photoshop打下基础。

2.1 钢笔工具抠图

钢笔工具抠图,相比于魔棒和快速选择工具,更为精细、更为准确,工作量更大,本节以一个瓷器瓶为例,介绍通过钢笔工具建立路径并转换为选区的抠图方式。

2.1.1 基础知识

1. 路径详解

在正式介绍钢笔工具之前,需要理解一个非常重要的概念:路径。在 Photoshop 等计算机绘图软件中,路径是基于贝塞尔曲线形成的一段开放或闭合的曲线段,由于用它可勾勒出对象的轮廓,所以也称为轮廓线。

"贝塞尔曲线"是由锚点连接而成的线段所组成的直线或曲线,锚点的存在且可移动性使得每条线段的形状可以被修改。在曲线段上,每个选中的锚点显示一条或两条切线,切线的角度和长度决定了曲线段的弯曲方向和弯曲程度,进而决定了曲线的形状。锚点的切线也叫作"控制柄",按住 Alt 键,同时选择控制柄,可以单向调节靠近该控制柄这边的路径的方向和曲率。

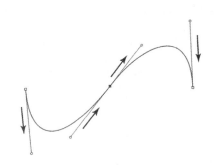

图 2-1　路径的形状由切线决定

在路径的绘制中,对于一个锚点的两条切线,可理解为"来向"与"去向"两个方向,如图 2-1 所示。

此外,Photoshop 提供了一个专门的"路径"面板可以将绘制的路径存储在面板之中。

2. 选区与路径转换

在 Photoshop 中,选区是用于限定操作范围的区域,在 Photoshop 中会以流动的虚线显示。在图像处理过程中,选区的应用可以将图像处理操作限定在某一个区域内,而对选区外的图像部分没有任何影响。因此,为得到好的处理效果,选择适合的选区是 Photoshop 图像处理的重要基础。

选区和路径可以相互生成转化。单击菜单栏"窗口"→"路径"命令,可以打开"路径"面板,在面板下方,单击"将路径作为选区载入"图标▧,即可将绘制好的路径生成选区;单击"从选区生成工作路径"图标▨,即可将选区生成为路径。

3. 钢笔工具分类

在 Photoshop 中,钢笔是用来创造路径的工具,可以通过右击左侧工具栏中的钢笔工具图标展开"钢笔工具"组,如图 2-2 所示。

图 2-2　"钢笔工具"组

钢笔工具:可以通过锚点与方向线绘制平滑的曲线。

自由钢笔工具:可以像用笔在纸上画画一样自由绘制曲线。

弯度钢笔工具:只需单击添加锚点则可绘制平滑曲线。

添加锚点工具:可在已描绘的路径上添加新的锚点。

删除锚点工具:可删除路径中任一锚点。

转换点工具:可改变一个锚点的方向线从而改变曲线的形状。

4. 使用钢笔工具快捷键

(1) Ctrl+鼠标左键,可以选中单个锚点,按住拖曳可以移动锚点。

(2) Alt+鼠标左键控制柄,可以选中单向控制柄,按住拖曳可以单向改变路径曲率和方向,锚点的另一侧不受影响。

（3）Shift＋鼠标左键，可以新建水平或者垂直锚点。

（4）Ctrl＋Alt＋鼠标左键，可以选中所有锚点。

（5）锚点断点后 Alt＋鼠标左键，在顶点处拉出一条调节点，可以使断开的锚点续接。

（6）在使用"钢笔工具"时，按住 Ctrl 键，可以切换为"直接选择工具"；松开 Ctrl 键后，会回到"钢笔工具"。

（7）在使用"钢笔工具"时，按 Esc 键，可以终止路径的绘制；单击工具箱中的其他工具，也可以终止路径的绘制。

2.1.2

2.1.2 项目案例：钢笔工具抠图

本节以抠取图片中的花瓶为例，详解使用"钢笔工具"抠图的方法，操作步骤如下：

（1）运行 Photoshop，双击工作界面中的空白区域，如图 2-3 所示；或单击菜单栏"文件"→"打开"命令（快捷键 Ctrl＋O），在弹出的"打开"对话框中找到原图，单击"打开"按钮，或者直接双击图像文件名，也可以打开原图，如图 2-4 所示。本书打开图像的操作将不再重复说明上述操作步骤，简述为打开一张图像或打开原图。

图 2-3　双击空白区域会直接弹出"打开"对话框

图 2-5 是使用魔棒工具抠图的结果。虽然魔棒工具对于背景色单一的图像能够快速创建选区，但是存在着选区边缘粗糙、暗部与背景不能够很好抠选出来的问题。因此熟悉钢笔工具与路径创建对于创建精准、边缘平滑的选区具有重要作用。

（2）在图像文档窗口的画面上按住键盘 Alt 键，同时向前滑动鼠标滑轮，放大图像，以便于观察图像的局部细节。

（3）单击工具箱中的"钢笔工具"图标 ，在花瓶的文档窗口中，在花瓶边缘上单击，这样就绘制出第一个锚点。

图 2-4 花瓶原图   图 2-5 魔棒工具抠图的效果

（4）接着选择花瓶边缘的下一个点位，按下鼠标左键不要松开，拖动拉出两个控制柄，并调节长度和角度，使路径弧线与瓷器瓶边缘吻合，松开鼠标后就绘制了第二个锚点，如图 2-6 所示。

（5）再选择花瓶边缘的下一个点位，单击，绘制出了第三个锚点，如图 2-7 所示。

（6）按住 Alt 键，单击选中第二个锚点的右侧控制柄，拖曳该控制柄使路径与花瓶的边缘吻合，如图 2-8 所示。

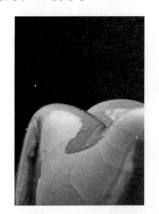  

图 2-6 第二个锚点绘制   图 2-7 第三个锚点绘制   图 2-8 曲线与边缘吻合

（7）对于部分仍需要调整使得更贴合瓷器瓶身轮廓的锚点，按住 Alt 键，同时向前滑动鼠标滑轮，以放大图像；然后先按住 Ctrl 键，单击选中需要调整的锚点，单击方向键对锚点的位置进行微调，如图 2-9 所示。

（8）以此类推，最后一个锚点与第一个锚点重合，即可形成闭合的路径；个别锚点可以进一步调整位置及角度，如图 2-10 所示。

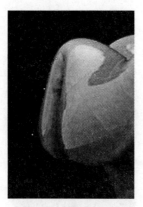
图 2-9　调整锚点

图 2-10　全部锚点绘制完成

（9）此时，钢笔工具绘制的路径已围绕瓷器瓶外轮廓形成闭合回路。右击路径，在弹出菜单中选择"建立选区"，如图 2-11 所示，路径就会转换为选区，如图 2-12 所示。

图 2-11　快捷菜单"建立选区"

图 2-12　路径转换为选区

（10）按下快捷键 Ctrl＋C，复制选区，然后再按快捷键 Ctrl＋V，将选区内容粘贴成为新图层。单击工具箱中的"前景色"，在弹出的"拾色器（前景色）"对话框中将颜色设为 RGB(3,172,185)，如图 2-13 所示；在"图层"面板中单击背景图层，按下快捷键 Shift＋Ctrl＋N，新建一个空白图层，按下快捷键 Alt＋Delete，使用前景色填充该空白图层，如图 2-14 所示。

更换底图后的抠图效果如图 2-15 所示。相较于"魔棒工具"抠图，使用"钢笔工具"抠图更为精确，效果更好。如果对抠图质量要求高，应当首先考虑使用"钢笔工具"抠图。

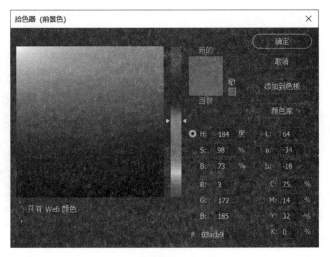

图 2-13　"拾色器"拾取颜色

图 2-14　新建图层并填充颜色

图 2-15　更换底图的抠图效果

2.2　通道抠图

2.2.1　基础知识

1. 通道详解

Photoshop 中通道的概念是由暗房曝光技术发展而来的。以往在暗房合成时代,图像合成工作者在底片曝光时会使用不同的遮光板遮住不需要曝光的部分而形成了明暗区域的对比,而这些在 Photoshop 中以黑、白、灰三种颜色的形式保存在通道里。

在 RGB 色彩模式下,一幅图像由红、绿、蓝三种颜色共同合成。也就是说,在 RGB 色彩模式下,一幅图像会有四个默认通道:RGB 复合通道(同时也是彩色通道)、红色通道、蓝色通道和绿色通道,和"图层"面板类似 Photoshop 提供了一个"通道"面板供我们选择所需要的原色通道,如图 2-16 所示。

当我们选择某一原色通道进行调整时,实际上是在调整该颜色的明暗程度,同时对图像整体颜色产生影响:每条通道类似于一块玻璃片,白色部分表示该种颜色完全透光,黑色则完全不透光,中间色调则视颜色深浅决定透光程度。

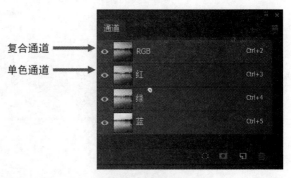

图 2-16 "通道"面板

本节主要讲解如何利用通道生成选区。图像是以黑、白、灰三种颜色的形式存储在各个通道里的,通道转化为选区时,黑色的区域不会转化,白色的区域会转化为选中的区域,灰色表示介于两者之间,根据灰度值的多少,决定选区的透明度。

同时通道可以用各类工具对通道中的图像进行调整,从而可以通过通道创建一些奇妙的或者常规选取工具不容易创建的选区,如毛发的选取、边缘带喷溅效果的选区等都可以通过通道实现。

2. 色阶详解

色阶是 Photoshop 中一个基础的色彩调整工具,是表示图像亮度强弱的指数标准,亦称灰度分辨率。色阶以 0～255 共 256 个阶度表示图像的明暗程度:255 表示最亮的白色(称为高光或白场),0 表示最暗的黑色(称为暗部或黑场),其余数值表示黑到白之间的灰色。

因为色阶决定了图像的色彩丰满度和精细度,很多修图人员都喜欢在正式修图前利用色阶调节后,再运用其他工具处理图片。在 Photoshop 中,打开色阶面板的快捷键是 Ctrl+L。

色阶主要用于调整画面的明暗程度以及增强或降低对比度,可以单独对画面的阴影、中间调、高光以及亮部、暗部区域进行调整,这样就可以提高画面的层次感。色阶可以对某个颜色的通道进行调整,以实现色彩调整的目的。本节的抠图实例,就是利用某种颜色通道,通过增强对比度的方法来获得选区。

下面介绍"色阶"对话框中的主要功能,"色阶"对话框组成如图 2-17 所示。

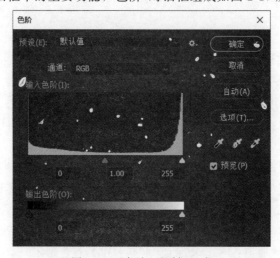

图 2-17 "色阶"对话框组成

输入色阶：调整图像明暗对比。

输出色阶：调节图像的明暗程度。

取样工具：在图像中取样以调整图像的黑场、白场以及灰场。

通道：在色阶面板中，通道的选择决定了对图像的处理方式。若选择 RGB 复合通道则色阶的调整会影响图像整体明暗度；若选择某一原色通道，则色阶调整会修改图像主要颜色，即原色通道下亮度值越大，原色参与调色的分量越重，反之则越少。

黑色滑块：表示图像暗部（黑场），向右移动会让暗部更暗。

白色滑块：表示图像高光部分（白场），向左移动会让高光更亮。

灰色滑块：表示图像中间色调（灰场），左右滑动控制图像的明暗（黑场和白场）比例，默认比例为 1.00。

自动：使通道中的色阶扩展到全范围，但使用不当则会造成偏色。

要理解的是，色阶图本身只是一个直方图，它表现的是一幅图各部分的明暗分布比例。

正常状态下，图片呈现全色阶状态，明暗比例为 1.00。而当移动中间调的时候，灰色滑块若右移，等于有更多的中间调像素进入了暗部，此时暗部多于亮部，整张照片会变暗；反之则有更多的中间调像素进入亮部，亮部多于暗部，照片变亮。

对于直方图本身，可以从横向与纵向两方面理解：横向代表的是图像中像素的绝对亮度，纵向黑色部分代表的是该亮度下像素的数量。要想知道图像上是否有纯黑或纯白像素，只需将鼠标移动到 0 或 255 位置看像素数量是否为 0 即可。

2.2.2　项目案例：通道抠图

2.2.2

本节以抠取白色背景的梅花为例，详解使用通道抠图的方法，操作步骤如下：

（1）打开原图，如图 2-18 所示。

（2）单击菜单栏"窗口"→"通道"命令，可以打开"通道"面板；选择"蓝"通道，右击"蓝"通道，在弹出的快捷菜单中选择"复制通道"；在弹出的"复制通道"对话框中单击"确定"按钮，这样就复制了蓝色通道，如图 2-19 所示；复制的蓝色通道图如图 2-20 所示。

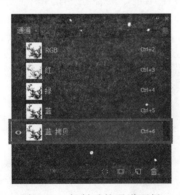

图 2-18　打开原图　　　　图 2-19　复制后的通道面板　　　　图 2-20　新复制的通道图

（3）选择复制的"蓝 复制"通道，按下快捷键 Ctrl＋L，在弹出的"色阶"对话框中调整色阶，向中间滑动黑场滑块和白场滑块，增加黑白对比度，如图 2-21 所示；调整后图片黑白对比度反差加大，如图 2-22 所示。

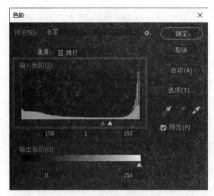

图 2-21　"色阶"对话框调整滑块位置　　　图 2-22　增强通道的黑白对比度后的效果

（4）在"面板"通道中按 Ctrl 键，同时单击"蓝 复制"通道的缩览图，载入选区，此时选区选择的是白色背景，如图 2-23 所示。

（5）在选区中右击，在弹出的快捷菜单中选择"选择反向"，将选区由白色背景变为梅花，如图 2-24 所示。

图 2-23　选区选择白色背景部分　　　　　图 2-24　反选选区

（6）在"通道"面板中选择"RGB"通道，回到 RGB 视图模式，按下快捷键 Ctrl＋C 复制，然后再按快捷键 Ctrl＋V 粘贴。图层面板中出现了背景透明的梅花图层，如图 2-25 所示。

（7）单击"背景"图层左侧的"指示图层可见性"图标 　 ，让"背景"图层不可见，此时可以看到，梅花树已经被抠取出来了，可用于图像合成，如图 2-26 所示。

图 2-25　复制粘贴后的新图层　　　　　图 2-26　去背景后的梅花树

（8）打开另外一张背景图，在该图像文档窗口中，按住鼠标左键，把它拖曳到抠好的梅花树图像上；调整图层顺序，把梅花图层拖曳到最上层，如图2-27所示，此时可以查看抠图效果，如图2-28所示。

图2-27　梅花树图层调整到最上层

图2-28　更换背景后的效果

（9）在"图层"面板中按下快捷键Shift＋Ctrl＋N，新建一个空白图层，然后按下快捷键Alt＋Delete，使用蓝色RGB(24,4,155)填充该空白图层，效果如图2-29所示，更换背景颜色为褐色RGB(196,131,6)、绿色RGB(17,99,1)，效果如图2-30、图2-31所示。

图2-29　蓝色背景效果

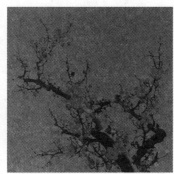

图2-30　褐色背景效果

图2-31　绿色背景效果

2.3　选择主体抠图

人物抠像一直是图像合成的难点和痛点，抠像不成功，容易产生附带毛边或锯齿像素点等问题。本节以快速选择人像、快速抠出头发为例，讲解人物抠像。

2.3.1 基础知识

1. 选区绘制方法选择

选区是指限定操作的范围。当文档窗口中包含选区,则可以看到选区是由闪烁的黑白相间的虚线框(俗称"蚂蚁线")围起来的区域,后续的操作仅对选区起作用。

第1章介绍了选取工具的基本应用,究竟使用哪一种选取工具最为合适?那要观察被选取对象的外形及颜色特征。如果是规则的几何体,可以使用"矩形选框工具"或者"椭圆选框工具";如果是较为规则的物体,可以使用"多边形套索工具";如果是不规则的物体,但是对边界要求不高的抠图,可以使用"套索工具",再使用"羽化";如果是不规则的物体,而且对边界要求很高的抠图,可以使用"钢笔工具";如果是对象与背景颜色反差较大,可以使用"魔棒工具"或"快速选择工具";如果是透明物体,可以使用通道抠图的方法。法无定法,不一而足,因"物"制宜,要同时兼顾效率和抠图质量要求。

2. 选区的基本操作

(1)使用"魔棒工具"绘制选区。单击选中工具箱中的"魔棒工具" ,在"魔棒工具"选项栏中,设置容差为"21";在打开的图像文档窗口中,单击人物的灰色背景,此时会选取灰色背景区域,如图 2-32 所示。

图 2-32 使用"魔棒工具"选取人物背景

(2)反选选区。按下快捷键 Shift+Ctrl+I,反选当前选区,人物就被选中了,如图 2-33 所示。由于人物白色衬衣和背景颜色相近,这种选择方法选取效果不是很好,部分衣服在选择背景的时候也被选取了。此时需要使用其他工具,如"多边形套索工具",来进行二次修改。

(3)取消选区。如果不需要对当前的选区进行操作,那么可以取消当前的选区。单击菜单栏"选择"→"取消选择"命令,或者使用快捷键 Ctrl+D,即可取消选区。

图 2-33 使用快捷键 Shift+Ctrl+I 反选选区

（4）重新选择选区。如果需要再次选择上一步操作取消的选区，可以单击菜单栏"选择"→"重新选择"命令，将被取消的选区恢复。

（5）移动选区。要移动当前的选区，必须使用选区工具（如果使用"移动工具"，那么移动的内容是选区内的图像，而不是选区）。确定选中使用的是工具箱中的某一个选区工具，然后在图像文档窗口中，按住鼠标左键拖曳，即可移动选区。如果要微小地移动选区，可以使用键盘上的上下左右方向键。

（6）全选。要选择当前文档窗口中的全部区域，可以单击菜单栏"选择"→"全部"命令，或者使用快捷键 Ctrl+A，这样选区就覆盖了全部的文档窗口。

（7）隐藏或显示选区。单击菜单栏"视图"→"显示"→"选区边缘"命令，可以切换当前选区的显示与隐藏状态。隐藏选区的操作，有时候便于设计者观察画面设计效果。

（8）存储和载入选区。Photoshop 的选区表示的是区域的选取状态，一旦取消选区，选区就不存在了。如果这个选区需要多次使用，可以把它存储起来，以备下次使用。右击文档窗口中的选区，在弹出的快捷菜单中单击"存储选区"命令，如图 2-34 所示。在弹出的"存储选区"对话框中输入"名称"为"001"，单击"确定"按钮，如图 2-35 所示。此时，在"通道"面板可以看到新建了一个名为"Alpha 1"的通道，按住 Ctrl 键，同时单击通道面中该通道的缩览图，即可将该通道存储的选区重新载入，如图 2-36 所示。

图 2-34 快捷菜单"存储选区"

（9）载入当前图层的选区。如果要选取某个图层的对象，按住 Ctrl 键，同时单击该图层的图层缩览图，即可选中当前图层的所有对象。

图 2-35 "存储选区"命令

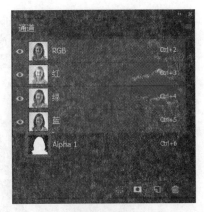

图 2-36 Ctrl+单击通道缩览图载入选区

3. "选择并遮住"命令

"选择并遮住"是一个强大、快捷的综合抠图工具,既可以创建新的选区也可以对已有选区再次修改编辑,在早期的 Photoshop 版本中该命令叫作"调整边缘",其调整功能有些差别。"选择并遮住"命令可以对选区进行边缘检测,调整选区的平滑度、羽化、对比度以及边缘位置等,常用于抠取带有毛发的动物、头发或者是细密的植物等对象。

人物主体被选取后,单击菜单栏"选择"→"选择并遮住"命令,或者使用快捷键 Ctrl+Alt+R,会弹出"选择并遮住"命令,如图 2-37 所示。

图 2-37 "选择并遮住"命令

如图 2-37 所示,"选择并遮住"命令分为左侧工具箱与右侧属性栏。左侧工具箱的六个工具分别为:

(1)"快速选择工具":通过查找和追踪图像的边缘快速创建选区,通常适用于选取对象与背景颜色差异明显的情况。

(2)"调整边缘画笔工具":在"选择并遮住"中,通过该工具可以找出并还原图像中细节丰富的边缘。

(3)"画笔工具":通过涂抹的方法添加或者减去选区,在选项栏中可进一步设置画笔笔尖的"大小""硬度"和"距离"等选项参数。

(4)"套索工具":相比选框工具,套索工具可以勾画线条,快速框选出任意不规则选区,以扩大或者缩小原有选区。

(5)"抓手工具":适用于拖动图像整体。

(6)"缩放工具":适用于局部放大或缩小图像。

另外,右侧属性面板分为五类调整参数。

(1)"视图模式":在下拉列表中可以选择 7 种不同的显示效果,如图 2-38 所示。

(2)"透明度":用来设置未被选取区域的颜色透明度,一般设置为半透明,便于观察边缘选取效果。

(3)"边缘检测":使用"半径"选项指定边缘调整的边界的大小,如果是锐边,可以使用较小的半径;如果是柔和的边缘,可以使用较大的半径。

(4)"全局调整":用来对选区进行平滑、羽化和对比度等处理,如果是羽毛等边缘较为柔和的对象,适当调整"平滑""羽化"选项。

(5)"输出设置":勾选"净化颜色"复选框,将彩色杂边处理为附近完全选中的像素颜色,净化颜色的强度和选区边缘的羽化程度成正比。"输出到"下拉列表有"选区""图层蒙版""新建图层""新建带有图层蒙版的图层""新建文档""新建带有图层蒙版的文档"等选项。

图 2-38 "视图模式"下拉列表

打开"选择并遮住"命令窗口后,单击选中左侧工具箱中的"调整边缘画笔工具",在人物边缘处涂抹,能够获得更好的抠图效果。具体方法步骤参见下面的实例。

2.3.2 项目案例:选择主体抠图

本例将使用菜单"主体"命令选中人物对象,然后使用"选择并遮住"窗口做进一步修改,达到较好的抠图效果。操作步骤如下:

(1)打开原图,原图如图 2-39 所示。

(2)单击菜单栏"选择"→"主体"命令,Photoshop 自动识别当前图像中的主体,并将其抠选出来,选取效果如图 2-40 所示。这是一种快捷便利的选取方法。

(3)单击"图层"面板下方工具栏中的"添加矢量蒙版"按钮,将选区转换为蒙版,此时原图的背

2.3.2

景部分消失,如图 2-41 所示。在"图层"面板中,图层蒙版缩略图中背景呈现黑色,而人物主体呈现白色,如图 2-42 所示。

图 2-39 原图

图 2-40 使用菜单"主体"选取对象

图 2-41 原图背景被遮盖

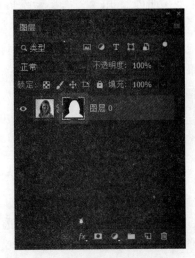

图 2-42 图层蒙版缩略图

(4)单击菜单栏"选择"→"选择并遮住"命令,在弹出的窗口中,单击左侧工具箱中的"调整边缘画笔工具",按住鼠标左键,在人物的头发和衣服边缘涂抹。在右侧"属性"面板中勾选"智能半径"复选项,半径设为"1像素";在"输出设置"中勾选"净化颜色"复选框,在"输出到"下拉列表中选择"新建带有图层蒙版的图层",如图 2-43 所示。抠出的人物主体形成了一个新图层"图层 0 复制",如图 2-44 所示。

(5)在"图层"面板中按下快捷键 Shift+Ctrl+N,新建一个空白图层,然后按下快捷键 Alt+Delete,使用绿色 RGB(3,172,86)填充该空白图层;在此背景上,比较使用"选择并遮住"设置的前后对比效果,如图 2-45、图 2-46 所示。

图 2-43 使用"调整边缘画笔工具"涂抹头发边缘

图 2-44 新图层"图层 0 复制"

图 2-45 "主体"命令抠图效果

图 2-46 "选择并遮住"设置后效果

2.4 透明物体抠图

对于透明或半透明的物体,如玻璃瓶、火焰等,既要抠取出对象的外形,又要体现物体的透明属性,采用什么抠图方法最好呢?采用通道抠图是不错的方法。那么选择哪个通道作为抠图通道呢?答案是黑白对比反差最大的通道。本例将在 2.2 节通道抠图的基础上,更进一步讲解对抠图通道的处理方法。

2.4.1 基础知识

1. 通道分类

2.2节讲解了通道的基本作用,2.3节讲到了选区可以转化为Alpha通道并存储起来,接下来讲解通道的分类及其作用。

"通道"具有存储颜色信息和选区信息的功能。Photoshop有3种类型的通道,即颜色通道、专色通道和Alpha通道。前两者是存储颜色信息的通道,而Alpha通道用于存储选区。

单击菜单栏"窗口"→"通道"命令,即可打开"通道"面板,该"通道"面板包括了RGB复合通道、"红""绿""蓝"3种颜色通道和1个Alpha通道,如图2-47所示。

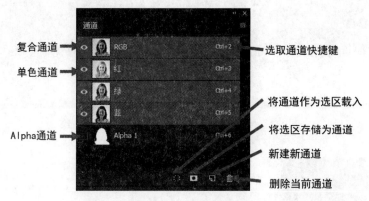

图2-47 "通道"面板

(1)复合通道:该通道包含了所有通道的颜色信息。

(2)颜色通道:用来记录图像的颜色信息。不同的颜色模式的图像,显示出的颜色通道数量也不同。例如,对于RGB颜色模式图像,"通道"面板提供了"红""绿""蓝"等三种颜色通道,CMYK颜色模式图像则有"青色""洋红""黄色""黑色"四个通道,索引颜色模式图像只有一个通道。

(3)Alpha通道:用来保存选区的通道。可以在该通道中绘画、填充颜色、填充渐变和使用滤镜等,白色部分为选区部分,黑色部分是选区之外,灰色部分为半透明的选区。

2. 通道的基本操作

(1)选择通道。在"通道"面板中,单击某一个通道即可选中该通道,单击复合通道会把所有相关联的颜色通道一并选中。每个通道后面有对应的快捷键"Ctrl+数字",例如,按下Ctrl+4,即可选中"绿"通道;按住Shift并单击可以加选多个通道。

(2)删除通道。在"通道"面板中,把要删除的通道直接用鼠标左键拖到"删除当前通道"图标 上,即可删除该通道;也可以右击该通道,在弹出的快捷菜单中选择"删除通道"命令删除该通道。如果删除"红""绿""蓝"三个通道中的一个,那么RGB复合通道也会被删除;如果选择删除RGB复合通道,那么将删除除了Alpha通道和专色通道外的所有通道。

(3)创建通道。可以通过当前选区建立新通道,也可以直接单击"通道"面板的"创建新通道"图标 而创建通道,这样创建的是Alpha通道。

(4)分离通道。Photoshop可以将一张图像中的多个通道分离成多个独立的灰度图像。单击"通道"面板中的"分离通道"命令,一张RGB颜色模式图像就会分离成3张灰度图像。

（5）合并通道。多张分离的灰度图像可以合并成一张图像,灰度图像的数量决定了合并通道时可用的颜色模式,例如,3张灰度图像可以合并出RGB模式图像。单击"通道"面板中的"合并通道"命令,即可完成合并通道。合并的图像要同时满足几个要求:在当前Photoshop中打开、图像的图层已经拼合、图像为灰度模式以及图像像素尺寸相同,否则无法使用"合并通道"命令。

2.4.2　项目案例:透明物体抠图

2.4.2

本节以抠取透明的玻璃瓶为例,详解透明物体的抠图方法。本例既要抠取出玻璃瓶,又要体现玻璃瓶的透明属性,操作步骤如下:

（1）打开原图,如图2-48所示。

（2）单击菜单栏"窗口"→"通道"命令,打开通道面板,单击黑白对比最明显的"红"通道,然后右击该通道,在弹出的快捷菜单中选择"复制通道"命令。红色通道的灰度图像如图2-49所示。此时,"通道"面板中增加了新复制的"红 复制"通道。

图2-48　玻璃瓶原图　　　　图2-49　红色通道的灰度图像

（3）单击新复制的通道,按快捷键Ctrl+L,打开"色阶"对话框;将"输入色阶"的黑色滑块(表示阴影)与白色滑块(表示高光)滑动到适当位置,增加该通道的明暗对比,色阶调整参数如图2-50所示。此时玻璃瓶的瓶身部分清晰可见,如图2-51所示。

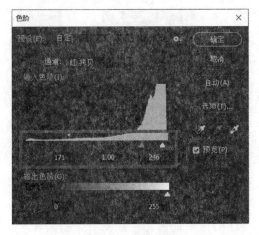

图2-50　色阶调整　　　　　　图2-51　色阶调整效果

（4）单击工具箱中的"前景色"图标，在弹出的"拾色器（前景色）"对话框中拾取白色RGB（0,0,0），单击"确定"按钮；单击工具箱中的"画笔工具"，在选项栏中，将画笔笔尖"大小"设为"60"，"硬度"设为"40%"；在图像的文档窗口中，使用画笔涂抹玻璃瓶的灰色背景部分。涂抹后的结果如图2-52所示。

（5）在"通道"面板中按住Ctrl键并同时单击该通道的缩略图，或者单击"通道"面板中的"将通道作为选区载入"图标 ，那么当前通道就会获得载入的选区，此选区是选中通道灰度图中的白色部分，即玻璃瓶的背景及瓶身的透明部分，如图2-53所示。然后右击选区，在弹出菜单中选择"选择反向"，或者按快捷键Shift+Ctrl+I，反选当前选区，即玻璃瓶身的黑色部分成为选区，如图2-54所示。

  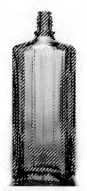

图2-52　抹除多余背景　　图2-53　将通道作为选区载入　　图2-54　反选选区

（6）在"通道"面板中，单击切换到RGB复合通道；单击并切换到"图层"面板，按快捷键Ctrl+J，将选区复制成为一个新图层；单击工具箱中的"移动工具" ，移动被复制的玻璃瓶新图层，复制效果如图2-55所示。

（7）在"图层"面板中，玻璃瓶已成为独立的图层，可用于任意合成图像。将新抠图出来的玻璃瓶拖曳到另外一张已打开的图像上，效果如图2-56所示；更换蓝色和绿色背景，效果如图2-57、图2-58所示。

   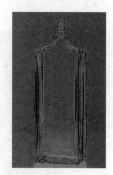

图2-55　被抠取的玻璃瓶　　图2-56　更换实物背景　　图2-57　更换蓝色背景　　图2-58　更换绿色背景
　　　　　复制成为新图层

以上例子展现了如何利用通道去除背景，从而抠取透明物体的方法。类似地，对于其他透明物体，也可以采取这种方法，即利用通道及修改通道灰度图的方法来达到抠图的目的。

2.5 蒙版抠图

2.5.1 基础知识

1. 蒙版概念

蒙版,作为摄影术语而言,是指控制照片不同区域曝光的传统暗房技术。在早期暗房合成时代,摄影工作人员会用一块遮光板遮挡住不要曝光的部分。

Photoshop中的蒙版,指的是通过色阶的灰度信息(黑白灰)来控制图像的显示区域。在该蒙版中,白色覆盖区域的图像会显示,而黑色覆盖区域的图像则被隐藏(概括为"白留黑不留"),灰色覆盖的区域会呈现半透明或不同程度透明的效果。

蒙版这种隐藏或者显示图像区域的作用,非常适用于图像的抠图与合成。在Photoshop中,使用蒙版在图像合成中将不需要显示的图像遮盖掉而不会破坏原图像,这使得对图像的遮盖或显示能够反复修改。如果使用"橡皮擦工具"直接擦除或删除图像多余的部分,保存并退出Photoshop,下次再次打开该图像时,被删除的图像部分将无法恢复。

2. 蒙版分类

(1) 剪贴蒙版。其原理是通过下层图层的形状来限制上层图层的显示内容,即下面的基底图层控制了上面的内容图层的显示内容。"基底图层"决定了剪贴蒙版的形状,可以移动或者缩放大小;"内容图层"则是形状内显示的内容,对其操作只会影响显示内容,如果内容图层小于基底图层,那么空出来的部分显示为基底图层。

创建方法:打开素材图片,一张是树叶图片,一张是山峰图片;把树叶图片拖曳到山峰图片中,再调整图层顺序,把树叶图层拖曳到山峰图层之下;单击"内容图层"山峰图层,再右击该图层,在弹出的快捷菜单中选择"创建剪贴蒙版",效果如图2-59所示。

图2-59　剪贴蒙版效果

剪贴蒙版可以创建特殊的几何外形效果,常用于为图层内容添加特殊外形图案,是版式设计的常用技法之一。

(2)图层蒙版。通过"黑白"来控制图层内容的显示与隐藏,可以用来对对象的抠图处理。

创建方法:打开山峰图片,在"图层面板"中单击"锁"图标 <img>,把背景图层转化为普通图层;选择工具箱中的"横排文字工具",在文档窗口的画面中输入文字"万峰林";单击选中山峰图层,单击"图层"面板中的"添加图层蒙版"图标 <img>,为当前图层创建白色蒙版,按快捷键 Ctrl+I,反转蒙版,即白色蒙版变为黑色蒙版;单击选中文字图层,按住 Ctrl 键,同时单击该文字图层的缩览图,即可选中文字区域,再单击选中山峰图层蒙版,单击工具箱中的"前景色"图标,在弹出的"拾色器(前景色)"对话框中将颜色设为白色,单击"确定"按钮;按快捷键 Alt+Delete,用前景色填充选区,这样就建立了山峰图层的图层蒙版,效果如图 2-60 所示。

图 2-60　图层蒙版效果

(3)矢量蒙版。通过路径的形态,来控制图层内容的显示与隐藏,路径以内的部分被显示,路径以外的部分被隐藏。

创建方法:在"图层"面板中单击选中山峰图层;单击工具箱中的"钢笔工具",绘制出"山"字样的路径;然后单击菜单栏"图层"→"矢量蒙版"→"当前路径"命令,即可为当前图层创建矢量蒙版,效果如图 2-61 所示。

图 2-61　矢量蒙版效果

按住 Ctrl 键,单击"图层"面板底部的"添加图层蒙版"图标 ,即可为当前图层添加一个新的矢量蒙版。当已有图层蒙版时,再次单击"图层"面板底部的 图标,即可为该图层创建一个矢量蒙版,此时,第一个蒙版缩览图是图层蒙版,第二个缩览图是矢量蒙版,两者同时为当前图层起作用。

(4)快速蒙版。以"绘图"的方式创建各种需要的选区,也可以称为一种选区工具。

创建方法:单击工具箱底部的"以快速蒙版模式编辑"图标 ,该图标变为 ,表明当前处于"快速蒙版模式编辑"状态;单击工具箱中"前景色"图标,设置颜色为黑色 RGB(0,0,0);单击工具箱中的"画笔工具",在其选项栏中设置画笔笔尖大小为"200 像素",硬度为"0%",样式为"柔边圆";在文档窗口中的画面上使用画笔涂抹要显示的部分,此时被涂抹的部分显示出半透明的红色覆盖的效果,如图 2-62 所示。

图 2-62　黑色画笔涂抹画面

绘制完成后,单击工具箱底部的"以标准模式编辑"图标 ,即可退出快速蒙版编辑模式。此时,获得了红色覆盖区域之外部分的选区;设置前景色为绿色 RGB(135,175,42),按快捷键 Alt+Delete,用前景色填充选区,效果如图 2-63 所示。

3. 蒙版操作

(1)直接创建图层蒙版。在没有选区的情况下,可以创建出空的蒙版(白色),画面中的内容不会被隐藏。

操作方法:首先使用快捷键 Ctrl+O,打开原图,如图 2-64 所示;单击"图层"面板底部的"添加图层蒙版"图标 ,此时所选图层会出现白色的蒙版;单击工具箱中"前景色"图标,在弹出的"拾色器(前景色)"对话框中设置颜色为黑色 RGB(0,0,0);单击工具箱中的"画笔工具",在其选项栏中设置画笔笔尖大小为"60 像素",硬度为"50%",样式为"柔边圆";在文档窗口中的画面上使用画笔涂抹人物的边缘背景,人物背景就被隐藏了,效果如图 2-65 所示。

图 2-63　使用前景色填充选区

图 2-64　打开原图

图 2-65　用黑色画笔涂抹图层蒙版

　　如果按住 Alt 键,单击"图层"面板底部的"添加图层蒙版"图标 ▣,此时创建的是黑色蒙版,如图 2-66 所示;使用前景色为白色的画笔涂抹,可以还原出需要的人物区域,如图 2-67 所示。

　　(2)利用选区创建图层蒙版。在有选区的情况下,新建蒙版则把选区转换为蒙版,选区内部为显示状态,选区之外是隐藏状态。

图 2-66　创建黑色蒙版

图 2-67　白色画笔涂抹出人物

　　操作方法：单击工具箱中的"快速选择工具"，在图像画面的人物背景上按住鼠标左键拖曳，把背景部分选取出来，选区如图 2-68 所示；按快捷键 Shift＋Ctrl＋I，反选选区，单击"图层"面板底部的"添加图层蒙版"图标 ，此时创建基于当前选区的图层蒙版，选区部分可见，选区之外不可见，如图 2-69 所示。

图 2-68　快速选择工具选择背景

图 2-69　基于选区创建图层蒙版

　　如果已经有了选区，按住 Alt 键，同时单击"图层"面板底部的"添加图层蒙版"图标 ，此时则把选区之外的区域转换为白色蒙版，即选区内容隐藏，选区之外可见，效果如图 2-70 所示。

　　（3）利用蒙版控制调色区域。单击"图层"面板底部的"创建新的填充或调整图层"图标 ，在弹出的快捷菜单中选择"曲线"命令，添加曲线调整图层；在打开的"属性"面板中，把"曲线"的中部向上提拉一点，可以把整体调亮，如图 2-71 所示。

单击选中曲线调整图层的蒙版，按键盘 Ctrl＋I，反转曲线调整图层的蒙版；使用前景色为白色的画笔涂抹人物，可以调亮人像，背景亮度不变，如图 2-72 所示。

（4）利用蒙版调节图层透明度。按键盘反斜杠键"\"，可以观察蒙版作用的区域，画面的半透明红色区域是黑色蒙版遮住的范围，如图 2-73 所示；单击工具箱中的"前景色"图标，将前景色设为灰色 RGB(135,135,135)；单击"图层"面板中的人物图层蒙版，使用灰色画笔涂抹图层蒙版，可以控制图层的透明度，呈现半透明的显示效果，如图 2-74 所示。

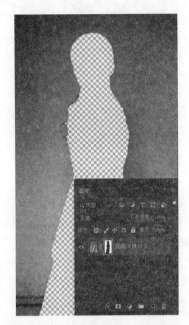

图 2-70　选区范围之外转为白色蒙版

图 2-71　建立曲线调整图层

图 2-72　蒙版控制"曲线"的作用范围

图 2-73　查看蒙版的作用范围

图 2-74　灰色蒙版控制图层透明度

2.5.2　项目案例：蒙版抠图

本节使用蒙版来抠取黑色背景中的火焰,操作步骤如下:

(1) 打开原图,如图 2-75 所示。

(2) 单击选中"图层"面板中的背景图层,按下快捷键 Ctrl+J,复制当前火焰图层,如图 2-76 所示。

图 2-75　火焰原图

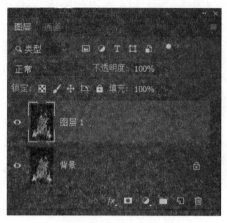

图 2-76　建立新的图层

(3) 确认当前选择的是复制的图层,单击"图层"面板底部的"添加图层蒙版"图标 ▣,建立复制图层的白色蒙版,如图 2-77 所示。

(4) 单击"图层"面板中"图层 1"的图层缩览图(不是图层蒙版的缩览图),按快捷键 Ctrl+A,选取火焰图片的全部范围。按快捷键 Ctrl+C 复制选区,然后按住 Alt 键,同时单击选中图层蒙版缩览图(不是图层缩览图),此时文档窗口显现为白色的图层蒙版,并按快捷键 Ctrl+V,粘贴火焰灰度图到蒙版,如图 2-78 所示。

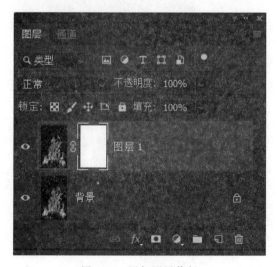

图 2-77　添加图层蒙版

图 2-78　复制火焰灰度图到图层蒙版

（5）仍然选择"图层1"的图层蒙版缩略图，按快捷键Ctrl＋L，打开"色阶"对话框，调整蒙版的色阶，拖动亮部滑块至中间，增加黑白对比度，如图2-79所示。蒙版调整色阶后的效果，如图2-80所示，白色部分即是要抠选出来的部分。

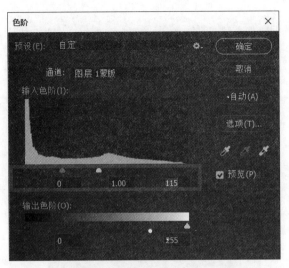

图2-79　"色阶"对话框调整滑块位置　　　　　　　图2-80　蒙版调整色阶后的效果

（6）按快捷键Shift＋Ctrl＋N，新建一个空白图层；设置前景色为白色RGB(255,255,255)，按快捷键Alt＋Delete，将新建图层填充为白色，将白色图层拖曳到火焰图层之下，可见火焰抠出来了，如图2-81所示；更换背景后的效果如图2-82所示。

图2-81　新建白色背景的抠图效果　　　　　　　图2-82　更换背景后的抠图效果

2.6 复杂对象抠图

2.6.1 基础知识

1. 蒙版再认识

使用"属性"面板可以对图层蒙版和矢量蒙版做进一步的修改调整。单击菜单栏"窗口"→"属性"命令,即可打开"属性"面板,如图 2-83 所示。在图层面板中单击"图层蒙版"的缩览图,在"属性"面板中可以设置当前蒙版的相关属性。

(1)"浓度":设置当前蒙版的不透明度,也就是蒙版遮盖图层的强弱程度。浓度越高,则黑色蒙版遮盖越强;浓度越低,则黑色蒙版遮盖越弱。打开一张风景图,添加图层蒙版,如图 2-84 所示。在"属性面板"中,将"浓度"设为"60%",效果如图 2-85 所示。

(2)"羽化":用来控制蒙版边缘的柔化程度,其作用和图像选区的"羽化"是一样的。数值越大,蒙版边缘越柔和;数值越小,蒙版边缘越生硬。将"羽化"设为"20.0 像素",效果如图 2-86 所示。

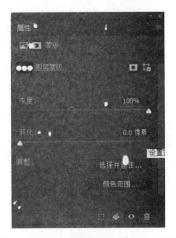

图 2-83 打开图层蒙版的"属性"面板

图 2-84 为图层建立蒙版

图 2-85　蒙版"浓度""60％"的效果

图 2-86　"羽化"设为"20.0 像素"

　　(3)"选择并遮住"：打开"选择并遮住"命令，在命令中可以使用提供的工具箱来修改蒙版边缘。该选项对于"矢量蒙版"不可用。

　　(4)"颜色范围"：打开"色彩范围"命令，在命令中可以修改"颜色容差"来修改蒙版的边缘范围。该选项对于"矢量蒙版"不可用。

（5）"反相"：单击该图标，可以反转蒙版的遮盖范围，蒙版中的黑色部分变成白色部分，白色部分变成黑色部分，反转的效果如图 2-87 所示。

图 2-87　蒙版"反相"的效果

（6）"从蒙版载入选区" 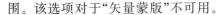：单击该图标，从蒙版生成选区。

（7）"应用蒙版" ：将蒙版应用到图像中，并删除蒙版以及被蒙版遮盖的区域。

（8）"停用/启用蒙版" ：暂时停用或者重新启用蒙版。

（9）"删除蒙版" ：删除当前选择的蒙版。

2．图层蒙版操作

（1）停用图层蒙版。在图层蒙版缩览图上右击，在弹出的快捷菜单中选择"停用图层蒙版"，如图 2-88 所示，即可停用当前的图层蒙版，暂时使图层蒙版失效。

（2）启用图层蒙版。同样地，在图层蒙版缩览图上右击，在弹出的快捷菜单中选择"启用图层蒙版"，使图层蒙版起效，如图 2-89 所示。

图 2-88　快捷菜单"停用图层蒙版"　　　图 2-89　快捷菜单"启用图层蒙版"

（3）删除图层蒙版。在图层蒙版缩览图上右击，在弹出的快捷菜单中选择"删除图层蒙版"，把当前选择的图层蒙版删除掉。

（4）链接图层蒙版。默认情况下,图层缩览图和图层蒙版缩览图之间有个链接图标,表示图层和图层蒙版两种会同步移动或变换;如果单击链接图标取消链接,则两者之间互不影响。

（5）应用图层蒙版。在图层蒙版缩览图上右击,在弹出的快捷菜单中选"应用图层蒙版",将蒙版效果应用于蒙版所在的图层,并删除图层蒙版。蒙版黑色部分对应的图像区域被删除,白色部分保留下来。

（6）移动图层蒙版。可以在当前图层中移动蒙版位置,也可以按住鼠标左键将图层蒙版拖曳到其他图层上,如图 2-90 所示。

（7）替换图层蒙版。如果将一个图层蒙版拖曳到另外一个带有图层蒙版的图层上,可以替换该图层的图层蒙版,取而代之。

（8）复制图层蒙版。按住 Alt 键的同时,按住鼠标左键,将一个图层的图层蒙版直接拖曳到目标图层上,则会复制该图层蒙版,如图 2-91 所示。

图 2-90　图层蒙版移动到另一个图层

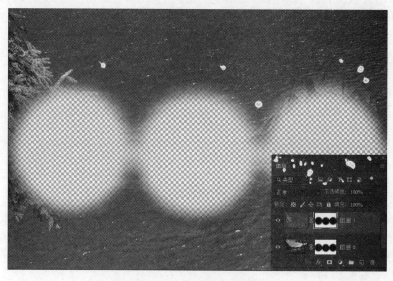

图 2-91　复制图层蒙版

（9）从蒙版载入选区。即蒙版可以转换为选区。按住 Ctrl 键，同时单击图层蒙版缩览图，蒙版中的白色部分变为选区，黑色部分为选区外，灰色的部分为羽化的选区。

（10）图层蒙版与选区相加或相减。图层蒙版可以与选区相互转换，即蒙版可被当作选区与其他选区进行加减运算。如果当前图层已有选区，右击图层蒙版缩览图，在弹出的快捷菜单中有三个相关的加减运算选项："添加蒙版到选区"，即两者相加，新选区扩大范围；"从选区减去蒙版"，即两者相减，新选区减小范围；"蒙版与选区交叉"，即新选区为两者重叠的区域。

2.6.2　项目案例：复杂对象抠图

2.6.2

现实世界的物体由于光线、外形、颜色和背景等差异，会呈现出不同的属性，为抠图增加了很多挑战。对于复杂对象抠图，使用单一的方法不能取得很好的效果，那么就要考虑综合使用多种方法。本例使用钢笔工具＋蒙版＋通道的方法，将带插花的玻璃瓶抠选出来，具体操作步骤如下：

（1）打开原图，如图 2-92 所示。

（2）单击工具箱中的"钢笔工具" 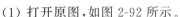，沿着玻璃瓶边缘勾勒出路径，路径绘制完成如图 2-93 所示。

图 2-92　玻璃瓶原图

图 2-93　路径绘制完成

（3）右击绘制完成的路径，在弹出菜单中选择"建立选区"，将路径转换为选区。按快捷键 Ctrl＋C 复制选区，然后按快捷键 Ctrl＋V 粘贴选区，此时新建的"图层 1"为玻璃瓶。按快捷键 Shift＋Ctrl＋N，新建一个图层，单击选中工具箱中的油漆桶工具 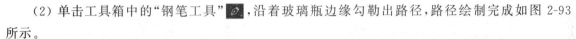，填充黄褐色 RGB(205,195,55) 作为玻璃瓶的背景，以便于观察。图层关系如图 2-94 所示，图像呈现的是玻璃瓶的主体部分，如图 2-95 所示。

（4）单击选中复制出来的玻璃瓶图层，按下快捷键 Ctrl＋J，再次复制花瓶图层，如图 2-96 和图 2-97 所示。单击菜单栏"图像"→"调整"→"去色"命令，或者按下快捷键 Shift＋Ctrl＋U，为当前图层去除颜色，如图 2-98 所示。

（5）按下快捷键 Ctrl＋Alt＋2，选取去色后的花瓶图层的高光部分，如图 2-99 所示。按快捷键 Ctrl＋J，复制高光部分，在图层面板中单击去色的花瓶图层的"指示图层可见性"图标 ，使该图层不可见，如图 2-100 所示。

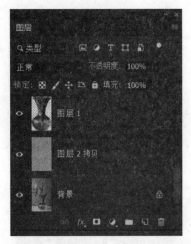

图 2-94　新建黄褐色图层作为背景

图 2-95　抠选出来的玻璃瓶

图 2-96　去色后效果

图 2-97　再次复制花瓶图层

（6）右击没去色的花瓶图层，单击图层面板底部的"添加图层蒙版"图标 ，为该图层建立图层蒙版；单击工具箱中的"前景色"图标，在弹出的"拾色器（前景色）"对话框中设置颜色为黑色 RGB(0,0,0)；单击工具箱中的"画笔工具"，在其选项栏中设置画笔笔尖"大小"为"80 像素"，"硬度"为"0％","不透明度"为"35％",涂抹花瓶透明部分,如图2-101所示。此步骤作用为使花瓶的玻璃通透部分呈现半透明效果。

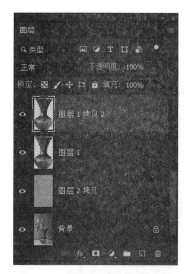

图2-98 复制的花瓶图层去色

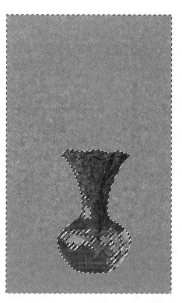

图2-99 选取高光部分

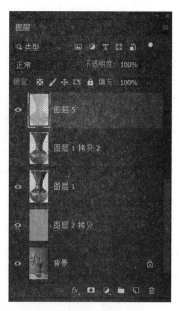

图2-100 新建高光部分的图层

(7) 单击工具箱中的"前景色"图标,在弹出的"拾色器(前景色)"对话框中设置颜色为青色RGB(1,255,255);单击选中工具箱中的油漆桶工具 ,填充背景图层为青色,效果如图2-102所示。

(8) 单击花瓶原图的背景图层,使用通道抠图的方法抠取花瓶和插花,效果如图2-103所示。本章第2节已详解了通道抠图的方法步骤,这里不再复述。

图2-101 建立蒙版使花瓶通透

图2-102 更换青色背景的效果

图2-103 通道抠图的效果

（9）通道抠图叠加蒙版抠图的图层关系如图 2-104 所示，最后完成的效果如图 2-105 所示。本例先后通过钢笔工具、图层蒙版和通道抠图，较好地抠取了不规则外形的花瓶，同时又体现了花瓶的透明属性。

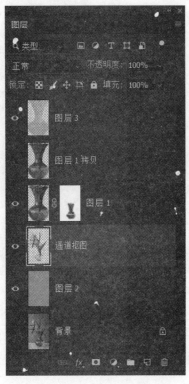

图 2-104　各图层的顺序

图 2-105　最后完成的效果

2.7　调整图像抠图

在前面的章节，我们所接触的抠图方式例如钢笔工具、蒙版、通道等，无一不是通过建立选区来实现抠图的目的。那么，有没有不建立选区，直接对图层整体进行处理的抠图方式呢？有。通过"黑白"命令降低背景颜色成分，再通过图层混合模式"滤色"，从而对主体进行突出，也能够达到抠图的目的。

2.7.1　基础知识

"黑白"命令，可以将色彩图像转为黑白图像，并且可以在"黑白"对话框中对六种颜色（红、绿、蓝、黄、青、品红）的明暗程度单独进行调整。

单击菜单栏"图像"→"调整"→"黑白"命令，或者按快捷键 Alt＋Shift＋Ctrl＋B，即可打开"黑白"对话框，如图 2-106 所示。该对话框中的各项属性参数设置说明如下：

"预设"：在下拉列表中提供了多种预先设置好的黑白效果，可以直接选择对应的预设来创建黑白图像,如图 2-107 所示。

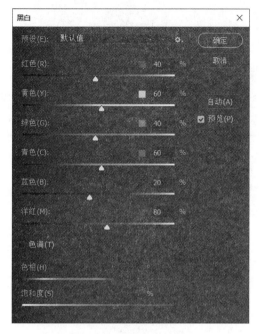

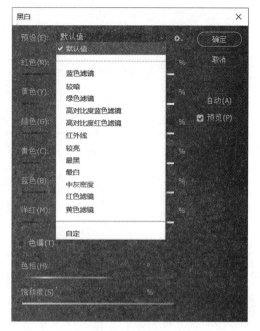

图 2-106 "黑白"对话框   图 2-107 "黑白"对话框的各类预设

"颜色":六种颜色用来调整图像中特定颜色的灰色调,以图 2-108 为例,降低红色的比例数值为"-100%",会使包含红色的区域变深,如图 2-109 所示;增加红色的比例数值为"100%",会使包含红色的区域变浅,如图 2-110 所示。这是因为 Photoshop 采用的是加色原理,某一种颜色越多,亮度越高,越靠近白色;某一种颜色越少,亮度越低,越靠近黑色。

图 2-108 原图   图 2-109 "红色"为"-100%"   图 2-110 "红色"为"100%"

"色调":勾选"色调"复选框,可以创建单色图像,然后单击右侧色块设置颜色,也可以输入"色相"和"饱和度"的数值,或者拖动滑块来调整数值,如图 2-111～图 2-113 是创建的三种单色图像。

图2-111　黄褐色调　　　　　图2-112　青色调　　　　　　图2-113　紫色调

2.7.2

2.7.2　项目案例：调整图像抠图

1. 方法一

气泡的透明属性,可以通过把气泡转换为黑白图像(背景为黑,气泡为白),并把图层混合模式设为滤色(让图片更亮,去掉深色部分)的方式实现,具体操作步骤如下:

(1) 打开原图,如图2-114所示。

(2) 单击菜单栏"图像"→"调整"→"黑白"命令,或者按快捷键Alt+Shift+Ctrl+B,即可打开"黑白"对话框,并设置"蓝色"设为"-119%",如图2-115所示。调整后的效果如图2-116所示,可见蓝色背景已经降低成分,变为黑色了。

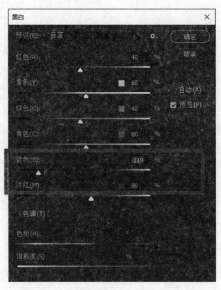

图2-114　原图　　　　　图2-115　"蓝色"设为"-119%"　　　　图2-116　调整后效果

（3）按快捷键 Shift＋Ctrl＋N，新建一个空白图层；单击工具箱中的"前景色"图标，在弹出的"拾色器（前景色）"对话框中拾取颜色为红色 RGB（228，41，87）；按快捷键 Alt＋Delete，把新建的图层填充为红色；在"图层"面板中，双击"背景"图层，或者单击该图层右侧的"指示图层部分解锁"图标 ，以解锁背景图层。

（4）在"图层"面板中，使用鼠标左键直接拖曳的方法，将气泡图层拖曳到红色图层之上，如图 2-117 所示；单击"图层混合模式"下拉列表，在弹出的快捷菜单中选择"滤色"选项，如图 2-118 所示。

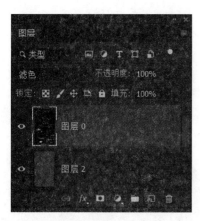

图 2-117　调整图层顺序

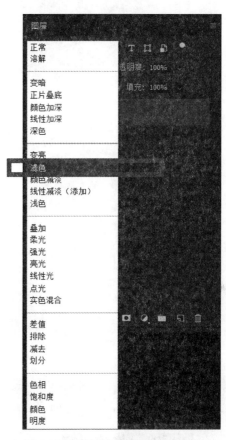

图 2-118　图层混合模式选择"滤色"

（5）红色背景的气泡效果如图 2-119 所示；将红色图层更换为其他背景，效果如图 2-120 所示。

2. 方法二

如何抠取气泡之类的具有透明属性的物体，要根据气泡及其背景来决定。此处讲解抠取气泡的另一种处理方法，操作步骤如下：

（1）打开原图，如图 2-121 所示。

（2）单击菜单栏"图像"→"调整"→"去色"命令，或者按快捷键 Shift＋Ctrl＋U，使打开的图像去除颜色，变为灰色图像，如图 2-122 所示。

（3）单击菜单栏"图像"→"调整"→"反相"命令，或者按快捷键 Ctrl＋I，使图像色相反转，反相后如图 2-123 所示。

图2-119　红色背景的气泡效果

图2-120　更换背景的气泡效果

图2-121　原图

图2-122　图像"去色"

（4）按快捷键Ctrl+L，打开"色阶"对话框，调整黑色滑块和白色滑块位置，增加黑白对比度，如图2-124所示。调整后的图像如图2-125所示。

图2-123　图像"反相"

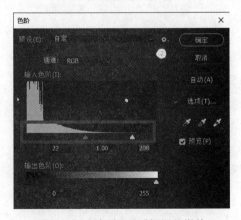

图2-124　"色阶"对话框调整滑块

（5）在"图层"面板中，双击气泡图层（之前该气泡图层为背景图层），或者单击该图层右侧的"指示图层部分解锁"图标 ，以解锁背景图层。使用鼠标左键直接拖曳的方法，将一张海底图片拖曳到气泡图层之下；单击选中气泡图层，单击"正常"右侧的"图层混合模式"下拉列表箭头，在展开的列表选项中选择"滤色"，效果如图 2-126 所示。

图 2-125　调整"色阶"后效果　　　　图 2-126　设置为滤色后效果

2.8 混合选项抠图

观察抠图对象的背景，如果背景是较为单一的颜色，可以采用设置"图层样式"中的"混合选项"，消隐背景，从而把对象凸显出来，达到抠图的目的。

2.8.1 基础知识

单击"图层"面板底部的"添加图层样式"图标 ，在弹出的快捷菜单中选择"混合选项"，打开"图层样式"对话框，如图 2-127 所示。该对话框包括"常规混合""高级混合""混合颜色带"三个选项组。

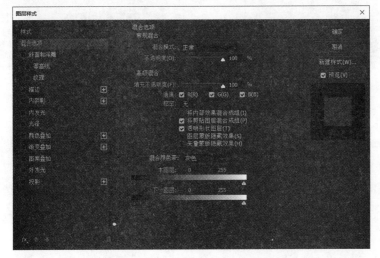

图 2-127　混合选项图层样式对话框

1. 常规混合

"混合模式"：单击右侧向下的箭头,会弹出下拉列表,从中可以选择需要的图层混合模式。图层混合模式是当前图层的像素与下方图层的像素的颜色混合方式,可以实现图层融合等特殊效果。本书第1章已经举例说明了不同模式组的效果。

"不透明度"：作用于整个图层的透明属性。默认数值为"100％",表示当前图层完全不透明;当数值设为"0％"时,表示当前图层完全透明。透明效果是实现图层之间融合的有效方法之一。

上述两项,也可以在"图层"面板中设置。

2. 高级混合

"填充不透明度"：设置其数值只会影响当前图层的内容,不会影响图层的样式,即可把当前图层设为透明,但是保留图层样式的效果。这样可以创建隐形的投影或者描边效果,如图2-128和图2-129所示。

图 2-128　隐形的投影效果　　　　　　　图 2-129　隐形的描边效果

"通道"：混合图层时,将混合效果限定在指定的通道内,未被选择的通道则被排除在混合之外。例如,勾选 R 通道和 G 通道,则显示效果为偏黄色,如图 2-130 所示;勾选 G 通道和 B 通道,则显示效果为偏青色,如图 2-131 所示。

图 2-130　R、G 通道混合偏黄色　　　　　图 2-131　G、B 通道混合偏青色

"挖空"：有无、深和浅三个选项,用来设置当前层在下面的层上打孔并显示对应的挖空效果。例如,当前图像有三个图层,由下至上分别为草原图层、树林图层以及椭圆图层,并且树林图层和椭圆图层组合成一个图层组(快捷键 Ctrl＋G),图层叠加关系如图2-132所示,"图层"面板如图2-133所示;单击选中椭圆图层,并将图层的"填充不透明度"设置为"0％",同时将"挖空"选为"浅",效果如图2-134所示;将"挖空"选为"深",效果如图2-135所示。

图 2-132　图层叠加关系

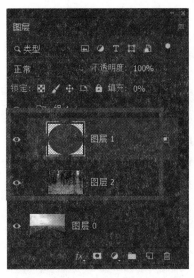

图 2-133　"图层"面板

图 2-134　"挖空"为"浅"

图 2-135　"挖空"为"深"

3. 混合颜色带

混合颜色带是一种高级蒙版,可以快速隐藏像素,创建图层混合效果。它可以通过相应的颜色及数值调整决定图层的显示及隐藏区域。下方颜色条及其滑块可以在 0～255 作出滑动变更,对应的就是色阶灰度。混合颜色带常用来隐藏树林、火焰、烟花、云彩及闪电等背景。

"混合颜色带":有"灰色""红色""绿色""蓝色"四个选项,"灰色"表示使用全部颜色通道控制混合效果,其他选项就是单一颜色通道控制混合效果。

"本图层":是指当前正在处理的图层,拖动本图层中的两端滑块,可以隐藏当前图层中的像素,从而显现出下面图层的内容。当左侧黑色滑块向右移动时,当前图层中比该滑块更暗的像素就会被隐藏,并显示出下面图层的内容;当右侧的白色滑块向左移动时,当前图层中比该滑块更亮的像素就会被隐藏,也同样显示出下面图层的内容。

"下一图层":是指当前图层下面的图层,拖动"下一图层"的滑块,可以使下面图层的像素穿透当前图层显示出来。当左侧黑色滑块向右移动时,下一图层比滑块当前位置更暗的像素就会穿透本图层而显示出来;当右侧的白色滑块向左移动时,下一图层中比滑块当前位置更亮的像素就会穿透本图层而显示出来。

2.8.2 项目案例：混合选项抠图

利用混合选项中的"混合颜色带"对本图层或下一图层的像素的控制，来实现抠图的目的，具体操作步骤如下：

(1) 运行 Photoshop，双击空白区域；或单击菜单"文件"→"打开"命令(快捷键 Ctrl＋O)，弹出"打开文件"对话框，找到原图，单击"打开"按钮，或者直接双击图像文件名，就可以打开原图，如图 2-136 所示。

(2) 单击"图层"面板中背景图层右侧的图标，解锁图层，即把背景图层转换为普通图层。

(3) 单击"图层"面板底部的"添加图层样式"图标
fx.，在弹出快捷菜单中选择"混合选项"。然后在弹出"图层样式"对话框中，在"混合选项"的"混合颜色带"下拉列表中选择"蓝"；按住 Alt 键，拖动"本图层"右侧的白色滑块，分离出的左侧半边滑块移动至位置"99/255"，如图 2-137 所示。

图 2-136　原图

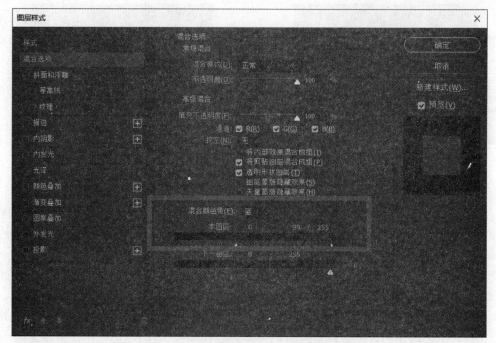

图 2-137　混合颜色带"本图层"滑块位置调整

(4) 拖动滑块的同时，观察天空背景隐藏情况，可见背景慢慢消隐了，如图 2-138 所示。

(5) 用鼠标直接拖曳的方法，将一张天空的图片拖曳到树木图层之下，查看更换天空背景的效果，如图 2-139 所示。

图 2-138　蓝色背景消除

图 2-139　更换背景

（6）使用同样的方法，练习更换两张图像的背景，如图 2-140～图 2-143 所示。

图 2-140　原图

图 2-141　更换背景的效果（一）

图 2-142　原图

图 2-143　更换背景的效果（二）

2.9　色彩范围抠图

2.9.1　基础知识

1. 色彩范围抠图的适用对象

在 Photoshop 所有的抠图动作中，魔棒工具是最为简单的一种，可以直接利用抠图对象与背景颜色的差异创建选区，但魔棒工具也具有相当大的局限性：要求抠图对象与背景要有明显的差异和清晰的边缘，这使得魔棒工具通常难以一次到位。

对于抠图对象与背景之间边缘不明晰但差异较为明显的图像,使用"色彩范围"命令抠图可以比魔棒工具更为精细,且带有羽化效果。通过"色彩范围"建立选区,再通过画笔修改蒙版,能够将两个图片完美整合在一起。这有别于常用的画笔(或橡皮擦)+羽化的方式。

2. "色彩范围"对话框

"色彩范围"命令可以根据图像中的一种或多种颜色的范围来建立选区。Photoshop 打开一张荷花图,如图 2-144 所示;单击菜单栏"选择"→"色彩范围"命令,在弹出的"色彩范围"对话框中,可以单击图像中的某一处进行取样,然后设置"颜色容差""范围"来确定选区,预览区中白色的区域就是将被选中的区域,如图 2-145 所示,单击"确定"按钮后,建立的选区如图 2-146 所示。

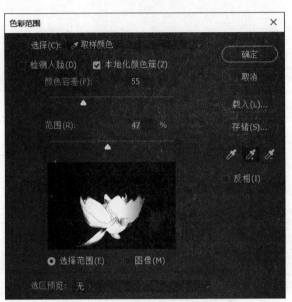

图 2-144　荷花原图　　　　　　　　　　图 2-145　"色彩范围"对话框

"色彩范围"对话框各项设置说明如下:

(1)"图像查看区域":包括"选择范围""图像"两个单选项;选中"选择范围"时,预览区中的白色部分代表被选取的范围,黑色部分代表未被选取的范围,灰色部分代表部分选取的范围。选中"图像"时,预览区内会显示原图。

(2)"选择":用来设置建立选区的方法,"色彩范围"的"选择"下拉列表如图 2-147 所示。选择"取样颜色"时,光标会变成吸管工具,移动到画布中的图像上,单击即可取样颜色;选择"红色"至"洋红"时,将选取图像中特定的颜色;选择"高光""中间调""阴影"时,即可选择图像中特定的色调;选择"肤色"时,将自动检测皮肤区域;选择"溢色"时,将选择图像中出现的溢色。

(3)"检测人脸":当"选择"设为"肤色"的时候,选中该复选框,可以更加精准地查找皮肤的选区。

(4)"本地化颜色簇":勾选该复选框,拖动"范围"滑块,可以控制要包含在蒙版中的颜色与取样点颜色的最大和最小距离。

(5)"颜色容差":控制颜色的选择范围,数值越大,包含的颜色越多;数值越小,包含的颜色越少。

图 2-146　建立选区

图 2-147　"色彩范围"的"选择"下拉列表

（6）"范围"：当"选择"设为"高光""中间调""阴影"其中之一时，调整"范围"数值时，可以设置"高光""中间调""阴影"各个部分的大小。

2.9.2　项目案例：色彩范围抠图

本例使用"色彩范围"命令建立某个颜色范围的选区，来实现抠图的目的，具体操作步骤如下：
（1）打开原图，如图 2-148 和图 2-149 所示。

2.9.2

图 2-148　原图之一

图 2-149　原图之二

（2）在图片文档窗口中，按住鼠标左键，将向日葵图片拖入湖景图片中，如图 2-150 所示；在"图层"面板中新建了向日葵图层，即"图层 1"，如图 2-151 所示。

（3）单击菜单栏"选择"→"色彩范围"命令，在弹出的"色彩范围"对话框中设置"颜色容差"为"150"，"范围"为"100％"；接着用"吸管工具"![吸管]单击向日葵图层中天空背景部分，然后单击选中"添加到取样"图标![添加]，不断在向日葵图层中天空背景上单击，效果如图 2-152 所示。单击"确定"按钮后，当前向日葵图层上生成了选区，如图 2-153 所示。

图 2-150　图片拖入背景

图 2-151　"图层"面板

图 2-152　"色彩范围"对话框

图 2-153　建立选区

（4）单击"图层"面板底部的"添加图层蒙版"图标![蒙版]，将当前选区转换为蒙版，图像如图 2-154 所示，"图层"面板如图 2-155 所示。

图 2-154　选区转化为蒙版

图 2-155　"图层"面板

（5）单击菜单栏"图像"→"调整"→"反相"命令（或按快捷键 Ctrl＋I），反相蒙版。向日葵图层中背景被遮盖了，向日葵显示出来了，效果如图 2-156 所示，"图层"面板如图 2-157 所示。

图 2-156　选区转化为蒙版

图 2-157　"图层"面板

（6）按住 Alt 键，单击向日葵图层"图层 1"的蒙版缩览图，进入蒙版视图，如图 2-158 所示。在工具箱中，将前景色设置为黑色，用适当大小的画笔涂抹向日葵周边区域，完成后效果如图 2-159 所示。

至此，向日葵图片背景已抠除干净，和湖景图层完美融合在一起了，效果如图 2-160 所示。

图 2-158　蒙版视图　　　　　图 2-159　修改后的蒙版　　　　　图 2-160　完成的效果

2.10　综合抠图

2.10.1　抠图技法总结

Photoshop 图像处理,在进行各种操作之前,首先要选定特定的对象,如果不是针对全画面或者全图层的内容,那么就需要通过选区来确定操作处理的对象。本章讲解的案例就是要实现最后的处理效果。建立选区的抠图方法可以归纳总结为如下几类:

1. 基于几何外形的抠图

建立直线段边缘的几何形状的选区,可以使用工具箱中的"矩形选框工具""椭圆选框工具""多边形套索工具"等。

建立曲线段边缘的几何形状的选区,可以使用"钢笔工具"进行较为精确的选取。

建立羽化边缘的几何形状的选区,可以使用"套索工具"等,然后按快捷键 Shift＋F6,设置羽化效果。

2. 基于颜色差异的抠图

基于颜色差异的抠图,是利用抠取对象与背景之间的颜色差异来选取对象,有以下工具或命令:

"快速选择工具",可以通过按住鼠标左键拖动的方式,自动创建选区。

"魔棒工具",可以获取容差范围内颜色的选区。

"磁性套索工具",可以自动查找颜色差异边缘绘制选区。

"魔术橡皮擦工具",可以擦除颜色相似区域。

"背景橡皮擦工具",可以智能擦除背景像素。

"色彩范围"命令,可以获取特定颜色容差范围内的选区。

3. 基于通道的抠图

通道抠图,关键之处在于找到抠取对象和背景的黑白反差较大的通道,如果黑白反差不够大,还要通过"色阶"对话框进一步增加这种反差,抠取的效果就会更好。

通道是灰度图像,可以利用"画笔工具"等对其进一步修改完善,将不需要的部分用黑色画笔涂抹掉。

通道抠图,不能直接在原来的通道上操作,否则会破坏原始图片,必须复制通道再来进一步处理。利用通道和选区之间的转化,来获得对象的选区。

4. 基于蒙版的抠图

蒙版对于所在的图层的遮盖作用,可以概括为"白留黑不留",即图层在白色蒙版的部分是可见的,图层在黑色蒙版的部分是不可见的,而灰色蒙版的部分是呈现不同透明度的效果。

利用蒙版可以保存和反复修改的特点,可以对选区进行修改完善。这种隐藏而不是删除的编辑方式,是一种非常便利的非破坏性的编辑方式,设计人员一定要抛弃直接在原图上进行编辑处理的方式。

蒙版和选区可以相互转化,执行"存储选区"命令,将自动建立一个 Alpha 通道,下次要使用选区时,单击"通道"面板底部的"将通道作为选区载入"图标 即可。

5. 选区的加减操作

如果已经建立了选区,按住 Shift 键,同时再绘制选区,可以将当前绘制的选区添加到原来的选区中;按住 Alt 键,同时再绘制选区,可以从原来的选区中减去当前绘制的选区;按住 Shift+Alt 键,同时再绘制选区,原来的选区和当前绘制的选区相交的部分即是获得的选区。上述快捷键的操作,也可以通过单击选区工具的选项栏中的"添加到选区"图标 、"从选区减去"图标 、"与选区交叉"图标 来实现。

2.10.2 项目案例:综合抠图

孔雀开屏,绚丽夺目,要把孔雀从背景中抠选出来,使用什么方法较好呢?本例综合使用"选择并遮住"对话框中的"调整边缘画笔工具"和工具箱中的"钢笔工具",分别把孔雀的羽毛和脚抠取出来,具体操作步骤如下:

2.10.2

(1)打开孔雀原图,如图 2-161 所示。

(2)单击工具箱中的"套索工具",在文档窗口中的画面上按住鼠标左键,沿着孔雀边缘进行框选,结果如图 2-162 所示。

图 2-161 原图

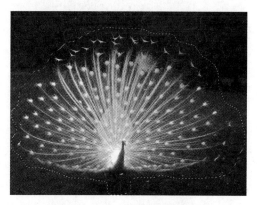

图 2-162 框选后的效果

（3）单击菜单栏"选择"→"选择并遮住"命令，在弹出的"选择并遮住"对话框中单击工具箱中的第二个工具，即"调整边缘画笔工具"，如图2-163所示。

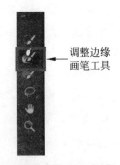

调整边缘
画笔工具

（4）在"选择并遮住"对话框的"视图模式"的"视图"下拉列表中选择"叠加"选项，使用"调整边缘画笔工具"逐渐擦拭孔雀羽毛四周边缘，勾选"属性"面板中"输出设置"的"净化颜色"复选项，在"输出到"下拉列表中选择"新建带有图层蒙版的图层"，最后单击"确定"按钮，如图2-164所示。

"图层"面板中新增了一个带蒙版的图层，单击"背景"图层左侧的"指示图层可见性"图标 ◉，让"背景"图层不可见，如图2-165所示，带有蒙版的孔雀图层效果如图2-166所示。接下来进一步处理孔雀脚。

图2-163 单击"调整边缘画笔工具"

图2-164 "选择并遮住"命令设置

图2-165 新建带有图层蒙版的图层

图2-166 带蒙版的孔雀图层效果

（5）在"图层"面板中，单击孔雀图层蒙版；选中工具箱中的"钢笔工具" ✎ ，把孔雀脚外围勾选出来，路径如图2-167所示。

（6）单击菜单栏"窗口"→"路径"命令，打开"路径"面板，然后单击"路径"面板底部"将路径作为选区载入"图标 ![icon]，这样通过路径获得了孔雀脚部外围的选区，如图 2-168 所示。

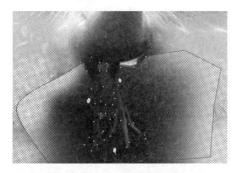

图 2-167　绘制孔雀脚部外围的路径

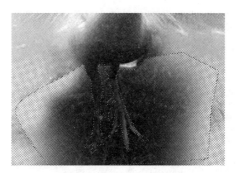

图 2-168　路径转化为选区

（7）单击工具箱中的"前景色"图标，在弹出的"前景色（拾色器）"对话框中拾取黑色 RGB（0，0，0）作为前景色；在"图层"面板中按住 Alt 键，同时单击孔雀图层的图层蒙版缩览图，此时会弹出蒙版视图，然后按下快捷键 Alt＋Delete，使用前景色黑色填充蒙版中的选区，结果如图 2-169 所示；单击该图层的图层缩览图，脚部抠图效果如图 2-170 所示。对于孔雀脚部外围的残留像素，可以再次返回到图层蒙版，用黑色画笔涂抹掉，效果如图 2-171 所示。在"图层"面板中单击孔雀图层的图层缩览图，查看孔雀整体的抠图效果，如图 2-172 所示。

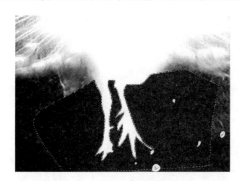

图 2-169　蒙版中选区填充黑色

图 2-170　孔雀脚部抠图效果

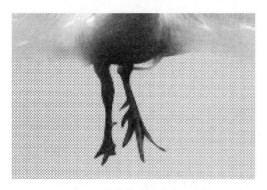

图 2-171　完善孔雀脚部抠图效果

图 2-172　孔雀整体抠图效果

（8）打开两张风景图,用鼠标直接拖曳到孔雀图层之下,查看不同的风景图层作为背景的效果,如图 2-173 和图 2-174 所示。

图 2-173　更换背景的效果　　　　　　　　图 2-174　更换背景的效果

第3章

变形操作

本章彩图

本章概述

　　抠图选取的各类对象，要整合在平面设计作品的同一个平面内，就要进行替换局部区域、缩放相对大小、旋转变换角度、移动相对位置、修改透视关系和合理排版布局等处理。本章将以内容识别填充及内容识别取样填充等案例深入讲解各类不同的变形操作方法，既快速便捷，又别出心裁，实现理想效果。

学习目标

　　1. 掌握内容识别填充和内容识别取样填充方法。

　　2. 掌握变换的六种基本方法。

　　3. 掌握自由变换的操作方法。

　　4. 区分使用裁剪和透视裁剪。

　　5. 学会使用极坐标滤镜制作广角镜头效果。

　　6. 学会使用自动混合图层。

学习重难点

　　1. 自由变换的灵活应用。

　　2. 平面上体现合理的空间关系。

　　3. 两个图层之间的自然融合。

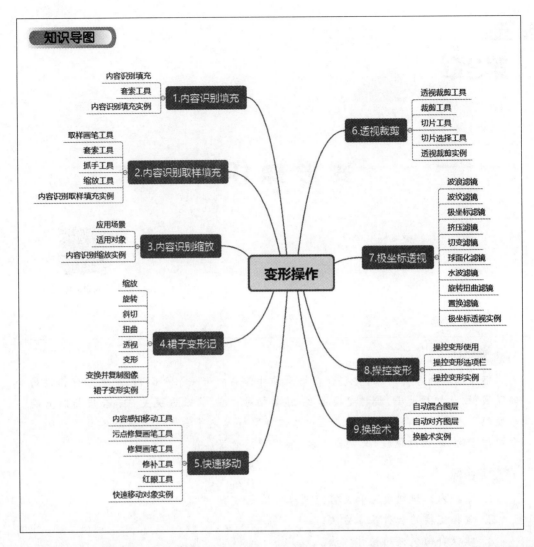

变形是图像编辑处理使用率非常高的功能。使用变形技能,能够方便地对图像进行缩放、扭曲、变形和斜切等操作。既可以对图像的畸变进行调整,还可以结合图像的内容特点,进行巧妙的变形夸张,使画面更加幽默诙谐。它在赋予设计更多的形象和生命力中,有着不可替代的重要作用。本章重点介绍实现变形的各类命令、工具和滤镜。

3.1 内容识别填充

3.1.1 基础知识

1. 内容识别填充

内容识别填充是在用"选框工具"或"套索工具"将需要进行填充的区域选出来后,自动分析周围图像的特点,将图像进行拼接组合后,填充在该区域并进行融合,从而达到快速无缝的拼接效果。它能够对背景与所需填充的区域进行自动识别,简单来说,就是移除图像中不需要的内容,是对修补工具功能的提升,使处理过后的画面更加真实,减少不自然痕迹的产生。"内容识别填充"对话框如图 3-1 所示,各项参数或选项说明如下:

图 3-1　"内容识别填充"对话框

(1)"显示取样区域"复选框:勾选则表示在原图上以设置的不透明度的颜色来覆盖特定的区域,该区域选择为"取样区域"或者"已排除区域"。

(2)"取样选项"中"不透明度":表示对应显示的区域颜色的不透明程度,可以设置数值为从"0%"到"100%"。"颜色"表示对应显示的区域颜色,单击色块图标,在弹出的"拾色器"对话框中可以设置需要的颜色。"指示"是可以按照需要选择下拉列表中的"取样区域"或"已排除区域"的选项。

(3)"填充设置":该栏目中共有"颜色适应""旋转适应""缩放""镜像"四个选项,可以对内容识别填充进行进一步的优化。"颜色适应",允许调整对比度和亮度以获得更好的匹配度,允许填充包含渐变颜色或纹理变化的内容。"旋转适应",允许旋转内容以取得更好的匹配度,适合填充包含旋转或弯曲图案的内容。"缩放",允许调整内容的大小以取得更好的匹配度,适合填充包含具有不同大小和透视的重复图案的内容。"镜像",允许水平翻转内容以获得更好的匹配度,适合水平对称的图像。

(4)"输出设置"中"输出到":可以根据实际情况需要,选择填充到"当前图层""新建图层"或"复制图层"。

2. 套索工具

"套索工具"组作为基本的选区工具,可以自由地绘制任意的不规则选区。它的选项栏如图 3-2 所示,各项参数或选项说明如下:

图 3-2　"套索工具"选项栏

（1）选区设置：选项栏左起第二到五个图标分别是"新选区""添加到选区""从选区减去""与选区交叉"，表示"套索工具"绘制的选区与原有的选区进行相加、相减或者取交叉部分的操作。

（2）"羽化"：可以使选区边缘虚化，形成一定的渐变，从而实现当前图层与下一图层自然过渡的效果，数值越大，羽化的边缘就越大。

（3）"消除锯齿"：勾选该复选框后，边缘不会呈现锯齿状，可以让选区更平滑。

（4）"选择并遮住"：在弹出的对话框中，可以对选区进一步更细致地调整或修改。

3.1.2

3.1.2 项目案例：内容识别填充

本节使用"内容识别填充"命令消除原图上的文字，操作步骤如下：

（1）打开原图，如图3-3所示。

（2）单击工具箱中的"快速选择工具" ，在当前文档窗口的"拆"字上按住鼠标左键拖动，建立文字的选区，如图3-4所示。也可以使用套索工具 建立文字的选区。

图3-3 原图　　　　　　　　　　图3-4 "快速选择工具"建立选区

（3）单击菜单栏"选择"→"修改"→"扩展"命令，弹出"扩展选区"对话框，在"扩展量"中输入"12像素"，单击"确定"按钮，如图3-5所示。选区扩展后的选取效果如图3-6所示。

图3-5 扩展选区界面　　　　　　图3-6 扩展选区后的效果

（4）单击菜单栏"编辑"→"内容识别填充"命令，在弹出的"内容识别填充"对话框中，"不透明度"设置为"59％"，"颜色"设置为RGB(133,208,68)，"输出为"选择下拉列表"新建图层"选项，其他设置为默认，单击"确定"按钮，如图3-7所示。

图 3-7 "内容识别填充"对话框

（5）查看内容识别填充完成后的效果，如图 3-8 所示。通过"内容识别填充"命令，可以又快又好地去除文字。

（6）使用同样的方法，对另外两张图像进行内容识别填充，效果如图 3-9～图 3-12 所示。

图 3-8 内容识别填充后的效果　　　　图 3-9 内容识别填充前

图 3-10 内容识别填充后　　　图 3-11 内容识别填充前　　　图 3-12 内容识别填充后

3.2 内容识别取样填充

3.2.1 基础知识

有的图像使用"内容识别填充"对话框,如果不对取样区域进行修改就不能够达到预期效果,如图 3-13 和图 3-14 所示。

图 3-13 "内容识别填充"前

图 3-14 "内容识别填充"后

这时候需要使用"内容识别填充"对话框中的工具箱,进一步修改取样范围。单击选中工具箱中的"取样画笔工具" ,在其选项栏中选择"从叠加区域中减去"图标 ,使用该画笔涂抹以减小取样区域,如图 3-15 所示,最后完成填充的效果如图 3-16 所示。

图 3-15 修改取样区域

图 3-16 修改取样区域后效果

"内容识别填充"工具箱共有四个工具(组),如图 3-17 所示,各个工具说明如下:

(1)"取样画笔工具" :用于编辑取样区域,让选取更加精准。通过选项栏对画笔直径的大小进行调整。其中,带有加号的图标为"添加到叠加区域",带有减号的图标为"从叠加区域中减去","大小"数值为画笔的笔尖大小,如图 3-18 所示。

图 3-17 "内容识别填充"工具箱　　图 3-18 "取样画笔工具"选项栏

(2)"套索工具"组:分为"套索工具" 和"多边形套索工具" ,用于建立不规则对象的选区。单击选项栏中的"扩展"和"收缩"图标,可以对选区的范围按照设置的"量"的像素大小进行扩展或者收缩,如图3-19所示。

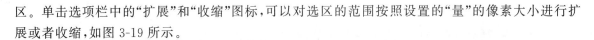

图3-19　"套索工具"选项栏

(3)"抓手工具" ：单击选中该工具后,可以在放大的图像画面上,按住鼠标左键进行拖动,观察局部细节。选项栏中的"100%"图标表示"将当前窗口缩放为1∶1","适合屏幕"图标表示"将当前窗口缩放为屏幕大小","填充屏幕"图标表示"缩放当前窗口以适合屏幕",如图3-20所示。

图3-20　"抓手工具"选项栏

(4)"缩放工具" ：可以对当前窗口进行缩小或者放大,调整缩放比例,选项栏如图3-21所示。

图3-21　"缩放工具"选项栏

3.2.2　项目案例：内容识别取样填充

3.2.2

为抹去路牌上的文字,本例使用"内容识别填充"对话框,对取样区域做进一步修改,来达到较好的填充效果,操作步骤如下:

(1)运行Photoshop,双击工作界面中的空白区域,或单击菜单栏"文件"→"打开"命令(快捷键Ctrl+O),在弹出"打开"对话框中找到原图,单击"打开"按钮,或者直接双击图像文件名,也可以打开原图,如图3-22所示。

(2)单击工具箱中的"多边形套索工具" ,框选需要删除的文字部分,如图3-23所示。

图3-22　原图　　　　图3-23　"多边形套索工具"命令

（3）单击菜单栏"编辑"→"内容识别填充"命令，在弹出的对话框中，如果直接单击"确定"按钮，不对取样区域做修改，则达不到预期效果，结果如图 3-24 所示。

（4）重新单击菜单栏"编辑"→"内容识别填充"命令，进入"内容识别填充"对话框，颜色覆盖范围为取样区域，如图 3-25 所示。

图 3-24　内容识别填充效果　　　　　　图 3-25　取样区域范围

（5）单击工具箱中的"取样画笔工具" ![icon]，如图 3-26 所示；在选项栏中单击"从叠加区域中减去"图标 ![icon]，在图像画面上，按住鼠标左键涂抹取样区域，逐渐缩小取样区域范围，如图 3-27 所示。

（6）修改好取样区域后，单击"确定"按钮，查看最终效果，如图 3-28 所示。

图 3-26　取样画笔工具　　　　图 3-27　缩小取样范围　　　图 3-28　最终完成的效果

（7）利用同样的方法，可以对另外一张图片进行修改，填充前后对比效果如图 3-29 和图 3-30 所示。

图 3-29　修改前原图　　　　　　　　　图 3-30　填充后效果

3.3　内容识别缩放

3.3.1　基础知识

1. 应用场景

有时候图片宽度或高度不够,需要横向或纵向放大图片,或者图片过大过宽,既想缩小背景尺寸,又不想影响主体部分,如何让主体人物不变形,背景适当变形呢? 如果使用快捷键 Ctrl+T 进行自由变换,则人物会产生变形,如图 3-31 和图 3-32 所示。

图 3-31　原图　　　　　　　　　　图 3-32　"自由变换"使人物变形

使用"内容识别缩放"命令,当进行拉伸或压缩图片的时候,可以起到保护选区范围内图像的作用,使之不变形或尽量减少变形的程度,而背景稍微变形或模糊是可以接受的,如图 3-33 所示。

2. 适用对象

"内容识别缩放"命令的快捷键为 Alt＋Shift＋Ctrl＋C,或者单击菜单"编辑"→"内容识别缩放"命令进行操作。在早期的 Photoshop 版本中,"内容识别缩放"命令叫作"内容识别比例",使用方法相同。

"内容识别缩放"命令适用于处理图层和选区,图像可以是 RGB、CMYK、Lab 和灰度颜色模式,但不适用于处理调整图层、图层蒙版、通道、智能对象、3D 图层、视频图层、图层组以及多个图层同时处理。

图 3-33 "内容识别缩放"人物不变形

3.3.2

3.3.2 项目案例:内容识别缩放

本例使用"内容识别缩放"命令,在增加图像宽度的同时,保持人物比例不变,具体操作步骤如下:

(1) 打开原图,如图 3-34 所示。

(2) 单击"图层"面板底部的图层解锁图标 🔒 ,把背景图层转换成普通图层;单击工具箱中的"裁剪工具" 🔲 ,在打开图像画面上按住鼠标左键拉出裁剪区域,扩大画布尺寸大小,如图 3-35 所示。

图 3-34 原图

图 3-35 扩大画布宽度

(3) 如果使用快捷键 Ctrl＋T 拖动控制柄进行缩放,则会导致人物变形,如图 3-36 所示。

(4) 单击工具箱中的"套索工具" 🔾 ,在画布上按住鼠标左键拖动,框选人物,如图 3-37 所示。

(5) 在选区内右击,在弹出的快捷菜单中选择"存储选区",如图 3-38 所示;弹出"存储选区"对话框,在"名称"中输入选区命名"1",如图 3-39 所示。

（6）按快捷键 Ctrl＋D，取消当前选区；单击菜单栏"编辑"→"内容识别缩放"命令，在选项栏中的"保护"下拉列表中，选择保存的选区"1"，如图 3-40 所示。

图 3-36　自由变换使人物变形

图 3-37　套索工具框选人物

图 3-38　选择"存储选区"

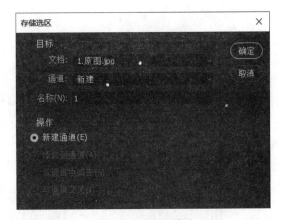

图 3-39　为选区命名

图 3-40　选项栏中"保护"选择"1"选区

（7）按住键盘 Shift 键，同时鼠标左键按住图像的左侧控制柄，向左拖动横向放大图像，如图 3-41所示；松开鼠标后可以看到人物没有变形，图片获得了需要的尺寸大小，如图 3-42 所示。

（8）利用同样的方法，可以对其他图片进行缩放，前后对比如图 3-43～图 3-46 所示。

图 3-41　拖动控制柄拉宽图像　　　　　　　　　图 3-42　图像放大后人物不变形

图 3-43　原图　　　　　　　　　　　　图 3-44　内容识别缩放后

图 3-45　原图　　　　　　　　　　　　图 3-46　内容识别缩放后

3.4 裙子变形记

3.4.1 基础知识

Photoshop 提供了多种针对图层进行变换或变形的命令,单击菜单栏"编辑"→"变换"命令,二级菜单下提供了"缩放""旋转""斜切""扭曲""透视""变形"等 11 种命令,如图 3-47 所示。

菜单中的"自由变换"和"变换"命令,功能基本相同,但使用"自由变换"命令更方便一些,可以通过键盘快捷键 Ctrl+T,进入自由变换状态。此时,所选取对象的四周出现 8 个控制柄,按住鼠标左键拖动控制柄,可以进行相应的缩放等操作,变换完成后,可以按回车键 Enter 确认即可。如果要退出自由变换状态,可以按 Esc 键。

1. 缩放

打开原图,如图 3-48;单击菜单栏"编辑"→"变换"→"缩放"命令,操作对象会出现 8 个控制点,如图 3-49 所示;按住其中一个并拖曳,可以进行等比例的放大或者缩小,如图 3-50 所示;按住键盘 Shift 键,同时拖曳其中一个控制点,可以进行非等比例的放大或者缩小,如图 3-51 所示;按住 Alt 键,同时拖曳其中一个控制点,可以以中心点为中心进行等比例缩放。

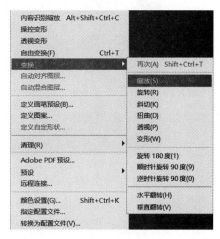

图 3-47 "编辑"→"变换"菜单命令

图 3-48 原图

图 3-49 8 个控制点

图 3-50 等比例缩小

图 3-51 非等比例放大

2. 旋转

单击菜单栏"编辑"→"变换"→"旋转"命令,在目标对象上生成含八个控制点的定界框;鼠标移动到控制点上,变成双箭头形状时,按住鼠标左键移动,即可对图像进行旋转,如图 3-52 所示。默认情况下,中心点位于对象的中心,图像围绕着参考中心旋转。此外,"变换"命令提供了"旋转180 度""顺时针旋转 90 度""逆时针旋转 90 度""水平翻转""垂直翻转"等命令,如图 3-53 所示。

图 3-52　旋转图像　　　　　　　　　　　图 3-53　"变换"命令快捷菜单

3. 斜切

在自由变换状态下,在定界框内右击鼠标,在弹出的快捷菜单中选择"斜切"命令;移动鼠标停留在定界框的外边沿时,会变成白底黑边带双箭头的图标,此时按住鼠标左键拖曳,使图像产生倾斜的效果,如图 3-54 所示。

4. 扭曲

在自由变换状态下,在定界框内右击鼠标,在弹出的快捷菜单中选择"扭曲"命令;按住鼠标左键拖曳上下控制点,可以进行横向的扭曲,如图 3-55 所示;按住鼠标左键拖曳左右控制点,可以进行纵向的扭曲。

图 3-54　斜切效果　　　　　　　　　　　图 3-55　扭曲效果

5．透视

在自由变换状态下,在定界框内右击鼠标,在弹出的快捷菜单中选择"透视"命令;拖曳其中一个控制点,可以让变换对象产生透视效果,如图 3-56 所示。

6．变形

在自由变换状态下,在定界框内右击鼠标,在弹出的快捷菜单中选择"变形"命令;拖曳网格线或者控制点即可进行变形操作,如图 3-57 所示;也可以在出现变形定界框时,在选项栏里单击"变形"下拉列表,从中选择需要的形状,如图 3-58 所示。

图 3-56　透视效果

图 3-57　变形效果

7．变换并复制图像

选择一个图层后,按快捷键 Ctrl＋Alt＋T,图层中的对象就会出现定界框,如图 3-59 所示;拖曳控制点,旋转或者移动该对象,在"图层"面板中,自动出现变换之后的复制图层,如图 3-60 所示。

当图层处于变换的状态下,按下快捷键 Ctrl＋Shift＋T,可以将上一步变换效果在原有对象上再应用一次。同样,当处于变换状态下,按下快捷键 Shift＋Ctrl＋Alt＋T,可以复制上一步的变换对象,并且把变换效果在新的对象上再应用一次;可以多次按下快捷键,多次应用变换效果,会产生有规律变化的变换效果,如图 3-61 所示。

3.4.2　项目案例：裙子变形记

本节使用"变形"命令,将女生的短裙变长一点,具体操作步骤如下:

(1)打开原图,如图 3-62 所示。

(2)单击工具箱中的"多边形套索工具" ,使用该工具,沿着裙子边缘建立选区,如图 3-63 所示。

(3)单击菜单栏"编辑"→"变换"→"变形"命令,选区四周出现网格线和控制点,如图 3-64 所示。鼠标左键按住下边缘的控制点,向下拖动,拉长裙子,如图 3-65 所示。

(4)按住控制点并拖动,稍为修整裙角,使之更加自然,完成后的效果如图 3-66 所示。

(5)利用同样的方法,可以对另外一张图片进行修改,前后对比效果如图 3-67 及图 3-68 所示。

图 3-58　预设的变形类型

3.4.2

图 3-59　对象四周出现定界框

图 3-60　变换之后复制图层

图 3-61　重复上一次变换并复制

图 3-62　原图　　　　　　　　图 3-63　"多边形套索工具"建立选区

图 3-64　选择"变形"命令后　　　图 3-65　向下拖动控制点拉长裙子　　　图 3-66　完成的效果

图 3-67　"变形"之前　　　　　　图 3-68　"变形"之后

3.5 快速移动

3.5.1 基础知识

"修复工具"组主要用于图像局部的修复完善,各项工具如图1-33所示。

1. 内容感知移动工具

在处理图像时,有时会涉及将图像中的某些内容进行删除或移动,此时可以选用"内容感知移动工具" ![]。该工具不仅可以移除不需要的内容,还可以根据原有的背景,自动计算和修复被移除的部分,从而实现更加完美的图片合成效果。

"内容感知移动工具"可以对被修改图中的某个元素进行复制,并且它的重点在于对图中元素的完美位移,其选项栏如图3-69所示。

图3-69 "内容感知移动工具"的选项栏

"内容感知移动工具"除了与选框工具相同的"新选区""添加到选区""从选区减去""与选区交叉"等功能外,还有以下设置:

(1)"模式":选择重新混合模式,分为"移动"和"扩展"。两者区别在于,前者是将所需修改的图像进行移动,并结合原有背景将移动后出现的空白进行智能填补;而后者则是将所需修改的图像进行一次复制,原修改区域保持不变。

(2)"结构":调整源结构的保留严格程度,可以输入数字或拖动滑块设置"1"至"7"等级。

(3)"颜色":调整可修改源色彩的程度,可以输入数字或拖动滑块设置"0"至"10"等级。结构和颜色都可以理解为调节移动目标边缘与周围背景的融合程度,只有选择最恰当的数值,才能使移动之后的图片更加真实。

(4)"投影时变换":允许旋转和缩放选区。

2. 污点修复画笔工具

在"污点修复画笔工具" ![]的选项栏中,"污点修复画笔工具"的模式有"正常""替换""正片叠底""滤色""变暗""变亮""颜色""明度"等,区别在于修复过后的图像以不同的混合模式与原图像混合作用;有三种修复类型,分别是"内容识别""创建纹理"和"近似匹配",如图3-70所示。这个工具适合周围颜色较均匀,简单干净的画面,如去除人物脸上的黑痣、去较小的水印等。

3. 修复画笔工具

"修复画笔工具" ![]的原理与"污点修复画笔工具" ![]较为相近,区别在于该工具在原图像上取样,需要手动选取。使用时需要按住Alt键,吸取所在位置的内容,然后再填补到目标位置。

"修复画笔工具"可以采用"画布"或者"图案"两种作为修复源。"样本"可以选择"当前图层""当前及以下图层""全部图层"三个不同选项。使用"修复画笔工具"处理图像效果如图3-71和图3-72所示。

图 3-70 "污点修复画笔工具"的选项栏

图 3-71 "修复画笔工具"处理前

图 3-72 "修复画笔工具"处理后

4. 修补工具

"修补工具"[图标]的原理是将所需修改的内容框起来,拖曳到其他区域,用其他区域的内容对该修改区域进行填充,也就相当于吸取并修补的过程。"修补"可以选择"正常"或"内容识别"两种方式,还可以单击"从目标修补源"或者"从源修补目标"。使用"修补工具"处理图像效果如图 3-73 和图 3-74 所示。

图 3-73 "修补工具"处理前

图 3-74 "修补工具"处理后

5. 红眼工具

"红眼工具"[图标]在日常使用中的概率并没有其他四种工具高,主要运用在修复由于相机闪光灯引起的红眼现象。红眼现象一般指人物摄影时,由于闪光灯照射到人眼,造成瞳孔放大而产生视网膜泛红的现象。在这个工具中,可以根据实际情况修改其瞳孔大小和变暗程度。

3.5.2 项目案例:快速移动对象

本例使用"内容感知移动工具" ，将图像中的一个男孩移动位置,具体操作步骤如下:

(1)打开原图,如图 3-75 所示。

(2)单击工具箱中的"套索工具" ，按住鼠标左键,沿着右侧男孩的外围边缘移动,框选出要移动的对象,如图 3-76 所示。

图 3-75 原图　　　　　　　　　　图 3-76 "套索工具"选取对象

(3)单击工具箱中的"内容感知移动工具" ，在图像上按住鼠标左键,将男孩往左拖动,如图 3-77 所示。

(4)移动到合适位置,松开鼠标,单击回车键 Enter,完成效果如图 3-78 所示。

图 3-77 移动对象　　　　　　　　图 3-78 最终效果

(5)利用同样的方法,可以对其他类似图片进行修改,另一实例前后对比效果如图 3-79 及图 3-80 所示。

图 3-79 原图　　　　　　　　　　图 3-80 最终效果

3.6 透视裁剪

3.6.1 基础知识

"裁剪工具"组各项工具如图1-28所示。

1. 透视裁剪工具

在处理图像的时候,会有部分图像因为各种原因,本应垂直的线条向透视的灭点集中而出现畸变扭曲的现象。"透视裁剪工具"  可以在裁剪的同时,对图像的透视进行校正,使其恢复正面的视觉效果。

"透视裁剪工具"选项栏可以设置裁剪图像的宽度和高度、分辨率等,如图3-81所示。

图 3-81 "透视裁剪工具"选项栏

(1)参数输入框:可以在框中输入所需尺寸,其中"W"是设置裁剪的宽度,"H"是设置裁剪的高度。

(2)"分辨率":设置裁剪的分辨率,可以选择"像素/英寸"或者"像素/厘米"。

(3)"前面的图像":使用顶层图像的数值,单击该按钮可以使裁剪后的图像与之前的图像大小保持一致。

(4)清除:清除设置的高度、宽度和分辨率。

(5)"显示网格":当单击该复选项时,可显示裁剪区域的网格线,如果取消该选项,则仅显示裁剪区域的外框线。

2. 裁剪工具

"裁剪工具"  默认裁剪范围是整张图片,而非单个图层或部分图像。一般情况下,裁剪掉的部分会以减淡的形式显示在画布上。"裁剪工具"选项栏可以设置裁剪图像的比例关系或拉直图像等,如图3-82所示。

图 3-82 裁剪工具的选项栏

（1）"选择预设长宽比或裁剪尺寸"：Photoshop中有预设的裁剪尺寸,适用于常见的各种尺寸要求,如果需要自定裁剪,可以在数据框中输入预定宽与高。当该自定尺寸多次使用时,也可以点击"新建裁剪预设"录入数据,以便下次使用。

（2）"拉直"：一般用于修正图中的倾斜物体。选择该功能后,通过鼠标左键拉出一条直线,作为新图像的垂直线,重新定义图像的角度。

（3）"设置裁剪工具的叠加选项"：裁剪工具为更好的完善功能,满足常见的构图方法,增加了不同的构图辅助线,如图3-83所示。在其他设置中可以根据实际情况选择裁剪的不同设置,如图3-84所示。

图3-83 设置裁剪工具的叠加选项　　图3-84 设置其他裁切选项

3. 切片工具

"切片工具" 可以根据实际需要,将图像分割成若干切片,也就是单个的小图像。在网页设计的工作中,将设计好的整张图像切分成大小不同的小图像,是实现从图像到网页的必要转换步骤,切片后可以生成静态网页文件格式html,从而可以在Dreamweaver中编辑处理。

"切片工具"的选项栏,可以设置"正常""固定长宽比""固定大小"等三种样式进行切片,如图3-85所示。

图3-85 切片工具的选项栏

单击工具箱中的"切片工具" 后,按住左键在图像中拖拽出矩形之后,会出现蓝色图标和灰色图标。其中蓝色图标为"用户切片",而灰色图标则是"自动切片",图标前面的数字代表着切片的编号,网站首页切片实例如图3-86所示。

4. 切片选择工具

"切片选择工具" 是在切片工具操作的基础之上,对切片进行移动、复制、删除和调整其大小等操作。单击工具箱中的"切片选择工具",在图像窗口中单击选中某一个切片,按住鼠标左键拖曳,即可将当前切片移动;按键盘快捷键Ctrl＋C,再按快捷键Ctrl＋V,即可将当前切片复制并粘贴为一个新图层；按键盘删除键 Delete，即可将当前选中的切片删除；将光标移动到选中的切片四周的控制点上，光标变成双向箭头时，拖拽鼠标，即可调整切片的大小。

图 3-86　网页切片

3.6.2　项目案例：透视裁剪

3.6.2

本例使用"透视裁剪工具"，将图像中的某一具有透视效果的部分单独裁剪出来，并调整为正面的视觉效果，具体操作步骤如下：

（1）打开原图，如图 3-87 所示。

（2）单击工具箱中的"透视裁剪工具"，依次在需要框选的区域四周单击，拉出网格线或外框线；如果需要修改，可以鼠标左键按住控制点，拖动至合适的位置，四个控制点包含的区域就是要框选的范围，如图 3-88 所示。

图 3-87　原图

图 3-88　绘制透视裁剪区域

（3）单击回车键 Enter，所需要的部分就裁剪出来了，同时把倾斜或透视角度调整为正面的视觉效果，如图 3-89 所示。

图 3-89　裁剪最后效果

（4）利用同样的方法，可以对其他类似图片进行裁剪，如图 3-90 及图 3-91 所示。

图 3-90　透视裁剪前

图 3-91　透视裁剪后

3.7　极坐标透视

3.7.1　基础知识

实现对图像或图像局部的变形，除了可以使用前面介绍的"变换"或"自由变换"等命令外，也可以通过"滤镜"相关命令来实现。这里重点讲解"扭曲滤镜"组的各项滤镜，使图像获得奇妙的视觉效果。单击菜单栏"滤镜"→"扭曲"命令，可以看到二级菜单的各项滤镜，如图 3-92 所示。

1. 波浪

"波浪"滤镜可以为图像产生类似于波浪起伏的效果，例如制作带有波浪纹理的效果，或者制作带有波浪线边缘的图像，如图 3-93 及图 3-94 所示。

单击菜单栏"滤镜"→"扭曲"→"波浪"，会弹出"波浪"对话框，如图 3-95 所示，其中各项参数设置说明如下：

（1）"生成器数"：设置产生波浪的强度。

（2）"波长"：设置相邻两个波峰之间的水平距离，包括"最小"和"最大"两个选项，也可以拖动对应的滑块来设置参数。

（3）"波幅"：设置波浪的宽度（即"最小"）和高度（即"最大"）。

（4）"比例"：分别设置波浪在水平方向和垂直方向上的波动幅度。

图 3-92　滤镜"扭曲"菜单

图 3-93　原图

图 3-94　"波浪"滤镜效果

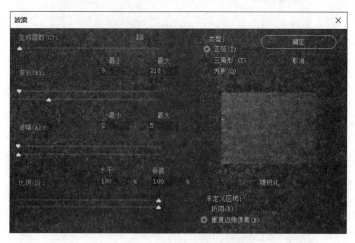

图 3-95　"波浪"滤镜对话框

（5）"类型"：选择波浪的形态，包括"正弦""三角形""方形"三种形态可供选择。

（6）"随机化"：如果对波浪滤镜的效果不满意，可以单击该按钮，可以重新生成波浪效果。

（7）"未定义区域"：设置空白区域的填充方式，选择"折回"选项，可以在空白区域范围内填充溢出的内容；选中"重复边缘像素"选项，可以填充扭曲边缘的像素颜色。

2．波纹

"波纹"滤镜通过控制波纹的数量和大小，产生出类似水面的波纹效果，如图 3-96 所示，效果图如图 3-97 所示。

图 3-96　原图　　　　　　　　　　图 3-97　"波纹"滤镜效果

单击菜单栏"滤镜"→"扭曲"→"波纹"，会弹出"波纹"对话框，如图 3-98 所示，其中各项参数设置说明如下：

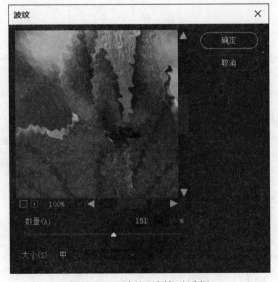

图 3-98　"波纹"滤镜对话框

（1）"数量"：设置产生波纹的数量，如图3-98设置为"151％"。

（2）"大小"：设置产生波纹的大小，单击下拉列表可以选择"小""中""大"三个选项之一。

3. 极坐标

"极坐标"滤镜可以把图像从平面坐标转换为极坐标，也可以从极坐标转换为平面坐标。前者是将水平排列的图像以图像左右两侧作为边界，首尾衔接，中间的部分被挤压，周围的部分被拉伸，形成一个从中心向四周扩展的透视"圆形"，原图及效果图如图3-99及图3-100所示；后者是把原来环形的图像，从中分开，并拉开成一个平面。

图3-99 原图   图3-100 "极坐标"滤镜效果

单击菜单栏"滤镜"→"扭曲"→"极坐标"命令，弹出"极坐标"对话框，如图3-101所示，有"平面坐标到极坐标""极坐标到平面坐标"两个选项。

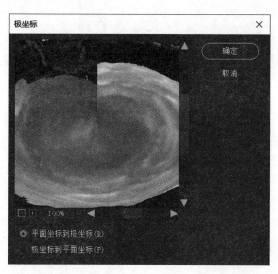

图3-101 "极坐标"滤镜对话框

4. 挤压

"挤压"滤镜可以把整个图像或者图像选区内的部分向外或者向内挤压，原图及效果图如图3-102及图3-103所示。

单击菜单栏"滤镜"→"扭曲"→"挤压"命令，会弹出"挤压"对话框，如图3-104所示，其中"数量"用来控制挤压图像的程度，当数值为负值时，图像向外挤压，当数值为正值时，图像向内挤压。

图 3-102　原图　　　　　　　　　　　　　图 3-103　应用"挤压"滤镜效果

图 3-104　"挤压"滤镜对话框

5. 切变

　　"切变"滤镜可以将图像按照设置好的控制点进行左右移动,被移出画面的部分将会出现在画面外的一侧。红色的旗帜通过"切变"滤镜,可以制作出飘动的效果,原图及效果图如图 3-105 及图 3-106 所示。

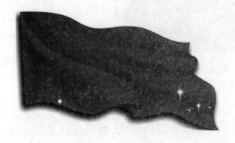

图 3-105　原图　　　　　　　　　　　　　图 3-106　应用"切变"滤镜效果

单击菜单栏"滤镜"→"扭曲"→"切变"，会弹出"切变"对话框，如图 3-107 所示，对话框中各项参数设置说明如下：

（1）曲线调整框：带两个控制点的直线代表着图像原先的位置，当对该直线添加控制点并进行移动时，曲线的弧度改变，图像随之发生相应扭曲。如果想删除某节点，只需鼠标左键按住该点，将其拖出框外即可迅速删除。

（2）"折回"：在图像的空白区域中填充溢出图像之外的图像内容。

（3）"重复边缘像素"：在图像边界不完整的空白区域填充扭曲边缘的像素颜色。

图 3-107　"挤压"滤镜对话框

6. 球面化

"球面化"滤镜可以将图像或者选区内的图像部分向外凸出成为一个球形，原图及效果图如图 3-108 及图 3-109 所示。

图 3-108　原图

图 3-109　应用"球面化"滤镜效果

单击菜单栏"滤镜"→"扭曲"→"球面化"，会弹出"球面化"对话框，如图 3-110 所示，对话框中各项参数设置说明如下：

（1）"数量"：设置图像球面化的程度或强度，当设置为正值时，图像向外凸起；当设置为负值时，图像向内凹陷。

（2）"模式"：选择图像的凸起或凹陷的方式，包含"正常""水平优先""垂直优先"三种方式。

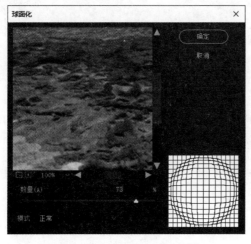

图 3-110　"球面化"滤镜对话框

7. 水波

"水波"滤镜产生水面由中心向外围荡起涟漪的效果,原图及效果图如图 3-111 及图 3-112 所示。

图 3-111　原图　　　　　　　　　　　图 3-112　应用"水波"滤镜效果

单击菜单栏"滤镜"→"扭曲"→"水波"命令,会弹出"水波"对话框,如图 3-113 所示,对话框中各项参数设置说明如下:

(1)"数量":设置水波波纹的数量,当设置为正值时,产生向外凸起的波纹;当设置为负值时,产生向内凹陷的波纹。

(2)"起伏":设置水波波纹的数量,数值越大,波纹越多。

(3)"样式":选择生成水波波纹的方式,有三个选项,"围绕中心"选项表示围绕图像或选取的中心产生波纹,"从中心向外"表示波纹从中心向外扩散,"水池波纹"表示产生同心圆形状的波纹。

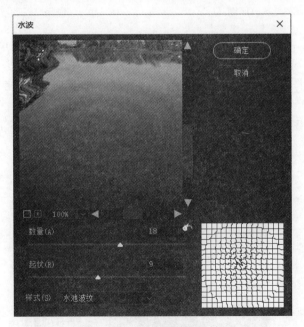

图 3-113　"水波"滤镜对话框

8．旋转扭曲

"旋转扭曲"滤镜产生围绕图像的中心进行顺时针或逆时针旋转的效果,原图及效果图如图 3-114 及图 3-115 所示。

图 3-114　原图　　　　　　　　　　　　　　图 3-115　"旋转扭曲"滤镜效果

单击菜单栏"滤镜"→"扭曲"→"旋转扭曲"命令,会弹出"旋转扭曲"对话框,如图 3-116 所示。调整"角度"参数,当其为正值时,图像会顺时针旋转扭曲;当其为负值时,图像会逆时针旋转扭曲。

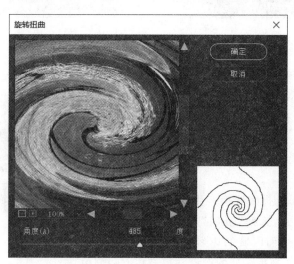

图 3-116　"旋转扭曲"滤镜对话框

9．置换

"置换"滤镜利用一个 PSD 格式的图像文件的亮度值来替换另外一个图像像素的排列位置,常用于制作形态较为复杂的透明体或者贴合衣服褶皱的印花等,原图及效果图如图 3-117 及图 3-118 所示。

单击菜单栏"滤镜"→"扭曲"→"置换",会弹出"置换"对话框,如图 3-119 所示。设置好各项参数后,单击"确定"按钮,在弹出的"选区一个置换图"窗口中,选择准备好的 PSD 图像文件,然后单击"打开"按钮,原图会按照 PSD 图像文件的亮度值来排列像素。

图 3-117　原图

图 3-118　应用"置换"滤镜效果

"置换"对话框中各项参数设置说明如下：

（1）"水平比例/垂直比例"：设置水平方向和垂直方向所移动的距离，数值越大，置换效果越明显，如图 3-119 所示。

（2）"置换图"：设置置换图图像的方式，包括"延展以适合""拼贴"两种方式。

（3）"未定义区域"：选择因置换产生像素位移而导致的空缺部位的填补方式，选择"折回"选项，可以在空白区域范围内填充超出画面区域的内容，选中"重复边缘像素"选项，可以多次复制边缘处的像素并填充在空缺部位。

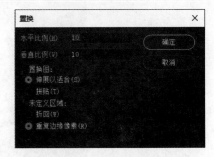
图 3-119　"置换"滤镜对话框

3.7.2　项目案例：极坐标透视

3.7.2

本例使用"极坐标"滤镜，将一张美丽的青海湖日出照片制作"鱼眼镜头"效果，具体操作步骤如下：

（1）打开原图，如图 3-120 所示。

（2）单击菜单栏"滤镜"→"扭曲"→"切变"命令，在"切变"对话框中，按住鼠标左键，把"曲线调整框"里的控制点拖至最左侧；"未定义区域"选择"折回"选项，如图 3-121 所示。

（3）使用"切变"滤镜后的效果如图 3-122 所示。

（4）单击工具箱中的"涂抹工具" ，在选项栏中设置笔尖"大小"为"100 像素"，"硬度"为"0%"，"常规画笔"选择"柔边圆"；按住鼠标左键，涂抹上一步"折回"的接缝部分，使该部位过渡自然,如图 3-123 所示。

（5）单击菜单栏"图像"→"图像旋转"→"垂直翻转画布"命令,使图像垂直翻转,如图 3-124 所示。

图 3-120 打开原图

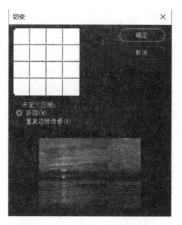

图 3-121 "切变"滤镜对话框

图 3-122 切变后效果

图 3-123 "涂抹工具"涂抹后效果

图 3-124 垂直翻转图像

（6）单击菜单"滤镜"→"扭曲"→"极坐标"命令,选择"平面坐标到极坐标"选项,然后单击"确定"按钮,如图 3-125 所示。

（7）使用"极坐标"滤镜后的最终效果如图 3-126 所示。

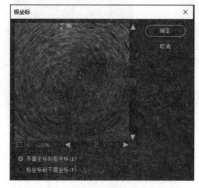

图 3-125 "极坐标"滤镜对话框

图 3-126 "极坐标"滤镜效果

（8）使用同样的方法,可以对风景图片、城市俯瞰图制作"鱼眼透镜"效果,如图 3-127～图 3-132 所示。

图 3-127　原图

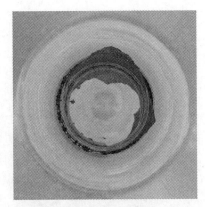

图 3-128　"极坐标"滤镜效果

图 3-129　原图

图 3-130　"极坐标"滤镜效果

图 3-131　原图

图 3-132　"极坐标"滤镜效果

3.8　操控变形

3.8.1　基础知识

1. 操控变形使用

操控变形可以对图像的部分区域做较灵活、自由度较大的变形。它通常用于改变人体或物体的动作和姿态,相比于"液化"滤镜,能更好地保持图像的清晰度。

Photoshop 打开原图,如图 3-133 所示;单击菜单栏"编辑"→"操控变形"命令,图像会出现三角网格,如图 3-134;在网格上依次单击需要修改的点位,会增加"图钉",这些"图钉"就是控制点,原理类似于人体的"关节",如图 3-135 所示;按住鼠标左键移动"图钉"的位置,就可以实现图像的变形,如图 3-136 所示。

图 3-133　原图　　　　图 3-134　对象覆盖网格　　　图 3-135　增加控制点　　图 3-136　移动控制点后效果
　　　　　　　　　　　　　　　　　　　　　　　　　　　　　"图钉"

控制点("图钉")添加得越多,变形的效果越精确。图像只添加一个控制点,可以移动,但是不能变形;添加两个控制点,则会以其中一个控制点为轴旋转;为了实现预想的变形效果,应当考虑到哪些部位是要固定的,哪些部位是要移动或者旋转的。

当不需要某个控制点时,按住 Alt 键,光标自动变成剪刀形状,再次单击该点,即可完成删除操作。当需要对图像进行旋转时,按住 Alt 键,鼠标移动到图钉以外的范围,光标变成圆弧双向箭头时,按住鼠标左键不放并移动,对象便会围绕此点旋转。

"操控变形"命令,可以对图像图层、形状图层、文字图层、图层蒙版和矢量蒙版进行作用,如果要以非破坏性的方式变形图像,那么需要将图像转为智能对象。

2. 操控变形的选项栏

在操控变形的选项栏里可以对相关属性或参数进行设置,如图 3-137 所示。

(1)"模式":有"刚性""正常""扭曲"三个选项。"刚性"模式变形效果比较精确,过渡效果不是很柔和；"正常"模式为默认选项，变形效果比较准确，过渡也比较柔和；"扭曲"模式可以在变形的同时产生透视效果。

图 3-137　操控变形的选项栏

（2）"浓度"：有"正常""较少点""较多点"三个选项。该选项用于设置网格的浓度以控制变形的品质，需根据实际情况进行选择。"正常"选项的网络点数量比较适中；"较少点"选项的网络点数量比较少，同时可增加的控制点数量比较少，控制点之间需要间隔比较大的距离；"较多点"选项的网格点非常细密，可增加的控制点数量更多。

（3）"扩展"：设置变形效果的衰减范围，数值越大，则变形网格的范围越大；数值为负，则图像的边缘变化效果会显得生硬。

（4）"显示网格"：勾选该复选框，则在变形图像上显示变形网格。

（5）"图钉深度"：选择一个图钉后，单击"将图钉前移"图标，则将图钉向上层移动一个堆叠顺序；单击"将图钉后移"图标，则将图钉向下层移动一个堆叠顺序。

（6）"选中"：有"自动""固定"两个选项，在下拉列表中选择"自动"选项时，在拖曳"图钉"变形图像时，会自动对图像进行旋转处理；选择"固定"选项时，则可以设置精确的旋转角度，输入相应的数字即可。

3.8.2　项目案例：操控变形

本例使用"操控变形"命令，调整女孩的姿势，让她昂首挺胸，具体操作步骤如下：

（1）打开原图，如图 3-138 所示。

（2）单击工具箱中的"套索工具"，沿着人物外侧，按住鼠标左键框选人物，如图 3-139 所示。

（3）按下快捷键 Shift＋F6，在弹出的"羽化选区"对话框中，将"羽化半径"为"10 像素"，如图 3-140 所示。

图 3-138　原图

图 3-139　框选人物

（4）按下快捷键 CTRL＋J，复制当前图层的选区内容并新建图层；在"图层"面板中，选择背景图层，单击菜单栏"编辑"→"内容识别填充"，把原来人像覆盖掉，如图 3-141 所示。

图 3-140　羽化选区对话框

（5）在"图层"面板中，选择复制的人物图层，选择菜单栏"编辑"→"操控变形"，网格覆盖在人物上，如图 3-142 所示。

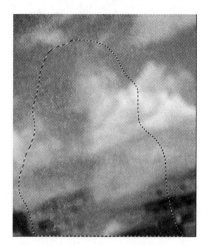

图 3-141　内容识别填充

图 3-142　网格覆盖在人物上

（6）单击图像中的人像头部、颈部、肩部及胸部等部位，每次单击均会增加一个控制点，即图钉，如图 3-143 所示。

（7）光标移动至头部图钉的实心圈内，按住鼠标左键，向左移动，头部就昂起来了；其他部位推拉调整，让人像挺胸，如图 3-144 所示，最终效果如图 3-145 所示。

图 3-143　在关键部位打上图钉

图 3-144　调整人像部位

图 3-145　完成效果

（8）利用同样的方法，可以对其他类似图片进行修改，另一实例效果如图 3-146 及图 3-147 所示。

图 3-146　原图　　　　　　　　　　图 3-147　完成效果

3.9　换脸术

3.9.1　基础知识

1. 自动混合图层

"自动混合图层"功能是根据需要对每个图层应用图层蒙版,以遮盖过度曝光或曝光不足的区域,并创建无缝缝合或者组合图像,从而在最终图像中获得平滑的过渡效果,该功能的使用远比手动添加蒙版、调色等操作要方便快捷。例如,将一个人的脸换成另外一张脸,需要考虑大小、角度和光影等因素,而"自动混合图层"功能能够很好地解决这个问题。

在"图层"面板中,按住 Ctrl 键,同时选择两个及两个以上的图层,选中后,执行"编辑"→"自动混合图层"命令,弹出的"自动混合图层"对话框如图 3-148 所示。参数说明如下:

(1) 全景图:将重叠的图层混合成全景图。

(2) 堆叠图像:混合每个相应区域中的最佳细节,该选项较适合用于已对齐的图层。

当使用自动混合图层时,注意修改区域面积应该比替换来源的面积略小,才能方便 PS 对边缘进行过渡处理。该功能仅适用于 RGB 或灰度图像,不适用于智能对象、视频图层、3D 图层或背景图层中。

2. 自动对齐图层

拍摄全景图时,受限于拍摄条件,只能连续拍摄多张照片,然后后期处理时再把这多张照片拼接起来。"自动对齐图层"命令,可以快速地拼接组合多张照片,从而成为一张完整的全景图。

Photoshop 打开这多张图片后,将它们拖曳到一个图像

图 3-148　"自动混合图层"对话框

文档中,成为包含多个图层的图像文件。"自动对齐图层"功能可以根据不同图层中的相似内容(如角和边)自动对齐图层,在"图层"面板中,按住 Ctrl 键,同时选择两个或两个以上的图层,然后再执行菜单栏"编辑"→"自动对齐图层"命令;两张原图和拼接成的效果图如图 3-149～图 3-151 所示。

图 3-149 第一张照片   图 3-150 第二张照片

图 3-151 "自动对齐图层"命令拼接成的全景图

"自动对齐图层"对话框可以选择"投影"选项及勾选"镜头校正"的选项,如图 3-152 所示。"投影"共有"自动""透视""拼贴""圆柱""球面""调整位置"六种模式,应通过实际情况选择相应的投影模式。"镜头校正"分为"晕影去除""几何扭曲"两种,前者能够补偿图像边缘、角落比图像中心暗的镜头缺陷,后者针对的是桶形、枕形或鱼眼失真的补偿。

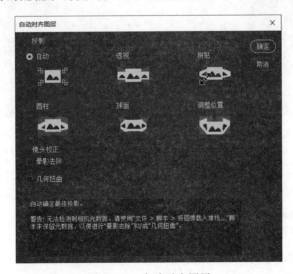

图 3-152 自动对齐图层

3.9.2

3.9.2　项目案例：换脸术

本例使用"自动混合图层"命令，将一张人脸替换到另外一张人脸上，移花接木，巧行"换脸术"，具体操作步骤如下：

（1）打开原图，原图一、原图二如图 3-153、图 3-154 所示。

图 3-153　原图一

图 3-154　原图二

（2）选择工具箱中的"套索工具"，在原图二的文档窗口中，按住鼠标左键拖动，框选原图二人物的脸部，建立选区如图 3-155 所示。

（3）按下快捷键 Ctrl＋C 复制选区；单击原图一的文档窗口，按快捷键 Ctrl＋V，复制原图二的人脸到原图一上；按快捷键 Ctrl＋T，按住控制点拖动鼠标，适当缩放或旋转角度，使大小方向一致，如图 3-156 所示；然后按回车键 Enter 确定。

图 3-155　框选人物脸部

图 3-156　复制人脸并调整大小与角度

（4）在"图层"面板中，按 Ctrl 键，同时单击复制的人脸图层缩览图，建立人脸的选区；执行菜单栏"选择"→"修改"→"收缩"命令，在弹出的"收缩选区"对话框中，"收缩量"输入"12 像素"；收缩后的选区如图 3-157 所示。

（5）在"图层"面板中，单击原图一的背景图层右侧的"指示图层部分解锁"图标 🔒，将背景图层转换为普通图层；按键盘 Delete 键，删除当前图层选区内的人脸部分，如图 3-158 所示。

图 3-157　收缩选区 12 像素

图 3-158　删除原图一的人脸部分

（6）在"图层"面板中，按住 Ctrl 键，同时选择两个图层；执行菜单栏"编辑"→"自动混合图层"命令，在弹出的"自动混合图层"对话框中，"混合方式"选择"全景图"，同时勾选"无缝色调和颜色""内容识别填充透明区域"复选框，然后单击"确定"按钮，如图 3-159 所示。

（7）"换脸术"完成，效果如图 3-160 所示，从图中"图层"面板可见，"自动混合图层"命令为两张人脸图层分别建立了图层蒙版，混合生成了一个"混合脸"图层，看不出人为加工痕迹。

图 3-159　"自动混合图层"对话框

图 3-160　完成效果

第4章

创 意 绘 制

本章彩图

本章概述

　　Photoshop 虽然在图形绘制方面相对于专业矢量绘图软件较弱，但是利用画笔工具、钢笔工具、形状工具等也可以绘制出具有特色的图形。本章细致地讲解五个图形绘制的案例，包括绘制花瓣、彩色飘带、透明气泡、商标设计和版式分割，尽可能将每个步骤详细讲解到位。读者可以发挥自己的想象，激发创意灵感，为平面设计作品增添动人的元素。

学习目标

　　1. 熟练掌握画笔工具、钢笔工具及形状工具用法。

　　2. 掌握图层样式的设置方法。

　　3. 掌握商标设计的方法。

学习重难点

　　1. 画笔设置。

　　2. 多种图层样式设置。

　　3. 创意绘制个性化特色图形。

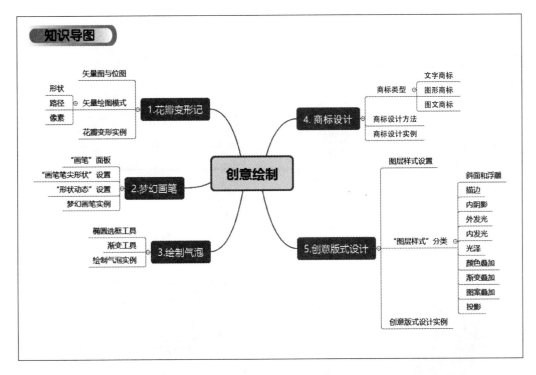

绘制图形是 Photoshop 的一项基本功能,虽然比不上专业绘图软件,例如 CorelDRAW、Illustrator,但是通过画笔工具、钢笔工具和形状工具等基础工具也可以绘制出别具一格的图形。尤其是钢笔工具和形状工具,可以绘制出各类矢量图形,例如商标图形、卡通形象插画或服装效果插画等。

4.1 花瓣变形记

4.1.1 基础知识

1. 矢量图与位图

矢量图形是一种通过几何计算生成的、由一条条直线和曲线构成的图形,在填充颜色时,系统按照用户指定的颜色沿着曲线的轮廓线边缘进行着色处理。矢量图形的颜色和分辨率无关,缩放图形时,对象能够维持原有的清晰度以及弯曲度,颜色和外形也都不会发生偏差和变形,图形放大后,依然能够保持原有的光滑度,原图及放大后的效果如图 4-1 及图 4-2 所示。

位图图像,也称为点阵图像或者栅格图像,是由一个个像素点构成,当放大位图时,可以看见构成图像的无数个单个方块,这些小方块就是像素。所谓栅格化,就是将具有矢量性质的形状或文字图层等对象转换为位图,即由像素组成的图像。打开一张图像后,单击菜单栏"图像"→"图像大小"命令,在弹出的"图像大小"对话框中,可以看到宽度和高度的数值,当单位设为"像素"时,表明图像的宽和高由多少个像素组成。当使用"缩放工具" 放大视图时,可以看到图像变模糊,图像由一个个小方块组成,原图及放大后的效果如图4-3及图4-4所示。

图4-1 矢量图形

图4-2 放大效果

图4-3 位图图像

图4-4 放大效果

2. 矢量绘图模式

使用"画笔工具" 绘图,是一种绘制内容为像素的位图绘图方式;使用"钢笔工具" 或者"形状工具" 绘制出的内容为路径和填色,是一种具有无极缩放性质的矢量绘图方式。

矢量绘图的特点与位图绘图区别较为明显,矢量图形的造型可自由调整,边界清晰锐利,放大后不会模糊,但颜色较为单一。

选择工具箱中的"钢笔工具" 或者"矩形工具" ,首先要在选项栏中选择绘图模式,有"形状""路径""像素"三种模式。

(1)"形状":矢量绘图经常使用该模式绘制图形,可以方便快捷地在选项栏中设置填充和描边属性,绘制时自动创建新的"形状图层",绘制的是矢量对象,钢笔工具和形状工具都可以使用这个模式。使用"钢笔工具"绘图样式如图4-5所示。

(2)"路径":常用来创建路径,并转换为选区;这种模式只能绘制路径,不具有颜色填充属性,无须选中图层,绘制出的是矢量路径,无实体,打印输出也不可见,可以转换为选区后填充。钢笔工具和形状工具都可以使用这个模式。本书2.1节"钢笔工具抠图"详细讲解了使用钢笔工具绘制路径的抠图方法。使用"钢笔工具"绘图样式如图4-6所示。

(3)"像素":不绘制路径,用前景色填充绘制的区域,需要选中图层,输出的为位图对象,形状工具可以使用该模式,但是钢笔工具不可以。使用"自定形状工具" 绘图样式如图4-7所示。

图 4-5 "形状"绘图模式　　　图 4-6 "路径"绘图模式　　　图 4-7 "像素"绘图模式

4.1.2 项目案例：花瓣变形

本例使用"钢笔工具" 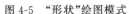 绘制一片花瓣的外形，使用快捷键 Shift+Ctrl+Alt+T 复制花瓣，通过设置图层混合模式改变花瓣颜色，从而绘制出花瓣图形，加上个性化的文字，就是很好看的图形标识。具体方法步骤如下：

（1）运行 Photoshop，按快捷键 Ctrl+N，在弹出的"新建文档"对话框中，设置"宽度"为 1181 像素，"高度"为 862 像素，"背景颜色"为白色 RGB(255,255,255)，然后单击"创建"按钮，这样就新建了一张背景为白色的图像。

（2）单击菜单栏"视图"→"显示"→"网格"命令，打开网格显示；选择工具箱中的"钢笔工具"，在图像窗口中绘制花瓣路径，如图 4-8 所示。

（3）单击菜单栏"窗口"→"路径"命令，在"路径"面板中，单击面板底部的"将路径作为选区载入"图标，或者按住 Ctrl 键，同时单击路径缩览图，即可把路径转为选区，如图 4-9 所示。

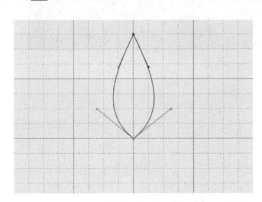

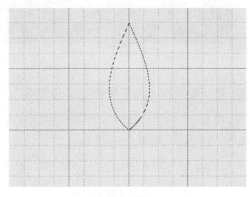

图 4-8 钢笔工具绘制花瓣路径　　　　图 4-9 把花瓣路径转为选区

（4）单击工具箱中"设置前景色"，在弹出的"拾色器（设置前景色）"对话框中，拾取前景色为黄色 RGB(247,238,19)；按快捷键 Shift+Ctrl+N，新建一个图层；按快捷键 Alt+Delete，将当前的选区填充为前景色黄色，如图 4-10 所示。

（5）按快捷键 Ctrl+J，复制当前的黄色花瓣图层为一个新图层；选择菜单栏"编辑"→"变换"→"旋转"，或快捷键 Ctrl+T，将光标移动到中心点位置上，按住鼠标左键拖曳至花瓣的下边缘中心；如果图像窗口没有显示中心点，可以单击菜单栏"编辑"→"首选项"→"工具"命令，在弹出的"首选项"对话框中，勾选"在使用'变换'时显示参考点"选项，如图 4-11 所示。

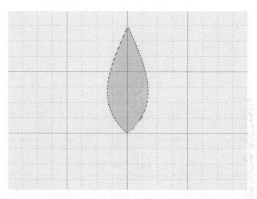

图 4-10　把选区填充为黄色

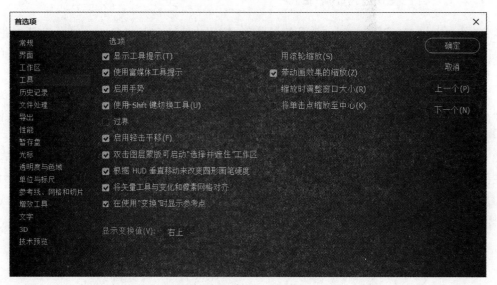

图 4-11　"首选项"对话框

（6）移动后的中心点位置如图 4-12 所示。

（7）把光标移动到定界框的控制点外侧，当光标变成弯曲的双向箭头 ↰，拖动鼠标，使复制的图层旋转一个角度，如图 4-13 所示。

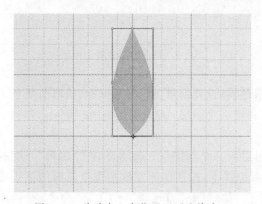

图 4-12　移动中心点位置至下边缘中心

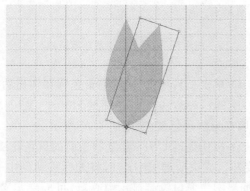

图 4-13　旋转复制的图层

(8) 连续按快捷键 Shift＋Ctrl＋Alt＋T,快速复制多个花瓣图层,结果如图 4-14 所示;在"图层"面板中,按住 Ctrl 键,同时单击复制的多个图层,把花瓣图层全部选中,按快捷键 Ctrl＋G,把所有花瓣图层组合成一个图层组;按快捷键 Ctrl＋T,把图层组逆时针旋转,使之左右对称,效果如图 4-15 所示。

图 4-14　复制多个花瓣图层

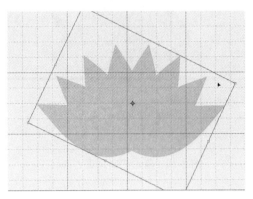

图 4-15　旋转至左右对称

(9) 按住 Ctrl 键,同时单击花瓣图层的缩览图,把图层花瓣转为选区,使用填充前景色的方法,改变花瓣为不同的颜色,除黄色外的其他颜色依次为:浅绿色 RGB(188,121,140)、浅蓝色 RGB(135,204,237)、蓝色 RGB(115,169,215)、紫色 RGB(165,128,180)、品红色 RGB(244,102,186)、深红色 RGB(223,122,152)、浅褐色 RGB(247,190,120),效果如图 4-16 所示。

(10) 在"图层"面板中,把所有的花瓣图层的混合模式由"正常"改为"变暗",效果如图 4-17 所示。

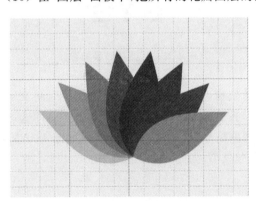

图 4-16　改变花瓣颜色后的效果

图 4-17　改变图层混合模式的效果

(11) 选择工具箱中的"横排文字工具"，在图像中单击输入"GYQ";按住 Ctrl 键,同时单击文字图层的缩览图,建立文字的选区,如图 4-18 所示。

(12) 在"路径"面板中,单击面板底部的"从选区生成工作路径"图标，即可将当前的选区转换为路径,如图 4-19 所示。

(13) 选择工具箱中的"钢笔工具"，按 Ctrl 键,同时单击锚点,选取某一个锚点;按住 Alt 键,同时单击锚点某一侧的控制点,可以改变该侧的线段弯曲程度;拖动并调整字母 Y 的锚点位置及线段的弯曲度,从而改变路径,如图 4-20 所示。

（14）在"路径"面板中，单击面板底部的"将路径作为选区载入"图标▒▒，把路径转换为选区，如图4-21所示。

图4-18　输入文字并建立选区

图4-19　将当前选区转换为路径

图4-20　调整锚点位置及弯曲度

图4-21　把路径转换为选区

（15）在"图层"面板中，右击文字图层，在弹出的快捷菜单中，选择"栅格化文字"，将文字图层转换为普通图层；将前景色设为黑色 RGB(0,0,0)，按快捷键 Alt＋Delete，填充当前的选区为黑色；执行菜单栏"视图"→"显示"→"网格"命令，关闭网格显示。制作完成的效果如图4-22所示。

（16）利用同样的方法，可以制作其他的多样变形效果，如图4-23所示。

图4-22　完成的效果

图4-23　其他绘制图形的效果

4.2　梦幻画笔

4.2.1　基础知识

1.“画笔”面板

“画笔”面板不仅可以对“画笔工具”设置属性,而且可以针对大部分以画笔模式工作的工具进行设置,例如“铅笔工具”“仿制图章工具”“历史记录画笔工具”“橡皮擦工具”“加深工具”“模糊工具”等。

单击工具箱中的“画笔工具”,在选项栏中可以打开“画笔预设选取器”,或者执行菜单栏“窗口”→“画笔”命令,进一步设置画笔“大小”“硬度”“笔尖样式”等参数,如图 4-24 所示。

执行菜单栏“窗口”→“画笔设置”命令,或者按快捷键 F5,即可打开“画笔设置”面板,如图 4-25 所示。在面板左侧,提供各种属性设置选项,例如“形状动态”“散布”“纹理”“双重画笔”“颜色动态”等。如果要启用其中某个属性,勾选即可,然后单击选项的名称,进入该选项的设置页面进行具体设置。

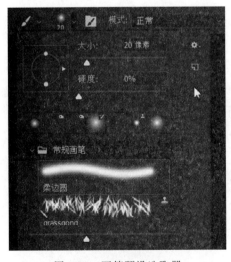

图 4-24　画笔预设选取器

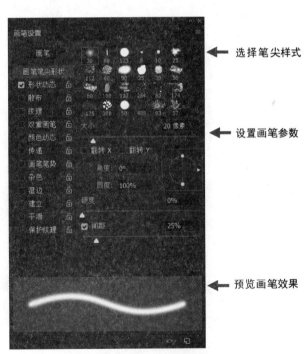

图 4-25　“画笔设置”面板

2.“画笔笔尖形状”设置

在“画笔设置”面板中,可以选择某一个画笔笔尖的样式,设置画笔具体的参数,在最下方可以预览画笔的效果。下面具体说明画笔各项参数。

(1)“大小”:用来设置画笔的大小粗细,可以直接输入像素值,也可以拖动滑块设置画笔大小。

(2)"翻转 X/Y"选项:将原始的画笔笔尖(如图 4-26 所示)在 X 轴进行翻转,即水平翻转,如图 4-27 所示;或者在 Y 轴上翻转,即垂直翻转,如图 4-28 所示。

图 4-26　原始的画笔笔尖　　　　　图 4-27　翻转 X　　　　　　图 4-28　翻转 Y

(3)"角度":指定笔尖的长轴在水平方向上旋转的角度,旋转角度分别为 45°、90°、180°的画笔如图 4-29～图 4-31 所示。

图 4-29　角度:45°　　　　　　图 4-30　角度:90°　　　　　　图 4-31　角度:180°

(4)"圆度":设置画笔短轴和长轴之间的比率,相当于画笔"被压扁"的程度,数值为 100% 时,画笔保持原样,未被压扁;当数值介于 0% 与 100% 之间时,画笔呈现出不同程度的被压扁形态。圆度分别为 30%、60%、90% 的画笔如图 4-32～图 4-34 所示。

图 4-32　圆度:30%　　　　　　图 4-33　圆度:60%　　　　　　图 4-34　圆度:90%

(5)"硬度":用来控制画笔硬度中心的大小,相当于画笔边缘的羽化效果,数值越小,画笔的柔和度就越高;硬度参数设置只在选择圆形画笔时才可用。

(6)"间距":控制两个画笔笔迹之间的间隔距离,数值越大,间距就越大。

3."形状动态"设置

在"画笔设置"面板中,勾选"形状动态"选项,即可切换到参数设置页面,如图 4-35 所示,可以设置大小不同、角度不同、圆度不同的笔触效果,其中可以看到"大小抖动""角度抖动""圆度抖动"参数设置,这里的"抖动"指的是该项参数在一定范围内的随机变换。数值越大,抖动就越厉害,变化的范围就越大。

（1）"大小抖动":设置画笔笔迹大小的随机变化范围,数值越大,画笔笔迹变化越大,"大小抖动"设为0%、50%、100%的笔迹效果分别如图 4-36~图 4-38所示。

"控制"下拉列表中可以设置"大小抖动"方式,其中,"关"表示不控制画笔笔迹的大小变化;"渐隐"表示按照指定数量的步长渐隐画笔笔迹的大小,使笔迹产生逐渐消隐的效果。如果配置有绘图板,可以选择"钢笔压力""钢笔斜度""光笔轮"或"旋转"选项,根据这些选项来改变初始直径和最小直径之间的画笔笔迹大小。

（2）"最小直径":勾选"大小抖动"选项后,该选项可以设置画笔笔迹的最小缩放百分比;数值越大,笔迹的直径变化越小。

图 4-35　"形状动态"参数设置页面

图 4-36　大小抖动：0%　　　　图 4-37　大小抖动：50%　　　　图 4-38　大小抖动：100%

（3）"倾斜缩放比例":当"大小抖动"的"控制"选项为"钢笔斜度"时,该选项可以设置在旋转前应用于画笔高度的比例因子。

（4）"角度抖动/控制":用来设置画笔笔迹的角度变化。

（5）"圆度抖动/控制":用来设置画笔笔迹的圆度的变化方式。

（6）"最小圆度":用来设置画笔笔迹的最小圆度。

（7）"翻转 X/Y 抖动":把画笔笔尖在 X 轴或者 Y 轴上翻转。

（8）"画笔投影":用绘图板绘图时,该选项可以根据画笔的压力改变笔触的效果。

4.2.2　项目案例：梦幻画笔

"画笔是王道"，画笔应用广泛，可以绘制出多彩的效果。本例使用自定义的画笔设置，绘制彩色飘带，具体方法步骤如下：

（1）打开原图，如图4-39所示。

（2）按快捷键Ctrl＋N，在弹出的"新建文档"对话框中，设置"宽度"为"550像素"，"高度"为"510像素"，背景为黑色，单击"确定"按钮，新建图像；选择工具箱中的"钢笔工具" ，绘制曲线路径，如图4-40所示。

图4-39　原图　　　　　　　　　　　　　　图4-40　钢笔工具画出路径

（3）选择工具箱中的"画笔工具" ，在选项栏中打开"画笔预设选取器"，画笔"大小"设为"3像素"，"硬度"为"0％"，"常规画笔"选择"柔边圆"，如图4-41所示。

（4）按快捷键Shift＋Ctrl＋N，新建一个图层；在"路径"面板中，右击工作路径，在弹出的快捷菜单中选择"描边路径"，如图4-42所示。

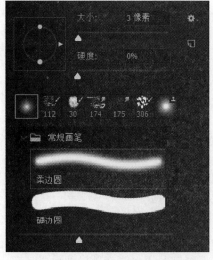

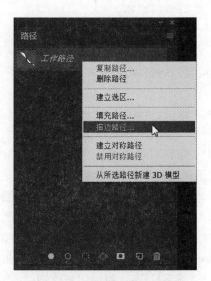

图4-41　设置画笔参数　　　　　　　　　　图4-42　选择"描边路径"命令

（5）接着在弹出的"描边路径"对话框中，"工具"选择"画笔"，单击"确定"按钮，如图4-43所示。

（6）在"图层"面板，按住Ctrl键，同时单击新建图层（即描边路径的图层）的缩览图，建立路径描边后的选区，如图4-44所示。

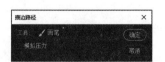

图4-43　"描边路径"对话框　　　　　　图4-44　建立选区

（7）选择菜单栏"编辑"→"定义画笔预设"，在弹出的"画笔名称"对话框中，"名称"输入自定义的命名或者采用默认的命名，单击"确定"按钮，如图4-45所示。

图4-45　定义画笔预设

（8）按快捷键F5，在弹出的"画笔设置"面板中，单击"画笔笔尖形状"，在右侧的参数设置区将"间距"设为"1％"，如图4-46所示。

（9）在"画笔设置"面板中，勾选"形状动态"选项，单击"形状动态"名称，在右侧的参数设置区，将"角度抖动"下的"控制"选为"渐隐"，设置数值为"350"，在画笔预览区可以看到画笔的效果，如图4-47所示。

 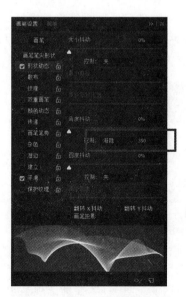

图4-46　设置画笔"间距"　　　　图4-47　设置画笔"形状动态"

（10）选择工具箱中的"设置前景色"色块，在弹出的"拾色器（设置前景色）"对话框中，拾取图像中的花卉的颜色蓝色 RGB(138,139,225)作为前景色；在工具箱中的"画笔工具"选项栏中，将画笔"大小"改为"150 像素"；在图像窗口中，按住鼠标左键绘制出蓝色的飘带，效果如图 4-48 所示。更改前景色和背景图像，绘制橙色的飘带，效果如图 4-49 所示。

图 4-48　绘制蓝色飘带　　　　　　　　　图 4-49　绘制橙色飘带

4.3　绘制气泡

4.3.1　基础知识

1. 椭圆选框工具

"椭圆选框工具"  主要用来绘制椭圆形选区或者正圆形选区。打开一张图像，右击工具箱中的"选框工具组"按钮，在弹出的工具组列表中选择"椭圆选框工具"。将光标移动到图像窗口中，按住鼠标左键拖动，即可绘制椭圆形的选区，如图 4-50 所示。在绘制选区的过程中，按住 Shift键，同时按住鼠标左键拖动，则绘制出正圆形选区，如图 4-51 所示。按住 Alt 键的同时拖动鼠标，则是以鼠标起始点为中心画的椭圆（默认的是以鼠标起始点为椭圆的左上角）。

图 4-50　绘制椭圆形选区　　　　　　　　　图 4-51　绘制正圆形选区

它和所有做选区的工具一样，在其选项栏里有"新选区""添加到选区""从选区减去""与选区交叉"等选区运算方式，新建选区和原有选区通过某种方式产生新的选区；"羽化"参数设置为选区建立过渡效果；"消除锯齿"选项使选区的边缘变得平滑；"样式"有"正常""固定比例""固定大小"三个选项。"椭圆选框工具"选项栏如图4-52所示。

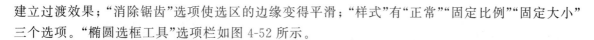

图 4-52　"椭圆选框工具"选项栏

2. 渐变工具

"渐变"是多种颜色之间逐渐过渡而产生的一种效果；"渐变工具"可以在整个图像窗口或选区内填充渐变色，创建多种颜色多种样式的渐变效果。

选择工具箱中的"渐变工具" ，选项栏如图4-53所示。

图 4-53　"渐变工具"选项栏

渐变类型包括"线性渐变""径向渐变""角度渐变""对称渐变""菱形渐变"5种。在工具箱中设置前景色为蓝色 RGB(40,75,165)，背景色为绿色 RGB(140,206,87)，单击渐变类型对应的图标，在图像中绘制的各类渐变样式如下：

（1）"线性渐变"：以直线的样式创建从起点到终点的渐变，效果如图4-54所示。

（2）"径向渐变"：以圆形的样式创建从起点到终点的渐变，如图4-55所示。

图 4-54　线性渐变　　　　　　　　　图 4-55　径向渐变

（3）"角度渐变"：创建围绕起点以逆时针方向扫描的渐变，如图4-56所示。

（4）"对称渐变"：在起点两侧产生对称直线渐变，如图4-57所示。

图 4-56　角度渐变　　　　　　　　　图 4-57　对称渐变

(5)"菱形渐变":以菱形方式创建从起点到终点的渐变,如图4-58所示。

选项栏中的"模式"用来设置应用渐变时的混合模式;"不透明度"用来设置渐变效果的不透明度;"反向"选项可转换渐变条中的颜色顺序,得到反向的渐变效果;"仿色"选项用来控制色彩的显示,使色彩过渡更平滑;"透明区域"该项,可创建透明渐变;取消勾选,则只能创建实色渐变。

图4-58　菱形渐变

4.3.2　项目案例:绘制气泡

本例通过定义画笔预设绘制不规则连续对象气泡,具体方法步骤如下:

(1)运行Photoshop,按快捷键Ctrl+N,在弹出的"新建文档"对话框中,"宽度"设为"8厘米","高度"设为"6厘米","分辨率"为"300像素/英寸",单击"创建"按钮,新建一个图像文件,如图4-59所示。

图4-59　"新建文档"对话框

(2)按快捷键Shift+Ctrl+N,在弹出的"新建图层"对话框中,单击"确定"按钮,新建一个图层。

(3)右击工具箱中的"矩形选框工具",在弹出的工具列表中,选择"椭圆选框工具",如图4-60所示;在图像窗口中,按住Shift键,同时按住鼠标左键拖动绘制椭圆选区,该选区为气泡的外形,如图4-61所示。

(4)单击工具箱中的"设置前景色",在弹出的"拾色器(设置前景色)"对话框中,拾取白色RGB(255,255,255)为前景色;同样的方法,设置黑色RGB(0,0,0)为背景色。选择"渐变工具"▉,在控制栏中选择"对称渐变"▉,在图像窗口中的椭圆选区中,按住鼠标左键,从中心向上拖动,将气泡选区填充为渐变色,效果如图4-61所示。

(5)执行菜单栏"编辑"→"定义画笔预设"命令,在弹出的"画笔名称"对话框中,单击"确定"按钮,如图 4-62 所示。

图 4-60 绘制圆形选区   图 4-61 填充渐变颜色

图 4-62 "画笔名称"对话框

(6)选择工具箱中的"画笔工具" ，按快捷键 F5,打开"画笔设置"面板,设置"画笔笔尖形状"的"大小"为"38 像素","间距"设为"142％",如图 4-63 所示。

(7)勾选"形状动态",再次选择"形状动态"名称,切换到对应的参数设置页面,设置"形状动态"的"大小抖动"为"48％","最小直径"为"24％","角度抖动"为"13％","圆度抖动"为"0％",如图 4-64 所示。

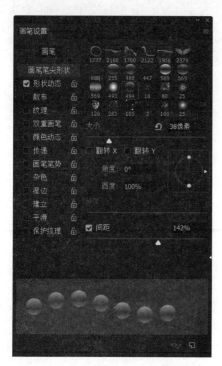

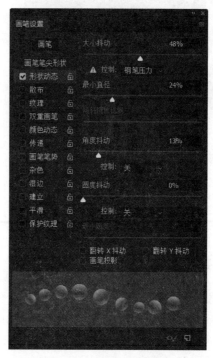

图 4-63 设置"画笔笔尖形状"   图 4-64 设置画笔的"形状动态"

（8）勾选"散布"，再次单击"散布"名称，切换到对应的参数设置页面，设置"散布"为"73％"，"数量"为"1"，"数量抖动"为"0％"，如图4-65所示，完成画笔预设。

（9）打开一张水下景色的图像，按快捷键Shift＋Ctrl＋N，新建一个图层；选择工具箱中的"画笔工具" ，在选项栏中的"画笔预设选取器"中，选择设置好的画笔样式，"大小"设为"42像素"，"不透明度"设为"41％"；在工具箱中将前景色设为白色，在图像上按住鼠标左键拖动，绘制出气泡，效果如图4-66所示。

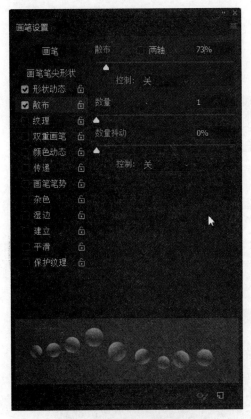

图4-65　设置画笔的"散布"

图4-66　绘制气泡的效果

 4.4　Logo 设计

4.4.1　基础知识

Logo 设计是商品、企业或网站等为自己主题或者活动设计标志的一种设计行为，也称为标志设计。Logo 是 Logotype 的简称，是徽标、标志的英文，形象生动的 Logo 有助于提升企业形象识别度，推广企业文化。Logo 可以分为文字 Logo、图形 Logo、图像 Logo 及结合广告语的 Logo 等。Logo 设计思路和灵感来源于生活，可以通过多种方法设计 Logo。

1. Logo 类型

（1）文字 Logo。文字 Logo 是指使用中文、英文、阿拉伯数字经过艺术设计美化后形成的图形样式。支付宝、爱奇艺、谷歌等 Logo，分别如图 4-67～图 4-72 所示。

图 4-67 支付宝 Logo　　　图 4-68 爱奇艺 Logo　　　图 4-69 谷歌 Logo

图 4-70 聚划算 Logo　　　图 4-71 植物语 Logo　　　图 4-72 仅依味 Logo

（2）图形 Logo。图形 Logo 是指由点、线、面等不规则的图形组成，设计出的新的图形样式。苹果等公司 Logo 分别如图 4-73～图 4-78 所示。

图 4-73 苹果公司 Logo　　　图 4-74 腾讯公司 Logo　　　图 4-75 某餐饮公司 Logo

图 4-76 微信 Logo　　　图 4-77 某品牌 Logo　　　图 4-78 某品牌 Logo

（3）图文结合的 Logo。该类型 Logo 是由文字、图形经过创意设计组合而成，是目前较为普遍的设计类型。京东公司等 Logo 分别如图 4-79～图 4-84 所示。

图 4-79 京东 Logo　　　图 4-80 沙县小吃 Logo　　　图 4-81 阿迪达斯 Logo

图 4-82 某品牌 Logo

图 4-83 某品牌 Logo

图 4-84 某品牌 Logo

2. Logo 设计方法

(1) 矛盾：采用矛盾空间的手法，将图形位置上下左右正反颠倒、错位后，构成特殊空间，给人以新颖感。

(2) 对比：色与色的对比，例如黑白灰，红黄蓝等；形与形的对比，例如大中小，方与圆，曲与直，横与竖等，给人以新鲜感。

(3) 抽象：抽象手法以完全抽象的几何图形，文字或符号来表现的形式。这种图形往往具有深邃的抽象含义，象征意味或神秘感。

(4) 意象：意象手法以某种物象的形态为基本意念，以装饰的、抽象的图形或文字符号来表现的形式，这种形式往往具有更高的艺术格调和现代感。

(5) 具象：具象手法基本忠实于客观物象的自然形态，经过提炼、概括和变化，突出与夸张其本质特征，作为标志图形，具有易识别的特点。

(6) 象征：采用与标志内容有某种意义的联系的事物图形、文字、符号、色彩等，以比喻、形容等方式象征标志对象的抽象内涵。例如用鸽子象征和平，用雄狮或雄鹰象征英勇。

4.4.2　项目案例：小天鹅 Logo 设计

Logo 创意来源于现实生活。本例采用具象的手法，通过一张实景图片，勾画出小天鹅的外形，设计成为某一品牌 Logo。具体方法步骤如下：

(1) 打开原图，如图 4-85 所示。该素材图片为绘制 Logo 外形参考使用，所以原图分辨率不需要太高。

(2) 选择工具箱中的"钢笔工具" ，绘制出天鹅身体部分的路径，如图 4-86 所示；执行菜单栏"窗口"→"路径"命令，在打开的"路径"面板中，将该路径命名为"身体"。

图 4-85 原图

图 4-86 绘制天鹅身体部分的路径

（3）在"路径"面板中，单击面板底图的"创建新的路径"图标 ，新建一个新的路径；同样，使用"钢笔工具" 绘制出天鹅的嘴部分路径，如图 4-87 所示，将该路径命名为"嘴"。

（4）同样的方法，在"路径"面板中，创建新的路径；使用"钢笔工具" 绘制出天鹅的额头部分路径，如图 4-88 所示，将该路径命名为"鼻"。

图 4-87 绘制天鹅嘴的路径

图 4-88 绘制天鹅鼻的路径

（5）为了便于观察效果，按快捷键 Shift＋Ctrl＋N，新建一个图层；打开工具箱中的"设置前景色"色块，在弹出的"拾色器（设置前景色）"对话框中，拾取前景色为灰色 RGB(134,134,134)，按快捷键 Alt＋ Delete，将该新建图层填充为灰色；在"路径"面板中，按住 Ctrl 键，同时单击"身体"路径缩览图，将该路径作为选区载入，"路径"面板如图 4-89 所示；在"图层"面板中，再新建一个图层，将当前的选区填充为白色 RGB(255,255,255)，效果如图 4-90 所示。

图 4-89 "路径"面板

图 4-90 选区填充为白色

（6）使用同样的方法，其他部分依次将路径转换为选区，分别建立新的图层，嘴填充为红棕色 RGB(210,72,9)，鼻填充为黑色 RGB(0,0,0)，效果如图 4-91 所示。

（7）如果外形部分线条不够流畅，可以回到"路径"面板，再次调整修改路径，重复步骤（5），使整体更流畅，效果如图 4-92 所示。

（8）在"图层"面板中，按住 Ctrl 键，同时选择将天鹅各部分的三个图层，再按快捷键 Ctrl＋E，将这三个图层拼合成一个图层，"图层"面板如图 4-93 所示。

（9）打开一张大理石材质的图片，将合并后的天鹅图层直接拖曳至该材质图之上，如图 4-94 所示。

图 4-91　填充颜色后的效果

图 4-92　微调后的效果

图 4-93　"图层"面板

图 4-94　将天鹅图层拖曳至材质图上

（10）选择"图层"面板底部"添加图层样式"图标 fx,在弹出的快捷菜单中,选择"混合选项"命令,在打开的"图层样式"对话框中,依次进入"图层样式"→"混合选项"→"高级混合",将"填充不透明度"设为"0％",如图 4-95 所示;然后勾选"斜面与浮雕"样式,设置"深度"为"200％","大小"为"3 像素",其他为默认值,如图 4-96 所示;完成设置后,单击"确定"按钮。

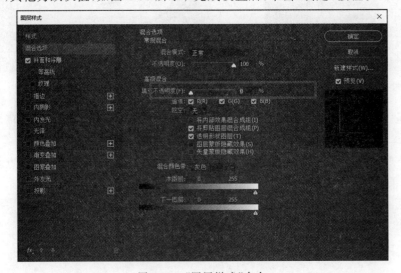

图 4-95　"图层样式"命令

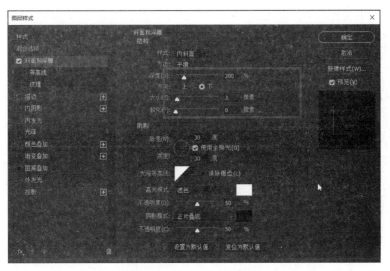

图 4-96　设置相应参数

（11）大理石背景材质的效果如图 4-97 所示。加上文字"小天鹅"，更换玻璃材质、布绒背景的效果如图 4-98 和图 4-99 所示。加上"渐变叠加""投影"图层样式的效果如图 4-100 所示。

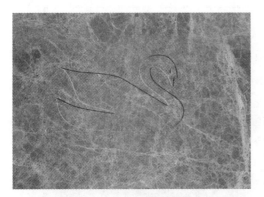

图 4-97　大理石材质的效果

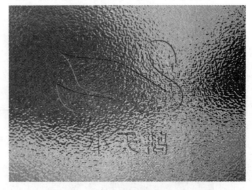

图 4-98　玻璃材质的效果

图 4-99　布绒背景的效果

图 4-100　更换图层样式的效果

4.5 创意版式设计

4.5.1 基础知识

1. 图层样式设置

"图层样式"就是一系列能够为图层添加的特殊效果,如浮雕、描边、内发光、外发光或投影等。如图4-101所示,可以看出"图层样式"对话框在结构上从左到右分为以下三个区域。

(1)"图层样式"列表区:该区域列出了所有图层样式,如果要同时应用多个图层样式,只需要勾选图层样式名称左侧的选框即可;如果要对某个图层样式的参数进行编辑,直接单击该图层样式的名称,即可在对话框中间的选项区显示出其参数设置。还可以将其中部分图层样式进行叠加处理。

(2)"图层样式"参数设置区:选择不同图层样式的情况下,该区域会即时显示出与之对应的参数设置。

(3)"图层样式"预览区:在该区域中可以预览当前所设置的所有图层样式叠加在一起的效果。

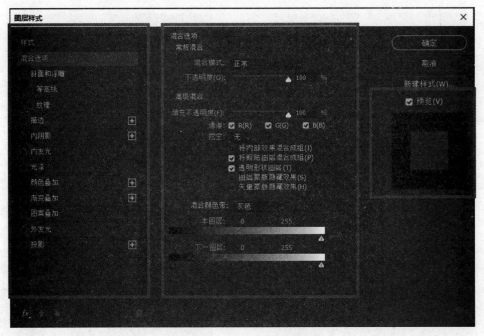

图4-101 "图层样式"对话框

2. 图层样式分类

在"图层样式"对话框中共集成了10种各具特色的图层样式。

(1)斜面和浮雕。

执行"图层"→"图层样式"→"斜面和浮雕"命令,或者单击"图层"面板底部的"添加图层样式"

图标 **fx.** ,在弹出的快捷菜单中选择"斜面和浮雕"命令,弹出"图层样式"对话框,如图 4-102 所示。使用"斜面和浮雕"的图层样式,可以创建斜面或者浮雕效果。

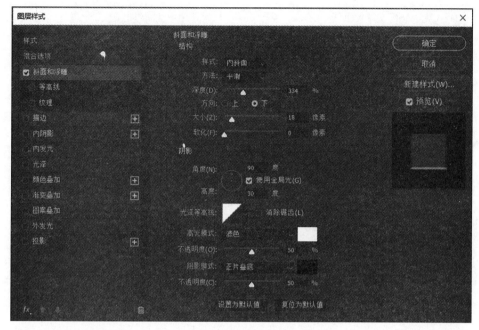

图 4-102 "斜面和浮雕"图层样式

"样式":选择其中的各选项,可以设置不同的效果。在此分别选择"外斜面""内斜面""浮雕效果""枕状浮雕"或"描边浮雕"等选项。

"方法":在其下拉菜单中可以选择"平滑""雕刻清晰"或"雕刻柔和"等选项。

"深度":控制"斜面和浮雕"图层样式的深度,数值越大,效果越明显。

"方向":在此可以选择"斜面和浮雕"图层样式的视觉方向。如果单击"上"单选按钮,在视觉上呈现凸起效果;如果单击"下"单选按钮,在视觉上呈现凹陷效果。

"软化":此参数控制亮调区域与暗调区域的柔和程度。数值越大,则亮调区域与暗调区域越柔和。

"高光模式""阴影模式":在这两个下拉菜单中,可以为形成斜面或者浮雕效果的高光和阴影区域选择不同的混合模式,从而得到不同的效果。如果选择右侧的色块,还可以在弹出的"拾色器(斜面和浮雕高光颜色)"对话框和"拾色器(斜面和浮雕阴影颜色)"对话框中为高光和阴影区域选择不同的颜色,因为在某些情况下,高光区域并非完全为白色,可能会呈现出某种色调;同样,阴影区域也并非完全为黑色。

"光泽等高线":等高线是用于制作特殊效果的一个关键性因素。Photoshop 提供了很多预设的等高线类型,只需要选择不同的等高线类型,就可以得到非常丰富的效果。另外,也可以通过单击当前等高线的预览框,在弹出的"等高线编辑器"对话框中进行编辑,直至得到满意的浮雕效果为止。

(2)描边。

使用"描边"图层样式,"填充类型"下拉菜单中可以用"颜色""渐变"或者"图案"等三种类型为当前图层中的图像勾绘轮廓。"描边"图层样式的参数说明如下,如图 4-103 所示。

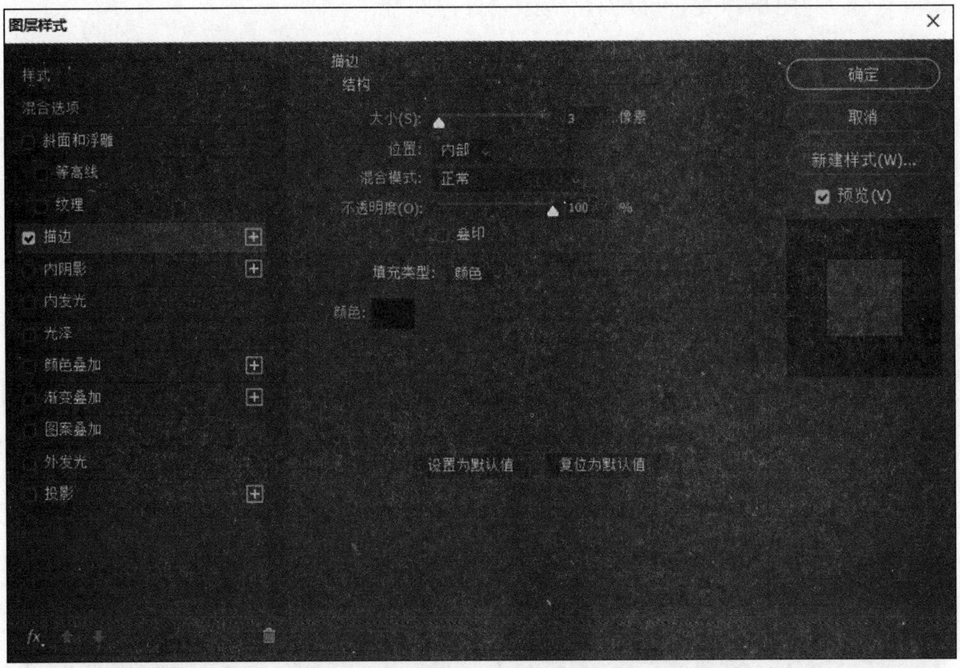

图 4-103　"描边"图层样式

"大小":用于控制描边的宽度。数值越大,则生成的描边宽度越大。

"位置":在其下拉菜单中可以选择"外部""内部""居中"等三种位置选项。选择"外部"选项,描边效果完全处于图像的外部;选择"内部"选项,描边效果完全处于图像的内部;选择"居中"选项,描边效果一半处于图像的外部,一半处于图像的内部。

"混合模式":用于设置描边内容与底部图层或者本图层的混合方式。

"不透明度":用于设置描边的不透明度,数值越小,描边越透明。

"叠印":使描边的不透明度和混合模式应用于原图层表面。

"填充类型":在其下拉菜单中可以设置描边的类型,包括"颜色""渐变"和"图案"三个选项。

"颜色":当"填充类型"为"颜色"时,设置描边的颜色。

(3) 内阴影。

使用"内阴影"图层样式,可以为非背景图层添加位于图层不透明像素边缘内的投影,使图层呈凹陷的外观效果。"内阴影"图层样式的参数说明如下,如图 4-104 所示。

"混合模式":在其下拉菜单中可以为内阴影选择不同的混合模式,从而得到不同的内阴影效果。单击其右侧色块,可以在弹出的"拾色器(内阴影颜色)"对话框中为内阴影设置颜色。

"不透明度":在此可以键入数值,以定义内阴影的不透明度。数值越大,则内阴影效果越清晰。

"角度":在此拨动角度轮盘的指针或者键入数值,可以定义内阴影的投射方向。如果选择了"使用全局光"选项,则内阴影使用全局设置;反之,可以自定义角度。

"距离":在此键入数值,可以定义内阴影的投射距离。数值越大,则内阴影的三维空间效果越明显;反之,投射内阴影越贴近图层内容。

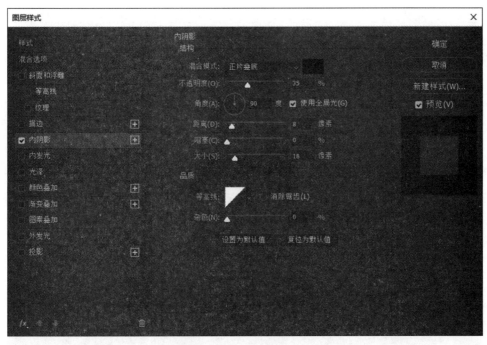

图 4-104 "内阴影"图层样式

（4）外发光与内发光。

使用"外发光"图层样式，可为图层增加发光效果。此类效果常用于具有较暗背景的图像中，以创建一种发光的效果。该样式的对话框如图 4-105 所示。使用"内发光"图层样式，如图 4-106 所示，可以在图层中增加不透明像素内部的发光效果。"内发光"及"外发光"图层样式常被组合在一起使用，以模拟一个发光的物体。

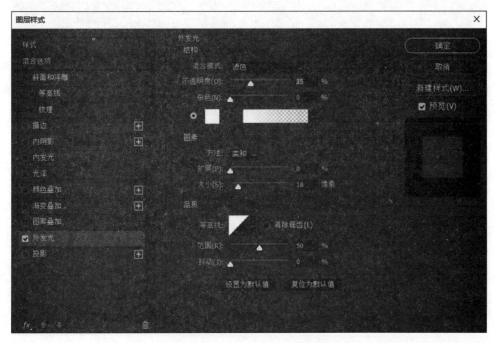

图 4-105 "外发光"图层样式

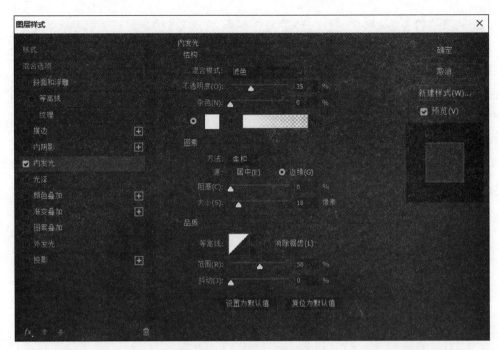

图 4-106 "内发光"图层样式

（5）光泽。

使用"光泽"图层样式，如图 4-107 所示，可以为图层添加受到光线照射后产生的映射效果，常用于创建光泽质感的磨光及金属效果。

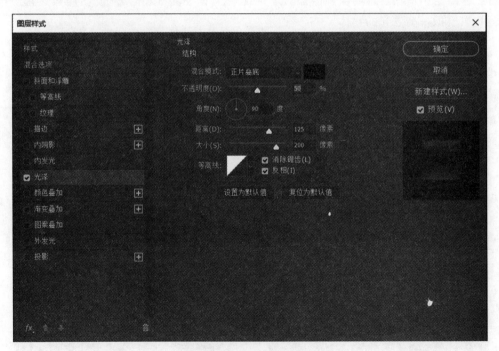

图 4-107 "光泽"图层样式

（6）颜色叠加。

选择"颜色叠加"图层样式，可以为图层叠加某种颜色。此图层样式的参数设置非常简单，在其中设置一种叠加颜色，并设置所需要的"混合模式"及"不透明度"即可。其界面如图 4-108 所示。

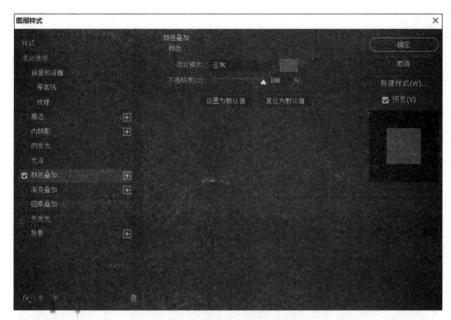

图 4-108　"颜色叠加"图层样式

（7）渐变叠加。

使用"渐变叠加"图层样式，可以为图层叠加渐变效果。"渐变叠加"图层样式较为重要的参数说明如下，其界面如图 4-109 所示。

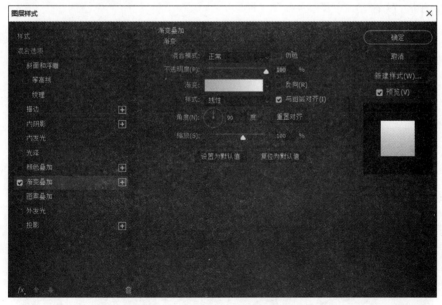

图 4-109　"渐变叠加"图层样式

"样式"：在此下拉菜单中可以选择"线性""径向""角度""对称的""菱形"等五种渐变样式。

"与图层对齐"：在此选项被选中的情况下，渐变效果由图层中最左侧的像素应用至其最右侧的像素。

（8）图案叠加。

使用"图案叠加"图层样式，可以在图层上叠加图案，其界面如图 4-110 所示。

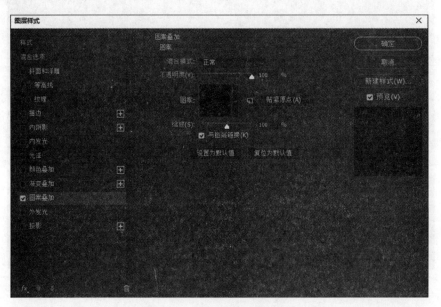

图 4-110　"图案叠加"图层样式

（9）投影。

使用"投影"图层样式，可以为图层添加投影效果。"投影"图层样式较为重要的参数说明如下，其界面如图 4-111 所示。

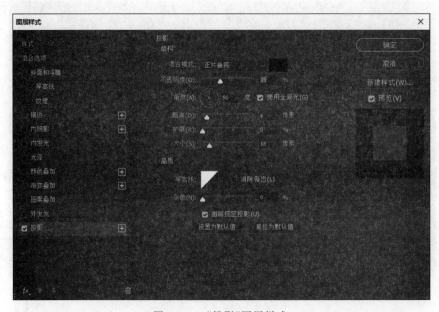

图 4-111　"投影"图层样式

"扩展"：在此键入数值,可以增加投影的投射强度。数值越大,则投射的强度越大。

"大小"：此参数控制投影的柔化程度的大小。数值越大,则投影的柔化效果越明显;反之,则越清晰。

"等高线"：使用等高线可以定义图层样式效果的外观,其原理类似于"曲线"命令中曲线对图像的调整原理。单击此下拉列表按钮,将弹出如图 4-112 所示的"等高线"列表,可在该列表中选择等高线的类型,在默认情况下 Photoshop 自动选择线性等高线。

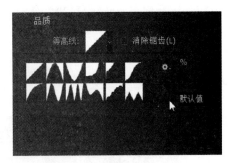

图 4-112 "等高线"下拉选项

"设置为默认值""复位为默认值"：前者可以将当前的参数保存成为默认的数值,以便后面应用,而后者则可以复位到系统或之前保存过的默认参数。

4.5.2 项目案例：创意版式设计

本节通过绘制矩形,并设置图层样式,产生对图像分割的效果,让画面的版式活跃起来。具体步骤如下：

(1) 打开原图,如图 4-113 所示。

(2) 按快捷键 Shift+Ctrl+N,新建一个图层;在工具箱中将前景色设为浅灰色 RGB(230,230,230),按快捷键 Alt+Delete,将该图层填充为浅灰色,效果如图 4-114 所示。

图 4-113 原图

图 4-114 新建灰色图层

(3) 按快捷键 Shift+Ctrl+N,新建一个图层;选择工具箱中的"矩形选框工具",在图像窗口中新建一矩形选区;在工具箱中将前景色设为黑色 RGB(0,0,0,),按快捷键 Alt+Delete,将该图层填充为黑色；单击"图层"面板底部"添加图层样式"图标 **fx.**，在弹出的快捷菜单中，选择"混合选项"命令，在打开的"图层样式"对话框中，将"混合选项"中的"填充不透明度"设为"0％"，"挖空"为"浅"，如图 4-115 所示。

（4）在"图层样式"对话框中，勾选"描边"图层样式，"大小"为"2 像素"，"描边"为"白色"，如图 4-116 所示。

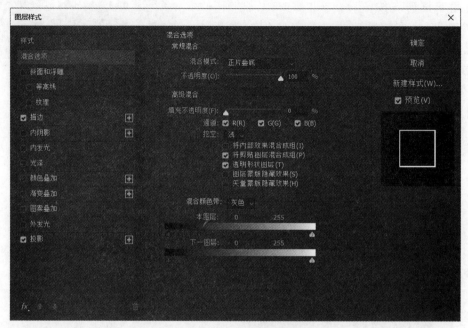

图 4-115 "混合选项"参数设置

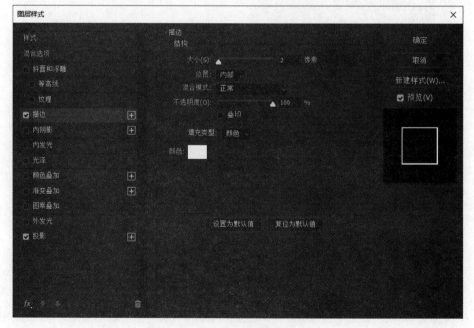

图 4-116 "描边"图层样式设置

（5）在"图层样式"对话框中，勾选"投影"图层样式，"不透明度"设为"35％"，"距离"设为"8 像素"，"大小"为"7 像素"，单击"确定"按钮，如图 4-117 所示；图像的效果如图 4-118 所示。

（6）选择工具箱中的"移动工具" ，在图像窗口中，按住键盘 Alt 键，同时按住鼠标左键拖动矩形，松开鼠标后即可复制矩形；依次复制，并拖曳移动矩形的位置，产生图片分割效果，如图 4-119 所示。

（7）选择工具箱中的"直排文字工具" ，在图像窗口中输入文字"月是故乡明"，为文字图层添加从白色到黄色的"渐变叠加"图层样式，效果如图 4-120 所示。

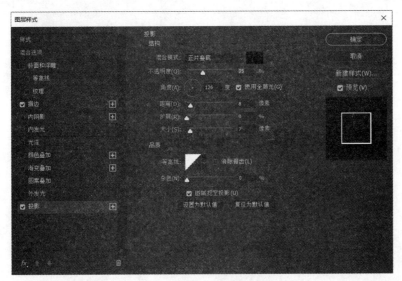

图 4-117　"投影"图层样式设置

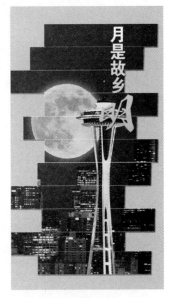

图 4-118　矩形的图层样式效果　　图 4-119　矩形分割效果　　图 4-120　加入文字后效果

（8）使用同样的方法，设计另外两款版式分割效果，如图 4-121 和图 4-122 所示。

图 4-121　圆形分割效果　　　　　　　　　　　图 4-122　六边形分割效果

第5章

色 彩 应 用

本章彩图

本章概述

　　色彩无疑是平面作品最绚丽的元素,色彩影响和决定着作品的整体风格和色调。色彩应用的关键在于颜色的使用和搭配,即调色和配色。本章深入讲解调色方法,包括"色相/饱和度"命令或调整图层、"匹配颜色"命令、"应用图像"命令、图层混合模式、Lab调色法、曲线调色及Camera Raw滤镜调色等。调色配色对设计人员的美工有较高要求,而美工的功底养成绝非一日之功,需要读者细心揣摩,从模仿到改进,再到创新,进而设计出心仪的作品。

学习目标

　　1. 熟练掌握色彩的三要素和基本原理。

　　2. 掌握调色相关命令、工具和滤镜。

　　3. 综合应用多种方法设计风格化的色彩。

学习重难点

　　1. 应用直方图分析图像曝光问题。

　　2. 多种方法校正图像偏色。

　　3. Camera Raw 滤镜调色。

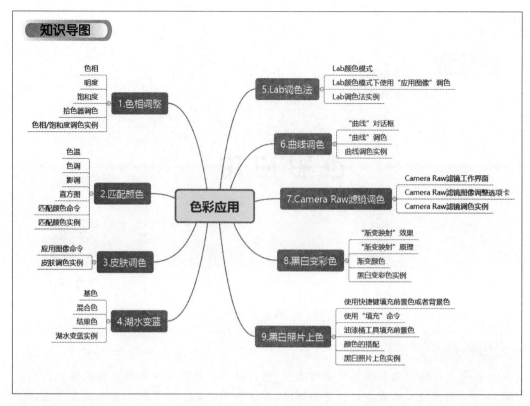

如何使用和搭配色彩,使画面和谐统一,首先要认识色彩。光线进入人的视网膜产生信号,信号会传输到大脑的中枢,使我们感觉到不同的色彩。发光体的光线直接进入人眼中,这种光就是光源光。其他物体本身不能发光,但人眼能看到它,这种光就是反射光。不同的色光会给人带来不同的色彩感受。

5.1 色相调整

5.1.1 基础知识

色彩隐藏了视觉的密码,学会如何配色和调色要从认识最基本的色彩属性开始。色彩有色相、明度和饱和度三种基本属性。

1. 色相

(1) 色彩三原色。色相就是色彩的相貌,是色彩最基本的属性。颜料的色彩混合搭配,遵循减色原理,其三原色是红、黄、蓝,运用这三种原色的不同配比能得到各种不同的色彩来绘制图画。光色的色彩混合搭配,遵循加色原理,其三原色是红、绿、蓝,这三种原色两两混合会得到更明亮的颜色,如果三种光色等量混合,会得到白色。加色原理和减色原理在等比例条件下相互配对所形成的颜色,如图 5-1 所示。Photoshop 颜色处理均按照加色原理进行。加色和减色原理的颜色混合如下:

加色原理：红＋绿＝黄，绿＋蓝青，蓝＋红＝品红，红＋绿＋蓝＝白。

减色原理：品红＋黄＝红；黄＋青＝绿，青＋品红＝蓝，蓝＋红＋绿＝黑。

（2）互补色配对。互补色的色彩搭配是在色环上成180度相对应的一对颜色，所以一个颜色的互补色只有一种配色方案。例如，红色RGB(255,0,0)和青色RGB(0,255,255)是一对互补色，两者混合成白色RGB(255,255,255)。运行Photoshop后，在"图层"面板中绘制青色的圆形和红色的圆形，分别在上下两个图层，将青色圆形图层的混合模式设为"变亮"或者"滤色"，可以看到两者混合的结果为白色，如图5-2所示；图层混合样式如图5-3所示。

图5-1 色彩三原色

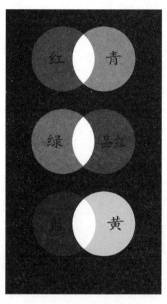

图5-2 互补色配对

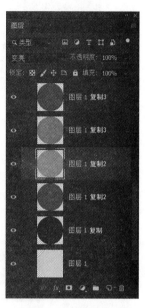

图5-3 对比色配对

（3）色相环。色相是色彩的首要特征，是区别各种不同色彩的最准确的标准。十二色相环是由原色、二次色和三次色组合而成。色相环中的三原色是红、绿、蓝色，在环中形成一个等边三角形。二次色是黄、青、品红色，处在三原色之间，形成另一个等边三角形。井然有序的色相环让使用的人能清楚地看出色彩平衡、调和后的结果，体现着色相和明度变化，如图5-4所示。

2．明度

明度是色彩的明暗程度，不同颜色会有明暗的差异，相同颜色也有明暗深浅的变化，区分为高明度、中明度和低明度，明度越低，越接近黑色，如图5-5所示。

3．饱和度

饱和度（纯度）是色彩的鲜艳程度，是指原色在色彩中所占据的百分比，纯度用来表现色彩的浓淡和深浅，分为高纯度、中纯度和低纯度，纯度越低，越接近灰色，如图5-6所示。

4．拾色器调色

使用HSB模式，可以通过调整H（Hue）色相、S（Saturability）饱和度、B（Brightness）明度，方便选取需要的颜色。

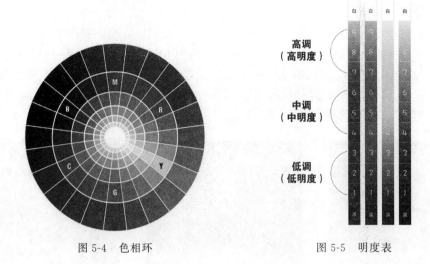

图 5-4　色相环　　　　　　　　　　　图 5-5　明度表

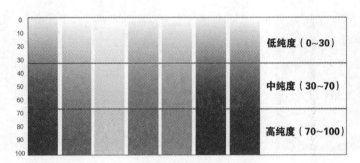

图 5-6　纯度表

（1）色相调整。在"拾色器"对话框中，选择 H 选项，拖动色块上的滑块，即可改变色相，如图 5-7 所示。0 度为红色，和 360 度重合，30 度即可变一种色相。

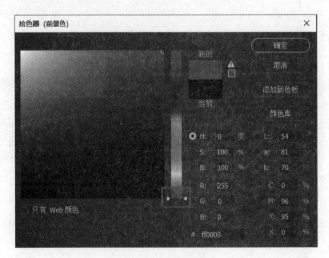

图 5-7　色相调整

（2）饱和度调整。在"拾色器"对话框中，选择 S 选项，拖动色块上的滑块，即可改变饱和度，如图 5-8 所示。饱和度分 0～100％，数值越大颜色越鲜艳，越小颜色越淡。

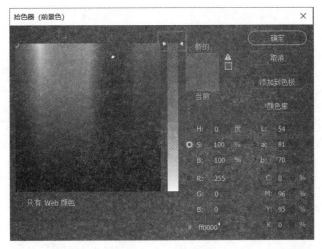

图 5-8　饱和度调整

（3）明度调整。在"拾色器"对话框中，选择 B 选项，拖动色块上的滑块，即可改变明度，如图 5-9 所示。明度分为 0～100％，数值越大越明亮，越小就越暗沉。

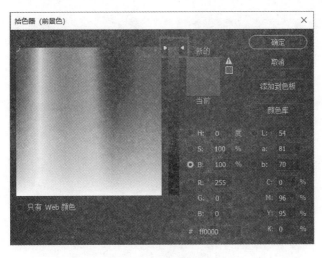

图 5-9　明度调整

5.1.2　项目案例：季节变换

本例通过两种调整色相及饱和度的方法，来改变不同季节的银杏树叶颜色。

1.　"色相/饱和度"命令

具体方法步骤如下：

（1）打开原图，如图 5-10 所示。

（2）单击菜单栏"图像"→"调整"→"色相/饱和度"命令，或者按快捷键 Ctrl＋U，在弹出的"色

5.1.2

相/饱和度"对话框中,将默认的"全图"改为"黄色",拖动"色相(H)"滑块往右调整为"+70","饱和度(A)"往右调整为"+12",效果如图 5-11 所示,"色相/饱和度"对话框参数设置如图 5-12 所示。

图 5-10　原图

图 5-11　色相调整的效果

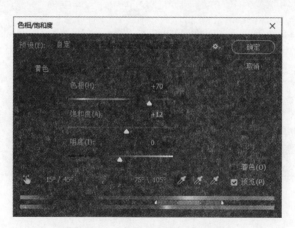

图 5-12　"色相/饱和度"对话框

　　通过调整色相,改变了不同季节的银杏树叶颜色,由黄色变为了绿色,但是人脸及衣服区域也偏色为滤色,这是调色不完善的地方,建立"色相/饱和度"调整图层的方法改进了这个缺点。

2."色相/饱和度"调整图层

具体方法步骤如下:

(1)打开原图后,在"图层"面板中,单击"创建新的填充或调整图层"图标 ,在弹出的快捷菜单中,选择"色相/饱和度",如图 5-13 所示;在"色相/饱和度"属性面板中,同样的,将默认的"全图"改为"黄色","色相"设为"+70","饱和度"设为"12",其他参数为默认,如图 5-14 所示。如果不确定需要改变的颜色是具体哪种颜色,可以在"属性"面板中,单击按下 [图标] 按钮,将光标移动到图像中的黄色树叶上,按住 Ctrl 键,同时按住鼠标左键移动,可以改变"色相"数值;松开 Ctrl 键,按住鼠标左键移动,可以改变"饱和度"数值。

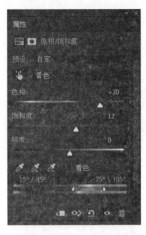

图 5-13　快捷菜单　　图 5-14　"属性"面板调整"色相/饱和度"

(2) 选择工具箱中的"设置前景色"色块,在弹出的"拾色器(前景色)"对话框中,拾取前景色为黑色 RGB(0,0,0),如图 5-15 所示;单击工具箱中的"画笔工具" [图标],在选项栏中将画笔"大小"设为"33 像素","硬度"设为"0%","常规画笔"选择"柔边圆","模式"为"正常","不透明度"为"100%","流量"为"100%",如图 5-16 所示。

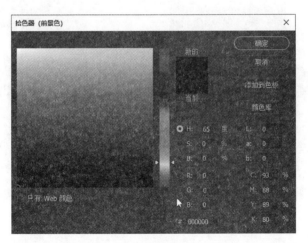

图 5-15　"拾色器(前景色)"对话框

(3) 在"图层"面板中,选择"色相/饱和度"调整图层的蒙版缩览图,然后使用设置好的画笔,在图像窗口中的人脸、手、衣服等部位涂抹,"图层"面板如图 5-17 所示;这样就去除掉由于调整色相造成的不正常变化的颜色,从而使得画面更加自然和谐,效果如图 5-18 所示。

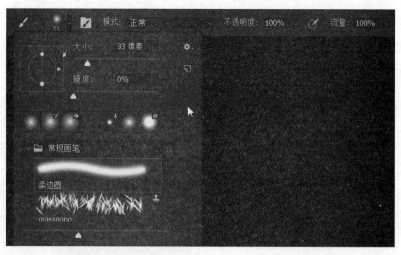

图 5-16　"画笔工具"选项栏

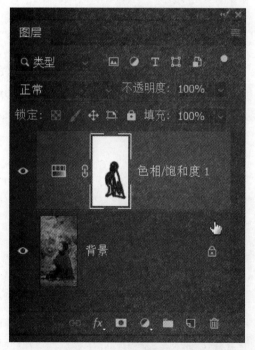

图 5-17　"图层"面板

图 5-18　画笔涂抹蒙版后的效果

（4）打开另外一张人像图片,采用同样建立"色相/饱和度"调整图层的方法,在"属性"面板中,单击按下 ![]按钮,将光标移动到图像中的衣服上,按住 Ctrl 键,同时按住鼠标左键移动,可以改变衣服的"色相",原图及改变颜色的效果如图 5-19～图 5-22 所示。

图 5-19　原图

图 5-20　衣服改变颜色

图 5-21　衣服改变颜色

图 5-22　衣服改变颜色

5.2　匹配颜色

5.2.1　基础知识

1. 色彩再认识

色彩除了色相、明度和饱和度这三种基本属性外，还有色温、色调和影调等相关属性，它们影响和决定着图像的整体风格和直观感受。

（1）色温。色温是色彩的"温度"，是指色彩的冷暖倾向。如偏向于蓝色的颜色为冷色调，如

图 5-23 所示;偏向于红橙色的为暖色调,如图 5-24 所示。

图 5-23 冷色调

图 5-24 暖色调

(2)色调。色调是图像的整体颜色倾向。在色相、饱和度和明度三个要素中,某种因素起主导作用,就称之为某种色调。例如,图 5-25 为黄色调,而图 5-26 为绿色调。

图 5-25 黄色调

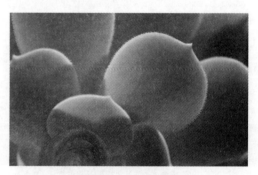
图 5-26 绿色调

(3)影调。影调是图像画面的明暗层次、虚实对比和色彩的色相明暗之间的关系,是物体结构、色彩、光线效果的客观再现。按照影调的明暗程度,分为亮调、暗调和中间调;按照影调的反差程度,分为硬调、软调和中间调。图 5-27 为亮调,图 5-28 为暗调。

图 5-27 亮调

图 5-28 暗调

(4)直方图。直方图是图形化地表示图像中的各个亮度等级的像素数量。横向代表亮度,从左到右区分为暗部区域、中间调区域和亮部区域;纵向代表像素的数量,纵向越高表示这个级别的像素越多。直方图能够直观地观察到一幅图像整体亮度,从而判断出是曝光过度还是曝光不足。

打开一幅黄昏原图,如图 5-29 所示;单击菜单栏"窗口"→"直方图"命令,在打开的"直方图"对话框中,可以看到当前的图像的整体明暗程度,直方图中暗部区域像素最多,亮部最少,画面整体偏暗。因为图像拍摄的是夕阳西下的黄昏霞光,所以整体较暗但突出了美丽的霞光,如图 5-30 所示。

图 5-29 黄昏原图

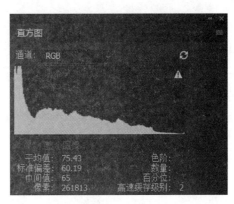

图 5-30 直方图

打开一张孩子的图片,按快捷键 Ctrl+L,在弹出的"色阶"对话框中,同样可以看到直方图的图形,像素集中在暗部区域较多,如图 5-31 所示;向左拖动白色滑块,如图 5-32 所示,这样可以增加亮部区域的像素,将图像调亮,原图及调整后的效果如图 5-33 及图 5-34 所示。

2."匹配颜色"命令

不同图像的色调反差较大,需要通过匹配颜色使它们之间变得和谐,从而呈现出协调、自然的效果。

"匹配颜色"命令可以将一张图像的色彩关系应用到另外一张图像中,使之产生相同的图像色调。该命令可以应用在不同的图像,也可以应用在同一张图片的不同图层。

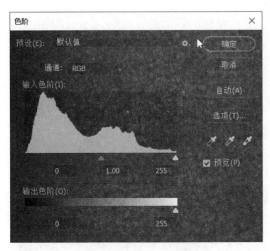

图 5-31 "色阶"对话框

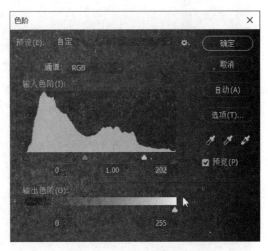

图 5-32 调整亮部滑块位置

图 5-33　原图　　　　　　　　　　　　　图 5-34　调亮后的效果

打开两张图片,如图 5-35 和图 5-36 所示;在图 5-35 图像窗口中,单击菜单栏"图像"→"调整"→"匹配颜色"命令,在弹出的"匹配颜色"对话框(如图 5-37 所示)中,"源"选择"5-36.jpg","图层"选择"背景",单击"确定"按钮,效果如图 5-38 所示。

图 5-35　原图之一　　　　　　　　　　　图 5-36　原图之二

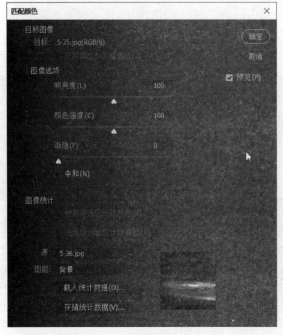 

图 5-37　"匹配颜色"对话框　　　　　　　图 5-38　"匹配颜色"的效果

"匹配颜色"对话框各项选项及参数说明如下。

"明亮度"：调整图像匹配的明亮程度。

"颜色强度"：调整图像色彩的饱和度,数值越高,饱和度越高,数值越低,越接近单色效果。

"渐隐"：决定有多少原图像的颜色匹配到目标图像的颜色中,该数值越大,越接近图像的原来效果。

"中和"：用来中和匹配前后的图像效果,常用于消除图像中的偏色现象。

"使用源选区计算颜色"：使用源图像中的选区图像的颜色来计算匹配颜色。

"使用目标选区计算调整"：使用目标图像中的选区图像的颜色来计算匹配颜色,前提是"源"必须选择目标图像。

5.2.2 项目案例：匹配颜色

5.2.2

校园的夜色太美,若是用璀璨星星点缀夜空,一定会显得更加静谧美好。那怎么样才能使校园图和星空图充分融合在一起,没有违和感呢?匹配颜色就是很好的方法,具体方法步骤如下:

(1) 打开一张校园风景图,如图 5-39 所示。

图 5-39　校园风景图

图 5-40　拖入星空图片

(2) 打开一张星空图片,将星空图片拖入校园图片中,按快捷键 Ctrl+T,拖动控制点调整星空图层的大小,如图 5-40 所示,使之覆盖整个校园背景图层。

(3) 在"图层"面板中,选择星空图层,然后单击面板底部的"添加图层蒙版"■,为星空图层添加白色蒙版,选择该蒙版缩览图;单击工具箱中的"设置前景色",在弹出的"拾色器(前景色)"对话框中,拾取前景色为黑色;同样,设置背景色为白色。单击工具箱中的"渐变工具",在图像窗口中,从底部往上拉,对星空图层的蒙版填充为从黑到白的渐变色,"图层"面板如图 5-41 所示;图层蒙版渐变填充后的效果如图 5-42 所示。

(4) 在"图层"面板中,选择校园夜景的背景图层,然后单击菜单栏"图像"→"调整"→"匹配颜色"命令,在弹出的"匹配颜色"对话框中,设置"源"为当前的图像文件,"图层"为星空图层"图层1",如图 5-43 所示,然后单击"确定"按钮,完成的效果如图 5-44 所示。

(5)查看匹配颜色后的效果,星空与校园的原图融合得更加自然了,整体色调十分统一,如图 5-44 所示。

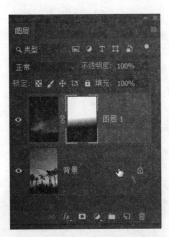

图 5-41 "图层"面板

图 5-42 蒙版遮罩星空的效果

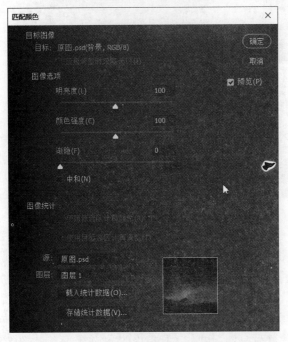

图 5-43 "匹配颜色"对话框

图 5-44 "匹配颜色"的效果

5.3 皮肤调色

5.3.1 基础知识

"应用图像"命令,可以将图像的图层或通道(源)与现用图像(目标)的图层或通道混合,常用于合成复合通道和单个通道的图像处理,也可以修正图像偏色的问题。

打开两张图像,如图 5-45、图 5-46 所示;选择图 5-45 的图像窗口,单击菜单栏"图像"→"应用图像"命令,在弹出的"应用图像"对话框中,"源"选择"5-46.jpg","通道"选择"RGB","混合"选择"柔光","不透明度"为默认的"100％",如图 5-47 所示;单击"确定"按钮,效果如图 5-48 所示。这样就实现了两张图像的融合,色调统一。

图 5-45　原图一

图 5-46　原图二

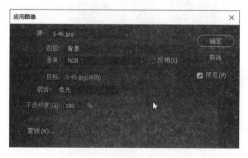
图 5-47　"应用图像"对话框

图 5-48　"应用图像"的效果

"应用图像"对话框中的参数说明如下:

(1)"源":这部分给出了源文件名、源图层和源通道的选项栏,可以选择一个源图像与当前图片混合。勾选通道选项栏旁的"反相"后,源通道经反相再与当前图片混合。

(2)"目标":目标就是执行"应用图像"命令的当前图像,它作为混合色参加混合。一旦打开应用图像对话框,目标就不能更改。当源图像选定并点击确定后,作为目标的当前图像就被更改为结果色。目标和源来自两个不同的文件时,两个图像文件的尺寸和分辨率必须完全相同。

(3)"混合":用于选择混合模式。应用图像的混合模式与图层混合方式基本相同,另外增加了"相加"和"减去"模式。"相加"模式可将目标和源的像素相加,相加常用于组合非重叠图片。

"减去"模式是从目标中减去源的像素值。

（4）"不透明度"：不透明度值越小，混合的强度越弱，0其实就是没有混合。

（5）"保留透明区域"：图片中的透明区域不参与混合。

（6）"蒙版"：勾选该选项，会出现一个下拉菜单，其中可以选择一个有蒙版的图像，其蒙版作为混合的蒙版；如果选择某个通道，该通道就作为蒙版。如果勾选反相，则所选蒙版反相以后再作为混合的蒙版。混合加入蒙版后，由于蒙版黑色区域的遮挡，白色区域的显现，使得混合的范围得到控制，而蒙版的灰色区域呈现一定程度的透明效果。

5.3.2

5.3.2 项目案例：皮肤调色

人像摄影在不同光线和色温下呈现不同肤色，要使皮肤白里透红，可以使用菜单"应用图像"命令，具体方法步骤如下：

（1）打开原图，如图5-49所示，该图像场景光线暗，人像皮肤偏红色。

（2）选择菜单栏"图像"→"应用图像"，在弹出的"应用图像"对话框中，"通道"选为"红"，"混合"选为"滤色"，"不透明度"设为"60％"，调整后人像的皮肤效果明显变得白皙了，效果如图5-50所示，"应用图像"对话框如图5-51所示。

图 5-49　原图　　　　　　　　图 5-50　"应用图像"的效果

图 5-51　"应用图像"对话框参数设置

（3）采用同样的方法进行人像的皮肤调色，原图及效果如图 5-52 和图 5-53 所示。

图 5-52　原图

图 5-53　"应用图像"的效果

5.4　湖水变蓝

5.4.1　基础知识

在图层混合选项中指定的混合模式如何来控制图像中的像素是受绘画或编辑工具影响的。首先要区分基色、混合色和结果色：

（1）基色：基色是指图像中的原稿颜色，也就是使用图层混合模式选项时，两个图层中下面的那个图层。

（2）混合色：混合色是指通过绘画或编辑工具应用的颜色，也就是使用图层混合模式命令时，两个图层中上面的那个图层。

（3）结果色：结果色是指混合模式结果后得到的颜色，也是最后的效果颜色。

打开两张图像，一张是从黑到白的渐变图像，另外一张是上半部分是白色、下半部分是黑色的图像，如图 5-54 和图 5-55 所示；将图 5-55 拖曳到图 5-54 的上面，并将其图层混合模式设为"柔光"，如图 5-56 所示，效果如图 5-57 所示。

从图 5-57 可以看出，"柔光"模式根据上面的图层的明暗度来加深或者加亮图像，以 50％灰色为基准，如果上面图层（混合色图层）像素比 50％灰色亮，则图像"结果色"变亮；比 50％灰色暗的，则图像"结果色"变暗，使图像的亮度反差增大。

图 5-54　基色图

图 5-55　混合色图

图 5-56　"图层"面板

图 5-57　"柔光"图层混合模式效果

5.4.2

5.4.2　项目案例：湖水变蓝

由于光线或者水质原因,拍照出来的水面昏暗或者浑浊,可以通过叠加蓝色图层,同时设置"柔光"图层混合模式的方法,让湖水变蓝。本例的具体方法步骤如下:

(1) 打开湖水原图,如图 5-58 所示。

(2) 按快捷键 Shift＋Ctrl＋N,新建一个图层;单击工具箱中的"设置背景色"色块,在弹出的"拾色器(背景色)"对话框中,拾取背景色为蓝色 RGB(27,228,252);按快捷键 Ctrl＋Delete,填充当前新建的图层为背景色蓝色。单击工具箱中的"移动工具" ，拖曳蓝色图层使之覆盖湖面,如图 5-59 所示。

图 5-58　湖水原图

图 5-59　添加蓝色图层

(3) 在"图层"面板中,选中蓝色图层,设置图层混合模式为"柔光",如图 5-60 所示;此时湖水已经变蓝,但湖水过渡层次稍显不自然,如图5-61所示。

图5-60　图层混合模式设为"柔光"　　　　图5-61　"柔光"图层混合模式效果

(4) 确认当前选中的图层是蓝色图层,单击"图层"面板底部的"添加图层蒙版"图标 ,建立白色的图层蒙版;单击工具箱中的"设置前景色"色块,在弹出的"拾色器(前景色)"对话框中,拾取前景色为黑色RGB(0,0,0);单击工具箱中的"设置背景色"色块,在弹出的"拾色器(背景色)"对话框中,拾取背景色为白色RGB(255,255,255);单击工具箱中的"渐变工具" ,从上往下拉出渐变,为蓝色图层建立从黑色到白色的渐变图层蒙版,让湖水颜色过渡自然,如图5-62所示。

图5-62　添加图层蒙版

(5) 在"图层"面板中,选中背景图层,按快捷键Ctrl+L,在弹出的"色阶"对话框中,拖动右侧的白色滑块向左稍稍移动,如图5-63所示;调整色阶后,整体提亮图像,湖水颜色由较为昏暗的颜色变成了蔚蓝色,效果如图5-64所示。

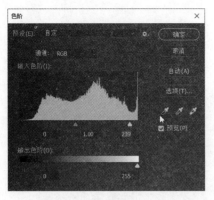

图 5-63　调整色阶

图 5-64　湖水变蓝的效果

（6）更换图片，采用同样的方法使湖水变蓝，前后对比效果如图 5-65 和图 5-66 所示。

图 5-65　原图

图 5-66　湖水调色的效果

5.5　Lab 调色法

5.5.1　基础知识

1. Lab 颜色模式

在 Lab 颜色模式中，L 代表光亮度分量，范围为 0～100（L＝0，黑色；L＝100，白色），a 代表从绿色到品红的光谱变化（a＜0，绿色；a＞0，品红），b 代表从蓝色到黄色的光谱变化（b＜0，蓝色；b＞0，黄色），如图 5-67 所示。Lab 颜色模式的优缺点：

优点：一是色域广，由于 LAB 颜色模式的色域最广，因此将 RGB 或者 CMYK 颜色模式的图像转换为 LAB 颜色模式，不会丢失任何颜色信息。二是明暗和颜色可以分开调整。

缺点：当图像转换为 Lab 颜色模式之后，有部分命令将不可用。最明显的就是在"图像"菜单下面的"调整"命令和"滤镜"菜单下面的一些命令。

2．Lab 颜色模式下使用"应用图像"调色

打开一张风景图片，如图 5-68 所示；单击菜单栏"图像"→"模式"→"Lab 颜色"命令，把图像的颜色模式设置为 Lab 颜色模式；单击菜单栏"图像"→"应用图像"命令，在弹出的"应用图像"对话框中，"通道"选择"Lab"，"混合"选择"滤色"，如图 5-69 所示，单击"确定"按钮，效果如图 5-70所示。

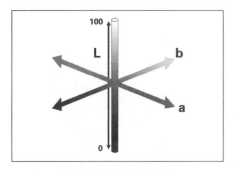

图 5-67　Lab 颜色模式

图 5-68　原图

图 5-69　"应用图像"对话框

图 5-70　"应用图像"的效果

图 5-70 的天空部分有些变色，可以在"应用图像"对话框中，将"不透明度"调整为"60％"，如图 5-71 所示；效果如图 5-72 所示。

图 5-71　"应用图像"对话框

图 5-72　"应用图像"的效果

5.5.2 项目案例：Lab 调色法

利用 Lab 颜色模式调色，能够方便地区分明度和色相进行调整。本例通过复制一个色彩通道到另外一个色彩通道，从而实现调整颜色的目的，具体方法步骤如下：

(1) 打开一张绿叶图片，如图 5-73 所示。

(2) 执行菜单栏"图像"→"模式"→"Lab 颜色"命令，把图像的 RGB 颜色模式设置为 Lab 颜色模式；执行菜单栏"窗口"→"通道"命令，打开"通道"面板，可以看到该图像颜色模式由"明度"、a 和 b 三个通道组成，如图 5-74 所示。

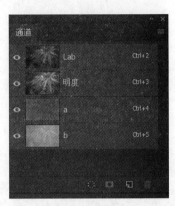

图 5-73　原图　　　　　　　　　　　图 5-74　"通道"面板

(3) 执行菜单栏"窗口"→"信息"命令，或者按快捷键 F8，打开"信息"面板，把光标移动到图像上，可以观察到图像的三个通道的数值，如图 5-75 所示，其中，a<0 表示从洋红到绿色的通道里颜色偏向于绿色；b>0 表示从黄色到蓝色的通道里颜色偏向于黄色；有了 Lab 颜色模式的认识，能够更好地理解后续的操作带来的结果。

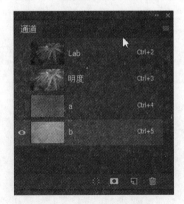

图 5-75　"信息"面板　　　　　　　　图 5-76　选择 b 通道

(4) 在"通道"面板中，选择 b 通道，如图 5-76 所示，按快捷键 Ctrl+A，全选 b 通道，再按快捷键 Ctrl+C，复制 b 通道；然后选择 a 通道，按快捷键 Ctrl+V，将复制的 b 通道粘贴到 a 通道，这样 a 的数值从 a<0 变成 a>0，表示从洋红到绿色的 a 通道里颜色偏向于洋红色，a 偏向洋红色和 b

通道偏向黄色,两者混合的结果是红色,如图 5-77 所示。

(5)相反,如果把 a 通道复制到 b 通道,则 a<0,且 b<0,表示从洋红到绿色的 a 通道里颜色偏向于绿色,从黄色到蓝色的 b 通道里颜色偏向于蓝色,混合的结果是青色,如图 5-78 所示。

图 5-77 Lab 调色结果之一

图 5-78 Lab 调色结果之二

5.6 曲线调色

5.6.1 基础知识

1. 打开"曲线"对话框

(1)执行菜单栏"编辑"→"调整"→"曲线"命令,如图 5-79 所示,弹出"曲线"对话框,如图 5-80 对话框。

图 5-79 "曲线"菜单命令

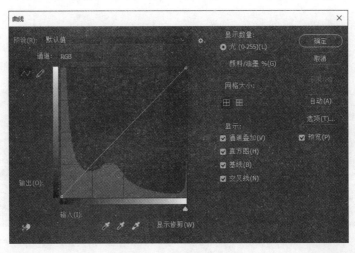

图 5-80　"曲线"对话框

（2）按快捷键 Ctrl＋M，同样会弹出"曲线"对话框。

（3）在"图层"面板中，单击面板底部的"创建新的填充图层或调整图层"图标 ，在弹出的快捷菜单中选择"曲线"，或者执行菜单栏"图层"→"新建调整图层"→"曲线"命令，创建一个"曲线"调整图层，在"属性面板"中，能够进行同样的调整，如图 5-81 所示。

2. "曲线"调色

打开一张清晨日出的图像，按快捷键 Ctrl＋M，在弹出的"曲线"对话框中，"通道"选择"红"，按住曲线的中间部位向上提拉，如图 5-82 所示；原图及效果如图 5-83 和图 5-84 所示。

当选择红通道，曲线向上调整就是增加红色，向下就是增加青色（红色的互补色）。同样的，选择绿通道，曲线向上调整就是增加绿色，原图及效果如图 5-85、图 5-86 所示；向下就是增加品红色（绿色的互补色）。如果选择蓝通道，向上就是增加蓝色，原图及效果如图 5-87 和图 5-88 所示；向下是增加黄色（蓝色的互补色）。

图 5-81　"曲线"调整图层的
"属性"面板

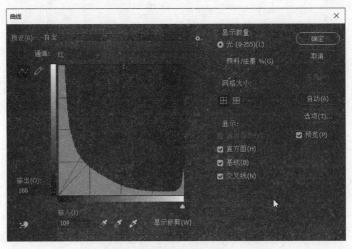

图 5-82　曲线调整图层的"属性"面板

图 5-83　原图

图 5-84　增加红色(效果图)

图 5-85　原图

图 5-86　增加绿色

图 5-87　原图

图 5-88　增加蓝色

5.6.2　项目案例：曲线调色

5.6.2

人像照片调色是为了获得最真实的视觉感受,通过曲线调整图片中的主要颜色,从而获得整体提升,具体方法步骤如下:

(1) 打开人像原图,如图 5-89 所示。

(2) 单击工具箱中的"设置前景色"色块,在弹出的"拾色器(前景色)"对话框(如图 5-90 所示)中,将光标移动到图像窗口的灰色背景上,此时光标变成吸管工具 ,单击吸取图像的背景颜色;然后单击"确定"按钮。

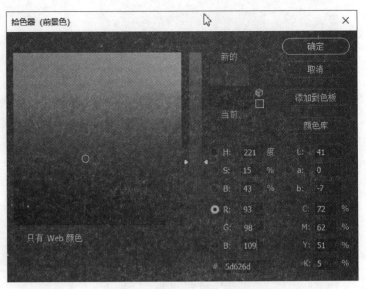

图 5-89　人像原图　　　　　　　　　　　　　图 5-90　"拾色器(前景色)"对话框

(3) 按快捷键 Shift＋Ctrl＋N,新建一个图层,然后按快捷键 Alt＋Delete,将当前图层填充为前景色灰色 RGB(93,98,109);在"图层"面板中,把图层混合模式由"正常"改为"柔光","不透明度"设为"25％",如图 5-91 所示。添加背景色图层后的效果如图 5-92 所示。

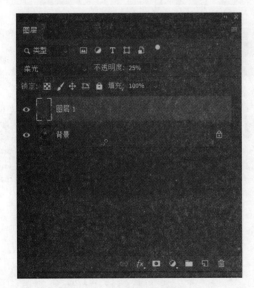

图 5-91　"图层"面板　　　　　　　　　图 5-92　添加背景色图层后的效果

(4) 单击工具箱中的"设置前景色"色块,在弹出的"拾色器(前景色)"对话框中,将光标移动到图像窗口的灰色背景上,此时光标变成吸管工具 🖋 ,单击吸取图像的衣服颜色红色;按快捷键 Shift＋Ctrl＋N,新建一个图层,然后按快捷键 Alt＋Delete,将当前图层填充为前景色红色 RGB (155,25,30);在"图层"面板中,把图层混合模式由"正常"改为"柔光","不透明度"设为"21％",如图 5-93 所示。添加衣服颜色图层后的效果如图 5-94 所示。

图 5-93 "图层"面板　　　　图 5-94 添加衣服颜色图层后的效果

（5）在"图层"面板中，选中人像的背景图，单击面板底部的"创建新的填充图层或调整图层"图标 🖊️ ，在弹出的快捷菜单中选择"曲线"，创建一个"曲线"调整图层，在"属性"面板中，拖曳拉升曲线中部，如图 5-95 所示。曲线调整后人物整体调亮，增加了红润色泽，如图 5-96 所示。

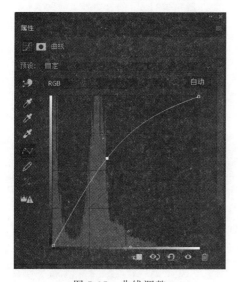

图 5-95 曲线调整　　　　图 5-96 曲线调整后的效果

（6）在"图层"面板中，选择人像背景图层，单击菜单栏"选择"→"主体"命令，建立人像的选区；选择红色图层，单击面板底部的"添加图层蒙版"图标 ⬛ ，为红色图层建立人像蒙版，把红色图层仅仅作用在人像范围内，这样背景颜色就不会受到影响，"图层"面板如图 5-97 所示。人像整体调亮，皮肤白皙红润，完成的效果如图 5-98 所示。

图 5-97　建立红色图层的蒙版　　　　　图 5-98　完成的效果

5.7　Camera Raw 滤镜调色

5.7.1　基础知识

1. Camera Raw 滤镜工作界面

　　Camera Raw 滤镜能够对图像进行修饰和调色编辑,是一款功能好用而且强大的图像后期编辑处理工具。在 Photoshop 中打开一张 RAW 格式的图像,会自动启动 Camera Raw 滤镜;打开其他格式的图像,单击菜单栏"滤镜"→"Camera Raw 滤镜",或者按快捷键 Shift+Ctrl+A,也可以打开 Camera Raw 滤镜工作界面,如图 5-99 所示。

　　Camera Raw 滤镜工作界面的左上角是工具箱,提供了多种工具对图像进行处理,如图 5-100 所示,从左到右介绍如下:

　　(1) 缩放工具:单击图像即可放大图像视图比例;按住 Alt 键单击,可以缩小图像;双击该工具图标,则使图像按照 100% 的比例显示大小。

　　(2) 抓手工具:当显示的图像超出窗口,单击该工具,在图像窗口中按住鼠标左键拖动,可以调整预览窗口中的图像显示区域,以便观察图像局部细节。

　　(3) 白平衡工具:该工具可以有效地调整图像的偏色,首先需要确定图像中具有中性灰(白色或者灰色)的区域,然后选择该工具后,在确定的区域上单击,使该区域还原到白色或者灰色,同时校正图像的白平衡。在图 5-99 预览窗口中的白色云彩上单击,图像白平衡校正的效果如图 5-101 所示。

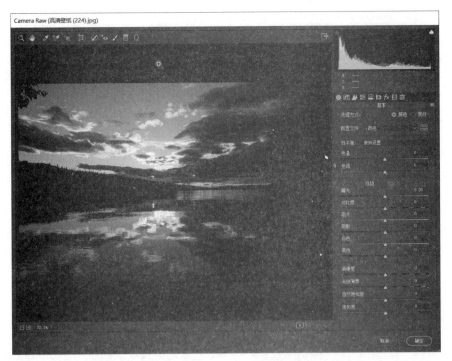

图 5-99 Camera Raw 滤镜工作界面

图 5-100 工具箱

图 5-101 白平衡工具校正的效果

（4）颜色取样器工具：选择该工具后，单击图像中的某点，即可显示出该点的颜色信息，最多可以显示出 9 个颜色点。该工具主要用来分析图像的偏色问题，例如，单击图 5-102 中本应是灰色的岩石，得到的 RGB 数值中的 R 值偏大，说明图像偏色于数值较大的颜色，即偏红色，如图 5-103 所示。

（5）目标调整工具：选择该工具，然后在图像中单击确定取样的颜色，按住鼠标左键拖动，即可改变图像中该取样颜色的色相、饱和度、亮度等。

（6）变换工具：用来调整图像的扭曲、透视或者缩放，可以校正图像的透视，或者制作出透视感图像；选择该工具，可以直接在界面右侧设置相关参数；也可以手动调整，在图像中绘制出水平线和垂直线，松开鼠标后，这两条线即变为水平和垂直的线条，图像就被校正了。原图及校正后的结果如图 5-104、图 5-105 所示。

图 5-102　Camera Raw 滤镜工作界面

图 5-103　3 个颜色点取样的 RGB 数值

图 5-104　原图

图 5-105　Camera Raw 滤镜校正结果

（7）污点去除工具：使用图像中的另一区域的样本修复选中的区域，以去除不要的污点杂质，"类型"有"修复""仿制"两个选项，还可以调节"大小""羽化""不透明度度"等参数。

（8）去除红眼工具：可以去除红眼，在右侧的参数设置区拖动滑块，可以调节瞳孔的大小和眼睛的明暗；该工具和 Photoshop 的工具箱中的"红眼工具"作用相同。

（9）调整画笔：使用该画笔工具在图像中绘制出一个局部的范围，然后在右侧的参数设置区调节该图像范围的色温、颜色、对比度、饱和度、杂色等。

（10）渐变滤镜：选择该工具，在图像中拖动鼠标，会出现两条直线，如图 5-106 所示；在参数设置区调整参数，例如将"去除薄雾"由"－3"改为"－100"，两条直线之间为渐变过渡区域，如图 5-107 所示。

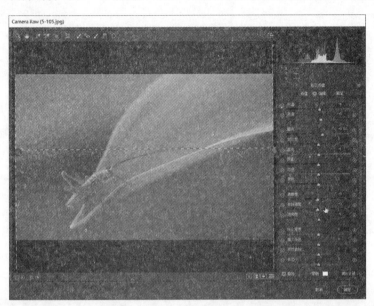

图 5-106　绘制渐变滤镜的两条直线

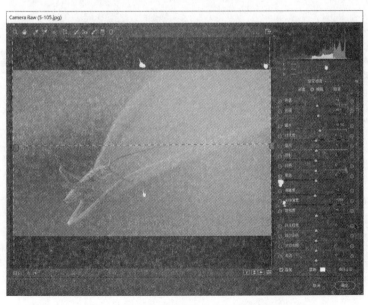

图 5-107　"去除薄雾"参数调整的效果

（11）径向滤镜：该工具可以突出选定区域的图像内容。例如，在图像预览窗口中绘制椭圆形区域，如图 5-108 所示，在右侧的参数设置区，将"饱和度"由"0"调整为"－100"，效果如图 5-109所示。

图 5-108　绘制径向滤镜的区域

图 5-109　"饱和度"参数调整的效果

2. 图像调整选项卡

Camera Raw 滤镜的工作界面右侧有分类的参数调整选项卡，具体说明如下：

（1）"基本"：用来调整图像的基本色调与颜色的参数，包括"色温""色调""曝光""对比度"等参数设置，如图 5-110 所示。

（2）"色调曲线"：对图像的高光、亮调、暗调、阴影等参数进行调整，如图 5-111 所示。

（3）"细节"：用来锐化图像或者减少杂色，如图 5-112 所示。

 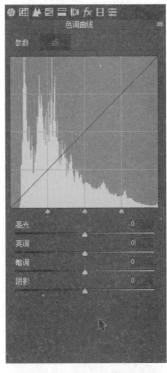 

　图 5-110　"基本"选项卡　　　图 5-111　"色调曲线"选项卡　　　图 5-112　"细节"选项卡

（4）"HSL 调整"：可以针对不同的颜色分别调整色相、饱和度和明亮度，如图 5-113 所示。

（5）"分离色调"：可以分别对高光区域和阴影区域进行色相、饱和度的调整，如图 5-114 所示。

（6）"镜头校正"：可以去除由于拍摄镜头造成的图像问题，如扭曲、紫色边、绿色边、晕影等，如图 5-115 所示。

（7）"效果"：可以为图像添加颗粒效果或者制作晕影效果，如图 5-116 所示。

（8）"校准"：对"阴影"或者"红原色""绿原色""蓝原色"进行校准，如图 5-117 所示。

（9）"预设"：可以将"预设"的参数应用到当前图像中，也可以将当前图像的参数设置存储为"预设"，以备下次使用，如图 5-118 所示。

5.7.2　项目案例：Camera Raw 滤镜调色

本例使用 Camera Raw 滤镜调出图像的小清新色调。小清新调色应注重前期配色，慎用深色系的服装或场景，主要颜色以绿、蓝、黄、少量红等浅色系为主，主要色彩不宜过多，一般不超过 3 种；

5.7.2

图 5-113　"HSL 调整"选项卡

图 5-114　"分离色调"选项卡

图 5-115　"镜头校正"选项卡

图 5-116　"效果"选项卡

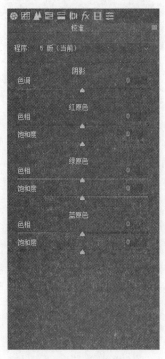

图 5-117　"校准"选项卡

图 5-118　"预设"选项卡

后期调色主要提高明度及适当降低饱和度,根据照片整体色调要求,再增加颜色填充图层,适当降低不透明度,获得淡雅清新的效果。本例具体方法步骤如下:

(1)按快捷键 Ctrl+O,在弹出的"打开"对话框,找到原图,单击"打开"按钮,或者直接双击图像文件名,打开女孩原图,如图 5-119 所示。

(2)按快捷键 Ctrl+J,复制当前背景图层成为一个新图层"图层 1","图层"面板如图 5-120 所示。

图 5-119 原图

图 5-120 复制图层

(3)单击菜单栏"滤镜"→"Camera Raw 滤镜",或者按快捷键 Shift+Ctrl+A,在工作界面右侧的"基本"参数设置区,"曝光"设为"+0.5","高光"降低一点,设为"−35","阴影"提亮一些,设为"+25","白色"设为"+10","黑色"设为"−10",如图 5-121 所示。

图 5-121 Camera Raw 滤镜参数调整

(4) 在"图层"面板中,单击面板底部的"添加新的填充或调整图层"图标 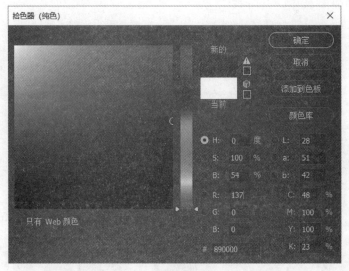,在弹出的快捷菜单中选择"纯色",然后在弹出的"拾色器(纯色)"对话框中,设置颜色为红色 RGB(137,0,0),如图 5-122 所示。

图 5-122　拾色器选取红色 RGB(137,0,0)

(5) 在"图层"面板中,将图层"颜色填充 1"的混合模式由"正常"改为"排除","不透明度"改为"25%",如图 5-123 所示。

(6) 选择工具箱中的"横排文字工具",在图像中输入文字"凤凰古城""中国最美丽的小城",字色分别为青色 RGB(42,209,190)、黑色 RGB(0,0,0),字体为"方正卡通简体",淡雅清新的效果如图 5-124 所示。

(7) 采用同样的方法对另外一张图像进行调色,处理前后对比效果如图 5-125 和图 5-126 所示。

图 5-123　"图层"面板

图 5-124　完成的效果

图 5-125　原图　　　　　　　　　图 5-126　处理后的效果

5.8 黑白变彩色

5.8.1 基础知识

1. "渐变映射"效果

"渐变映射"命令,可以用自定义的渐变颜色来替换图像中的各级灰度,创建一种或多种颜色的图像效果。打开一张图像后,执行菜单栏"图像"→"调整"→"渐变映射"命令,在弹出的"渐变映射"对话框(如图 5-127 所示)中,单击"灰度映射所用的渐变"的色条,打开"渐变编辑器"对话框,拖动渐变条进行编辑,或者选择其中的一种渐变样式,如图 5-128 所示;也可以执行菜单栏"图层"→"新建调整图层"→"渐变映射"命令,新建一个"渐变映射"调整图层,在"属性"面板中设置渐变样式。原图及效果如图 5-129 和图 5-130 所示。

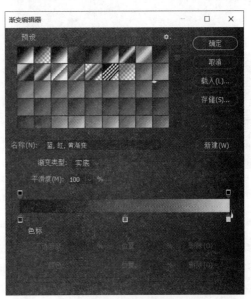

图 5-127　"渐变映射"对话框　　　　　图 5-128　渐变编辑器

图 5-129　原图　　　　　　　　　　　图 5-130　"渐变映射"效果

"渐变映射"对话框各选项说明如下：

"仿色"：添加一些随机的杂色来平滑填充的渐变效果，使过渡更加自然。

"反向"：改变渐变填充的顺序，使渐变条的颜色左右互换。

2. "渐变映射"原理

（1）渐变映射使用原理。图像从明度的角度分为三个区域：暗部、中间调和高光。"渐变映射"对话框有一个"灰度映射所用的渐变"的颜色渐变条，这个颜色渐变条从左到右对应的就是照片暗部、中间调和高光区域。如果把这个渐变条填充上两个颜色，越靠近左边的颜色将是照片暗部的颜色，越靠近右边的颜色将是照片高光的颜色，而中间过渡区域则是中间调的颜色。在"渐变映射"对话框中，使用从黑色到白色的渐变，效果如图 5-131 所示；但如果勾选"反向"，使用从白色到黑色的渐变，则效果如图 5-132 所示。

图 5-131　从黑色到白色的渐变映射效果　　　图 5-132　从白色到黑色的渐变映射效果

（2）渐变映射与色彩平衡的区别。使用色彩平衡不会将照片去色，它还是在原来的色彩基础上进行颜色的调整，而渐变映射则会先去色，然后再着色，这样就会失去原来的色彩。其实渐变映射调整暗部、中间调和高光没有色彩平衡简单，一般情况使用渐变映射都需要降低不透明度，或者配合使用混合模式。

（3）渐变映射与渐变的区别。渐变映射与渐变有着本质的区别，首先，渐变是一个单独图层，正常情况下不会对其他的图层有影响，而建立"渐变映射"调整图层，它的作用是基于下面的图层存在的,也就是说它必须要作用于下面的图层,不能独立存在。其次,渐变图层从左边到右边只代表着图层色彩分布的从左到右的方向,而渐变映射中从左边到右边分别代表着暗部、中间调和高光。

(4)渐变映射的使用方法。一般情况还需要配合其他的方式使用,一种是通过改变图层的不透明度,将图层的不透明度降低,这样一方面原本的色彩可以得到有效的保留,另一方面,通过渐变映射叠加的颜色也可以显得比较柔和。另一种方式则是配合使用混合模式,这种方式在后期制作中同样非常常用,一般情况主要配合使用正片叠底、滤色以及柔光。

例如,对于图5-129,添加一个"渐变映射"调整图层,选择使用同样的渐变样式,在"图层"面板中,将其图层的"不透明度"设为"36％",如图5-133所示;效果更加真实自然,如图5-134所示。

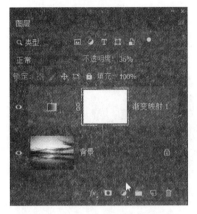

图 5-133　不透明度设为"36％"　　　　图 5-134　渐变映射的效果

3. 渐变颜色

颜色渐变,渲染出别样的色调氛围,这里给出八种主要颜色的渐变效果,如图5-135～图5-142所示。

●#f42e78　　　●#fec180　　　●#6681ea
●#c17afc　　　●#ff8993　　　●#7d43aa

图 5-135　红色渐变配色　　　图 5-136　橙色渐变配色　　　图 5-137　蓝色渐变配色

图 5-138　紫色渐变配色　　图 5-139　黄色渐变配色　　图 5-140　绿色渐变配色

#efbad3
#a254f2

#fcdc00
#f7f8e6

#d0ffae
#34ebe9

#6acbe0
#6859ea

#ff839d
#f50b9a

图 5-141　青色渐变配色　　　　图 5-142　粉色渐变配色

5.8.2

5.8.2　项目案例：黑白变彩色

本节使用"渐变映射"命令,使灰度图像变为彩色图像,尤其是对于色调较为统一的图像效果更好,关键在于如何设置亮部、暗部和中间调对应的合适颜色。具体实例如下:

1. 实例一

(1) 打开一张灰度图像,如图 5-143 所示。

(2) 执行菜单栏"图像"→"调整"→"渐变映射"命令,在弹出的"渐变映射"对话框中,单击"灰度映射所用的渐变"的色条,打开"渐变编辑器"对话框,设置渐变颜色依次为:黑色 RGB(0,0,0),红橙色 RGB(232,56,13),黄色 RGB(255,242,0),如图 5-144 所示。

(3) 单击"确定"按钮,渐变映射后的效果如图 5-145 所示,灰度图像变为了彩色图像。

2. 实例二

(1) 打开另一张黑白原图,如图 5-146 所示。

图 5-143　灰度图像

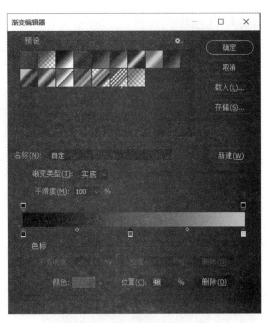

图 5-144　设置渐变颜色

图 5-145　渐变映射后的效果

图 5-146　灰度原图

　　（2）执行菜单栏"图像"→"调整"→"渐变映射"命令,在弹出的"渐变映射"对话框中,单击"灰度映射所用的渐变"的色条,打开"渐变编辑器"对话框,设置渐变颜色依次为:黑色 RGB(0,0,0),蓝色 RGB(49,59,253),白色 RGB(255,255,255),如图 5-147 所示。

　　（3）单击"确定"按钮,渐变映射的效果如图 5-148 所示。

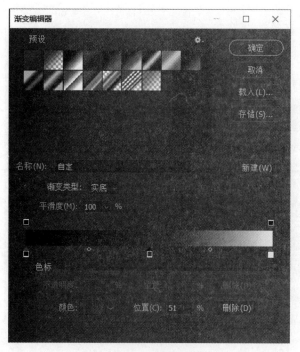

图 5-147　设置渐变颜色

图 5-148　渐变映射的效果

5.9 黑白照片上色

5.9.1　基础知识

对于图像的某个图层或者图层中的选区,进行颜色填充有多种方法,选择使用哪种方法,要根据具体的应用场景和需要来确定。

1. 使用快捷键填充前景色或者背景色

为了提高操作速度和效率,常常使用快捷键填充前景色或者背景色,填充之前要单击工具箱中"设置前景色""设置背景色"色块图标,在弹出的"拾色器"对话框中设置好需要填充的前景色或者背景色。

按快捷键 Alt+Delete,使用前景色填充图层或者选区;按快捷键 Ctrl+Delete,使用背景色填充图层或者选区。例如,打开一张原图,如图 5-149 所示;使用"矩形选框工具"绘制多个矩形选区,设置好前景色后,按快捷键填充颜色,可以绘制不同颜色的矩形框,配上文字,效果如图 5-150所示。

2. 使用"填充"命令

"填充"命令可以使图像的整个图层或者图层中的选区覆盖某种颜色或者图案。按快捷键 Shift+F5,在弹出的"填充"对话框中,"内容"可以选择"前景色""背景色""颜色""内容识别""图案""历史记录""黑色""50％灰色"和"白色"。

图 5-149　原图　　　　　　　　　　图 5-150　填充色块

打开一张图像,如图 5-151 所示;打开另外一张人像图片,将其拖曳到风景图像上,如图 5-152 所示。

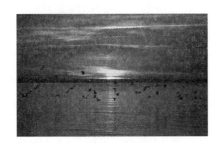

图 5-151　原图　　　　　　　　　　图 5-152　拖入人像

在"图层"面板中,按快捷键 Shift＋Ctrl＋N,新建一个图层;在工具箱中设置前景色为灰色 RGB(212,212,212),执行菜单栏"编辑"→"填充"命令,或者按快捷键 Shift＋F5,在弹出的"填充"对话框中,"内容"选择"前景色",然后单击"确定"按钮,建立一个灰色图层,如图 5-153 所示;在"图层"面板中,选择人像图层,按快捷键 Ctrl＋E,将该图层和其下的灰色图层合并,然后将合并后的图层的混合模式改为"滤色",就获得人像剪影的效果,如图 5-154 所示。

图 5-153　"图层"面板　　　　　　　图 5-154　填充色块

3. 油漆桶工具填充前景色

"油漆桶工具"可以为图层或者选区填充前景色或者图案,如果创建了选区,填充的区域就是当前图层的当前选区;如果没有选区,填充的区域就是与鼠标单击处颜色相近的区域。

打开一张图像,如图5-155所示;将前景色设为蓝色RGB(58,78,132),然后选择工具箱中的"油漆桶工具" ,单击图像的上方天空处,就修改了天空的颜色,效果如图5-156所示。

图5-155　原图　　　　　　　　　　图5-156　填充前景色

4. 颜色的搭配

颜色搭配如何形成设计作品的总体色调,由色相、饱和度和明度三个要素决定,给人以冷暖等不同感受。搭配使用色彩,可以把握住一些方向性的基本规则,例如:

(1) 使用白色背景,可以很好地凸显色彩,同时缓和色彩之间的冲突,提升整体美观和可读性。

(2) 使用高纯度色彩,弥补表现力不足的问题,当设计的主体需要体现时尚风格时使用。

(3) 使用冷色系,能够产生平静和安逸的印象,营造出自然和谐的氛围。

(4) 灰色调设计,可以很好地体现舒适和高级感。

(5) 暖色调设计,可以很好地展现可爱优雅感的氛围,尤其适用展现女性题材。

(6) 高明度和高纯度组合,对于儿童题材可以很好体现童真感。

(7) 传统色,如某个国家一直流行的色彩,能够使人产生对该国家或地区的联想。

(8) 暗色调,画面中加入暗色调,使人感受到沉稳和气质。

(9) 暗色调紫色和黑色的组合,紫色带有神秘感,可以表现出刺激和魅惑的氛围。

此外,还可以记住一些配色口诀,因为配色口诀是配色方法的高度概括,是流传已久的经验总结,如图5-157~图5-165所示。

图5-157　红搭黄 亮晃晃　　图5-158　红间黄 喜煞娘　　图5-159　紫是骨头绿是筋

图 5-160　配上红黄色更新

图 5-161　黄马紫鞍配

图 5-162　红马绿鞍配

图 5-163　草绿披粉而和

图 5-164　藤黄加褚而老

图 5-165　红搭绿　一块玉

5.9.2　项目案例：黑白照片上色

黑白照片上色的难点在于拾取与实物相近的颜色及精细选择特定的对象区域。本例使用钢笔工具抠图，并填充相应的颜色，设置图层混合模式为"滤色"，实现上色的目的，具体方法步骤如下：

5.9.2

（1）打开原图，如图 5-166 所示。

（2）单击工具箱中的"钢笔工具"图标 ✐，使用钢笔工具绘制脸部及颈部的路径，如图 5-167所示。

图 5-166　原图

图 5-167　钢笔工具绘制路径

（3）在"路径"面板中，单击面板底部的"将路径作为选区载入"图标 ■，将路径转换为选区。在"图层"面板中，按快捷键 Shift＋Ctrl＋N，新建图层，设置图层混合模式为"颜色"；单击工具箱中的"设置前景色"色块，在弹出的"拾色器（设置前景色）"对话框中，选择与皮肤相近的颜色 RGB（231,173,133）为前景色，然后按快捷键 Alt＋Delete，将当前选区填充前景色。单击"图层"面板底部的"添加图层蒙版" ■，设置前景色为黑色 RGB(0,0,0)，选择"画笔工具" ✒，在选项栏中设置"大小"为"11 像素"，"硬度"为"0％"，"常规画笔"中选择"柔边圆"，涂抹图像中人的眼部和项链，使其不受填充颜色的影响，"图层"面板如图 5-168 所示，效果如图 5-169 所示。

图 5-168　"图层"面板

图 5-169　脸部颈部上色效果

（4）按快捷键 Shift＋Ctrl＋N,新建图层,图层混合模式设为"颜色";设置前景色为棕色 RGB(128,75,33),选择"画笔工具"，在选项栏中设置"大小"为"16 像素","硬度"为"0％","常规画笔"中选择"柔边圆",涂抹人像头发,图层"不透明度"设为"68％"。若头发丝部分的颜色涂抹太多,可添加图层模板,前景色设为灰色,涂抹头发边缘,从而达到较为自然的效果,"图层"面板如图 5-170 所示,效果如图 5-171 所示。

（5）选择工具箱中的"钢笔工具"图标，使用钢笔工具绘制双手路径;在"路径"面板中,单击面板底部的"将路径作为选区载入"图标，将路径转换为选区。在"图层"面板中,按快捷键 Shift＋Ctrl＋N,新建图层,设置图层混合模式为"颜色";设置前景色为接近皮肤的颜色 RGB(231,173,133),按 Alt＋Delete,手部选区填充为该颜色,"图层"面板如图 5-172 所示,效果如图 5-173 所示。

（6）使用同样的方法,裤子的填充颜色设为蓝色 RGB(79,111,168),图层"不透明度"设为"75％",图层混合模式同样设为"颜色","图层"面板如图 5-174 所示,效果如图 5-175 所示。

图 5-170　"图层"面板

图 5-171　给头发上色

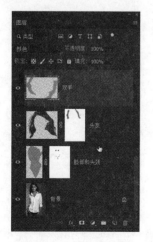

图 5-172　"图层"面板

图 5-173　给双手上色

（7）使用同样的方法,嘴唇的填充颜色设为粉色 RGB(219,121,110),图层"不透明度"设为

"100％"，图层混合模式同样设为"颜色"，"图层"面板如图 5-176 所示，效果如图 5-177 所示。

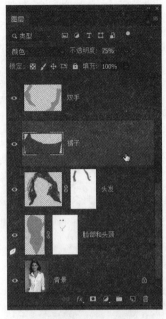

图 5-174　"图层"面板

图 5-175　给裤子上色

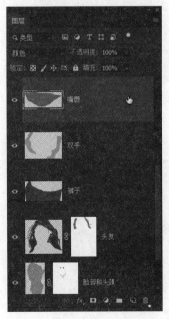

图 5-176　"图层"面板

图 5-177　给嘴唇上色

（8）与步骤(4)相似，按快捷键 Shift＋Ctrl＋N，新建图层，图层混合模式设为"颜色"；设置前景色为粉色 RGB(244,162,139)，选择"画笔工具" ，在选项栏中设置"大小"为"20 像素"，"硬度"为"0％"，"常规画笔"中选择"柔边圆"，涂抹人像的脸颊等部位，将图层"不透明度"设为"75％"，"图层"面板如图 5-178 所示；本步骤使脸颊部位红润有光泽。完成上述步骤后，即为该黑白照片上色完毕,图像整体自然,颜色有层次,完成的效果如图5-179所示。

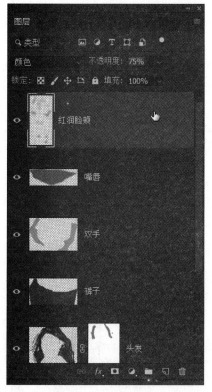

图5-178 "图层"面板

图5-179 完成的效果

光 影 变 化

本章彩图

本章概述

　　要让图像处理得通透，富有层次，光线作用必不可少。日出日落的太阳光、华灯初上的灯光、夜幕中的月光等，无一不为图像传递出了细腻生动的视觉感受。本章结合光线与阴影处理的基础知识，讲解图像中添加光线、逆光调整等案例，深入分析光线与阴影的后期处理，为图像增添别致的光影效果。

学习目标

1. 掌握"模糊"滤镜组、"渲染"滤镜组、"模糊画廊"滤镜组操作方法和应用场景。
2. 掌握"减淡""加深"图层混合模式应用方法。
3. 掌握调整图层的作用与使用方法。
4. 掌握"曝光度""亮度/对比度""透明度"等基本操作方法。
5. 学会使用不同滤镜和工具制作需要的效果。

学习重难点

1. 根据应用场景选用滤镜。
2. 图层混合模式的特点与应用。
3. 根据光影特点调整图像。

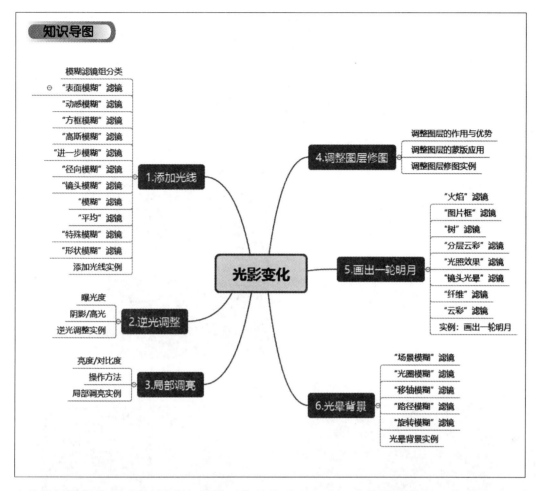

光线是摄影摄像的要素,同时也是平面作品的重要组成。光线影响着画面的明暗对比度,也关系着画面的层次细节。光线和阴影的变化影响着图片呈现出来的整体效果,要让光线凸显出来,为图像增添生动气象。本章重点讲解多种从无到有、由弱到强的光线处理与创意方法。

6.1　添加光线

6.1.1　基础知识

1. 模糊滤镜组分类

单击菜单栏"滤镜"→"模糊"命令,可以展开二级菜单,"模糊"滤镜组包括了"表面模糊""动感模糊""方框模糊""高斯模糊""进一步模糊""径向模糊""镜头模糊""模糊""平均""特殊模糊""形状模糊"等11种滤镜,如图6-1所示。

这11种滤镜适用于背景模糊、人脸磨皮、呈现动感等不同的场合和要求。例如,"表面模糊""特殊模糊"常用于图像降噪;"动感模糊""径向模糊"沿着一定的方向进行模糊处理;"方框模糊""形状模糊"以设定的形状来进行模糊处理;"高斯模糊"是最常用、最普遍的图像模糊滤镜;"镜头模糊"可以模拟大光圈摄影效果,让人物主体的背景虚化;"模糊""进一步模糊"无须设置参数,适用于轻微模糊的需要;"平均"适用于获取整个图像的平均颜色值来进行模糊。

2. 模糊滤镜组详解

(1)"表面模糊"滤镜:将接近的颜色融合为一种颜色,从而减少画面的细节或降噪。打开原图后,单击菜单栏"滤镜"→"模糊"→"表面模糊"命令,在弹出的"表面模糊"对话框中,"半径"设为"30 像素","阈值"设为"27 色阶",如图 6-2 所示;原图和效果图如图 6-3 和图 6-4 所示。

图 6-1 "模糊"滤镜组

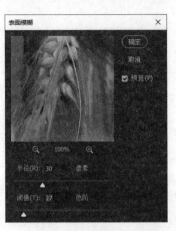

图 6-2 "表面模糊"对话框

图 6-3 原图

图 6-4 "表面模糊"滤镜效果

"半径":表示模糊取样区域的大小。

"阈值":用于控制相邻像素的色调值与中心像素值的差值,以确定模糊范围。

(2)"动感模糊"滤镜:可以模拟拍摄快速运动的物体产生的拖影效果。在"动感模糊"对话框中,可以指定运动的方向(-360°~360°)和距离(1~999)进行模糊。打开原图后,单击菜单栏"滤镜"→"模糊"→"动感模糊"命令,在弹出的"动感模糊"对话框中,"角度"设为"16 度","距离"设为"141 像素",如图 6-5 所示;原图和效果图如图 6-6 和图 6-7 所示,为效果图层再添加荷花的图层蒙版,效果如图 6-8 所示。

"角度":设置模糊的方向。

"距离":设置像素模糊的程度。"距离"越大,模糊效果越显著。

(3)"方框模糊"滤镜:能够以方形的形状对图像进行模糊处理。打开原图后,单击菜单栏"滤镜"→"模糊"→"方框模糊"命令,在弹出的"方框模糊"对话框中,"半径"设为"20 像素",如图 6-9

所示；原图和效果图如图 6-10 和图 6-11 所示；"半径"设为"50 像素"，效果如图 6-12 所示。"半径"数值越大，模糊效果越强烈。

图 6-5　"动感模糊"对话框　　　　　　　图 6-6　原图

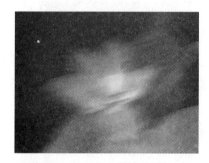

图 6-7　"动感模糊"效果　　　　　图 6-8　添加荷花图层蒙版

（4）"高斯模糊"滤镜：在图像中增加低频细节，采用高斯分布的算法，产生一种朦胧的模糊效果。该滤镜是"模糊"滤镜组中使用频率最高的滤镜，可以制作长焦镜头拍摄的景深效果，也可以制作光线照射下的主体的投影效果，还可以用于人脸后期修图的磨皮处理。打开原图后，单击菜单栏"滤镜"→"模糊"→"高斯模糊"命令，在弹出的"高斯模糊"对话框中，"半径"设为"5 像素"，如图 6-13 所示；原图和效果图如图 6-14 和图 6-15 所示；"半径"设为"10 像素"，效果如图 6-16 所示。

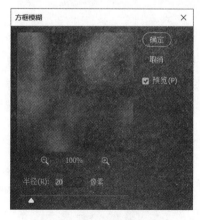

图 6-9　"方框模糊"对话框　　　　　图 6-10　原图

图 6-11 "方框模糊"滤镜效果之一   图 6-12 "方框模糊"滤镜效果之二

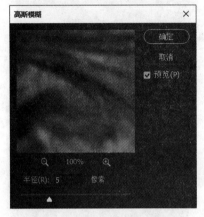 

图 6-13 "高斯模糊"对话框   图 6-14 原图

图 6-15 "高斯模糊"滤镜效果之一   图 6-16 "高斯模糊"滤镜效果之二

"半径"：设置计算指定像素平均值的区域大小；"半径"越大，模糊效果越明显。

（5）"进一步模糊"滤镜：模糊效果比较弱，没有参数设置对话框。打开原图后，单击菜单栏"滤镜"→"模糊"→"进一步模糊"命令，原图和效果图如图 6-17 和图 6-18 所示。

图 6-17 原图   图 6-18 "进一步模糊"滤镜效果

（6）"径向模糊"滤镜：可以产生旋转或者缩放的模糊效果。打开原图后，单击菜单栏"滤镜"→"模糊"→"径向模糊"命令，在弹出的"径向模糊"对话框中，"数量"设为"25"，"模糊方法"选择"旋转"，如图6-19所示；原图和效果图如图6-20和图6-21所示；"数量"设为"50"，"模糊方法"选择"缩放"，效果如图6-22所示。

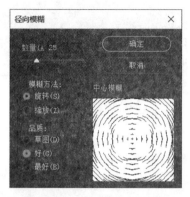

图6-19　"径向模糊"对话框

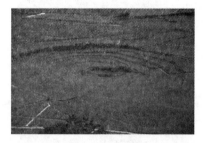

图6-20　原图

图6-21　"径向模糊"滤镜旋转效果

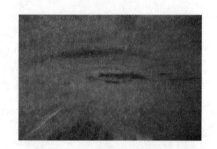

图6-22　"高斯模糊"滤镜缩放效果

"径向模糊"对话框各项参数或属性设置说明如下：

"数量"：设置模糊的强度，"数量"越大，模糊效果越强烈。

"模糊方法"：勾选"旋转"单选框时，产生沿着同心圆旋转的模糊效果；勾选"缩放"单选框时，产生从中心向外放射的模糊效果。

"中心模糊"：按住鼠标左键拖曳，可以移动模糊的中心点点位。

"品质"：设置模糊效果的质量，"草稿"的处理速度快，但是质量不高，会有颗粒效果；"好""最好"的处理速度较慢，但是效果比较平滑。

（7）"镜头模糊"滤镜：可以产生长焦镜头拍摄出来的主体清晰、背景模糊的效果。打开原图，如图6-23所示；在"通道"面板中，新建Alpha通道"Alpha 1"，使用"渐变填充工具"，从下到上填充为从黑色到白色的渐变；单击"图层"面板中的背景图层，单击菜单栏"选择"→"主体"命令，建立人物的选区；再次单击"通道"面板中的"Alpha 1"通道，把人物的选区填充为黑色，如图6-24所示；单击菜单栏"滤镜"→"模糊"→"镜头模糊"命令，在弹出的"镜头模糊"对话框中，"源"选择"Alpha 1"，"半径"设为"35"，如图6-25所示，预览窗中显示的是滤镜的效果，背景由近到远渐渐模糊，人物主体清晰突出。

图 6-23　原图

图 6-24　建立 Alpha 通道

图 6-25　"镜头模糊"对话框及滤镜效果

"镜头模糊"对话框各项参数或属性设置说明如下：

"预览"：设置预览模糊效果的方式。选择"更快"选项，预览速度较快；选择"更加准确"选项，预览时间较长，但是可以看到滤镜最后的效果。

"深度映射"：在"源"下拉列表中，选择使用 Alpha 通道或图层蒙版来创建景深效果，但要首先建立 Alpha 通道或者蒙版，其中通道或蒙版中的白色区域被模糊，黑色区域保持原样，灰色区域显示不同程度的模糊效果。其中，"模糊焦距"用来设置位于焦点内的像素的深度；"反相"选项将反转 Alpha 通道或者蒙版。

"光圈"：用来设置模糊的显示方式。"形状"选项用来选择光圈的形状；"半径"选项用来设置模糊的数量；"叶片弯度"选项用来设置对光圈边缘进行平滑处理的程度；"旋转"选项用来旋转光圈的角度。

"镜面高光"：用来设置镜面高光的范围。"亮度"选项用来设置高光的亮度；"阈值"选项用来设置亮度的停止点位，比停止点位亮的所有像素都被当作镜面高光。

"杂色"："数量"选项用来在图像中增加或者减少杂色；"分布"选项用来设置杂色的分布方式，其分为"平均分布"和"高斯分布"两种；勾选"单色"选项，则添加的杂色为单一颜色。

（8）"模糊"滤镜：模糊效果比较柔和，主要用于为颜色变化差异较大的区域消除杂色。打开原图后，单击菜单栏"滤镜"→"模糊"→"模糊"命令，原图和效果图如图6-26和图6-27所示。

图6-26　原图　　　　　　　　　　　　　　图6-27　"模糊"滤镜效果

（9）"平均"滤镜：用于提取图像中颜色的平均色值，可以查找图像或选区中的平均颜色，并使用该颜色填充图像或者选区。该滤镜在原图中拾取颜色，作为设计的搭配颜色，与原图色调较为统一。打开原图后，使用工具箱"快速选择工具"选取向日葵，建立选区，单击菜单栏"滤镜"→"模糊"→"平均"命令，原图和效果图如图6-28和图6-29所示。

图6-28　原图　　　　　　　　　　　　　　图6-29　"平均"滤镜效果

（10）"特殊模糊"滤镜：可以模糊消除图像中的褶皱、重叠的边缘，还可以消去图像中的噪点。打开原图后，单击菜单栏"滤镜"→"模糊"→"特殊模糊"命令，在弹出的"特殊模糊"对话框中，"半径"设为"5.0"，"阈值"设为"25.0"，如图6-30所示；原图和效果图如图6-31和图6-32所示；比较应用滤镜前后效果，可以看到背景噪点明显消除。

"特殊模糊"对话框中的各项参数设置说明如下：

"半径"：设置应用模糊的范围，数值越大，模糊效果越明显。

"阈值"：设置像素模糊处理的差异值，"阈值"越大，模糊处理的范围越大。

"品质"：设置模糊效果的品质，包括"低""中等""高"三种。

"模式"：选择"正常"选项时，不会添加任何效果；选择"仅限边缘"选项时，将以黑色显示图像，以白色绘出图像边缘像素亮度值变化强烈的区域；选择"叠加边缘"选项，将以白色描绘出图像边缘像素亮度值变化强烈的区域。

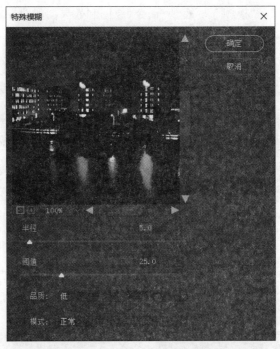

图 6-30　"特殊模糊"对话框

图 6-31　原图

图 6-32　"特殊模糊"滤镜效果

　　(11)"形状模糊"滤镜:以特定的图形对图像进行模糊处理。打开原图后,单击菜单栏"滤镜"→"模糊"→"形状模糊"命令,在弹出的"形状模糊"对话框中,"半径"设为"10 像素",在"形状"列表中选择一种形状,如图 6-33 所示;原图和效果图如图 6-34 和图 6-35 所示。

　　"形状模糊"对话框中的各项参数设置说明如下:

　　"半径":用来调整形状的大小,数值越大,模糊效果越明显。

　　"形状"列表:单击其中一个形状后,可以使用该形状来模糊图像。单击右上角的图标 ✿,可以载入预设的形状或者外部的形状。

图 6-33 "形状模糊"对话框

图 6-34 原图

图 6-35 "形状模糊"滤镜效果

6.1.2 项目案例：添加丁达尔光线

本例使用"径向模糊"滤镜,为图像增加穿透树林的光线,增加了图像的生动气质,具体操作步骤如下:

(1) 打开原图,如图 6-36 所示。

(2) 按快捷键 Ctrl+Alt+2,选取图像的高光部分并建立选区,如图 6-37 所示。

(3) 按快捷键 Ctrl+J,将选区的高光部分建立新图层,命名为"图层 1",如图 6-38 所示;然后单击菜单栏"滤镜"→"模糊"→"径向模糊"命令,在弹出的"径向模糊"对话框中,将"数量"调至"100","模糊方法"选择"缩放",在"中心模糊"中,按住左键拖曳,向上移动中心点至阳光放射处,如图 6-39 所示。单击"确定"按钮,即为图像添加了"径向模糊"滤镜效果,如图 6-40 所示。

6.1.2

图 6-36　原图　　　　　　　图 6-37　选取图像的高光部分

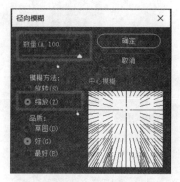

图 6-38　"图层"面板　　　　　图 6-39　"径向模糊"对话框

图 6-40　"径向模糊"滤镜效果　　　图 6-41　添加图层蒙版

（4）在"图层"面板中，单击选中"图层1"，单击底部的"添加图层蒙版"图标 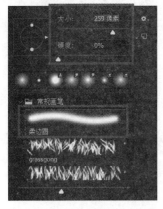，为当前图层添加一个白色的图层蒙版，如图6-41所示。

（5）单击选中工具箱中的"画笔工具"，在其选项栏中，将画笔笔尖"大小"设为"259像素"，"硬度"设为"0%"，在"常规画笔"中选择"柔边圆"，如图6-42所示。

（6）单击工具箱中的"前景色"图标，在弹出的"拾色器（前景色）"对话框中，拾取黑色RGB（0，0，0），如图6-43所示。

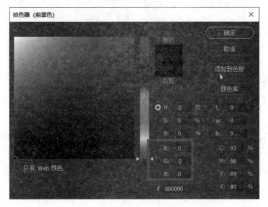

图6-42　"画笔工具"选项栏设置　　　　图6-43　"拾色器（前景色）"对话框

（7）在"图层"面板中，单击"图层1"的图层蒙版缩览图，使用设定好的画笔在图像的下半部分涂抹，这样让近处的草地更加清晰，使图像更有层次感，效果如图6-44所示。

（8）使用同样的方法，为另外两幅图像制作添加光线的效果，原图与效果图如图6-45～图6-48所示。

图6-44　黑色画笔涂抹蒙版的效果

图6-45　原图一

图 6-46　效果图一

图 6-47　原图二

图 6-48　效果图二

6.2　逆光调整

6.2.1　基础知识

1. 曝光度

"曝光度"命令主要用来校正图像曝光过度或者欠曝的情况；曝光过度指由于光圈开得过大或曝光时间过长所造成的影像失常,欠曝则是与之相反的另外一个极端。

打开一幅图像后,单击菜单栏"图像"→"调整"→"曝光度"命令,打开"曝光度"对话框,如图 6-49所示。或者单击菜单栏"图层"→"新建调整图层"→"曝光度"命令,可以为当前图层创建一个"曝光度"调整图层,该图层的"属性"面板如图 6-50 所示。在此处可以调节"曝光度"的数值,增加数值,图像变亮；减小数值,图像变暗；原图及选择"加 2.0""减 2.0"两个预设的效果图如图 6-51～图 6-53 所示。

(1)"预设"：共有 4 种曝光效果选项,为"减 1.0""减 2.0""加 1.0""加 2.0"。

(2)"曝光度"：拖动滑块向左,降低曝光度；拖动滑块向右,增加曝光度。

(3)"位移"：主要对阴影和中间调起作用,减小数值可使图像中的阴影和中间调区域变暗,对高光区域基本无影响。

(4)"灰度系数校正"：拖动滑块向左移动,增大数值,图像变亮；拖动滑块向右移动,减小数值,图像变暗。

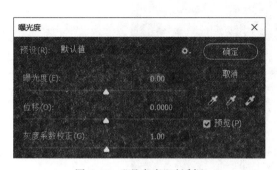

图 6-49　"曝光度"对话框　　　　　　图 6-50　"曝光度"调整图层"属性"面板

图 6-51　原图　　　　图 6-52　"曝光度""加 2.0"　　　　图 6-53　"曝光度""减 2.0"

2. 阴影/高光

"阴影/高光"命令常用于恢复由于图像过暗造成的暗部细节丢失,或者图像过亮导致的亮部细节缺失的问题。"阴影/高光"命令不是简单地使图像变亮或变暗,它基于阴影或高光中的周围像素(局部相邻像素)增亮或变暗,阴影和高光都有各自的控制选项。默认值设置为修复具有逆光问题的图像。

打开一幅图像,单击菜单栏"图像"→"调整"→"阴影/高光"命令,打开"阴影/高光"对话框,将"阴影"的"数量"调至"65％",如图 6-54 所示;原图及调节后的效果图如图 6-55、图 6-56 所示。

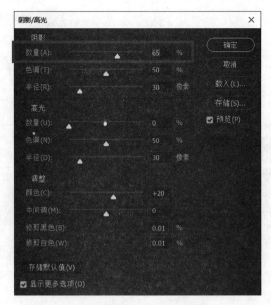

图 6-54 "阴影/高光"对话框

图 6-55 原图

图 6-56 调节"阴影"后的效果

"阴影/高光"对话框各项参数设置说明如下:

(1)"数量":用来控制阴影或高光区域的亮度;"阴影"的"数量"越大,阴影区域就越亮;"高光"的"数量"越大,高光区域就越暗。

(2)"色调":用来控制色调的修改范围,数值越小,修改的范围越小。

(3)"半径":用来控制每个像素周围的局部相邻像素的范围大小,相邻像素可以确定像素是在阴影区域还是高光区域。数值越小,范围就越小。

(4)"颜色":用于控制图像颜色的饱和度。数值越小,图像饱和度越低,数值越大,图像饱和度越高。

(5)"中间调":用来调节图像中间调的对比度,数值越大,中间调的对比度越大。

(6)"修剪黑色":将阴影的区域变为纯黑色,数值大小用来控制变为黑色阴影的范围。数值越大,变为黑色的范围区域就越大,图像整体越暗;最大值为50%,过大的数值会使图像丢失细节。

(7)"修剪白色":将高光的区域变为纯白色,数值大小用来控制变为白色高光的范围。数值越大,变为白色的范围区域就越大,图像整体越亮;最大值为50%,过大的数值会使图像丢失细节。

(8)"存储默认值":即将当前的参数设置为默认值,下次再使用该对话框时,就会显示这些参数。

6.2.2 项目案例:逆光调整

6.2.2

逆光拍摄,有时是特意而为之,如拍摄剪影。但有时不得不调整逆光带来的脸部阴影。本例使用"阴影/高光"命令,为逆光拍摄的照片增加阴影部分的细节,同时高光部分不会过亮。具体操作步骤如下:

(1)打开原图,原图如图6-57所示。

(2)单击菜单栏"图像"→"调整"→"阴影/高光"命令,打开"阴影/高光"对话框,将"阴影"的"数量"调至"75%",然后单击"确定"按钮,如图6-58所示。因为光线原因,原图中人的半边脸过暗,另外半边脸正常曝光,所以调节"阴影"的"数量","高光"的"数量"等参数无须修改。

(3)完成效果如图6-59所示 。从对比图中可以看到,经过处理后,人像的阴影部分已经得到了明显的改善。当然有的拍摄作品是特意而为之,就是为了得到一种剪影的效果。

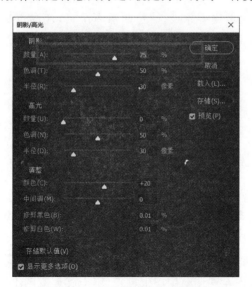

| 图 6-57　原图 | 图 6-58　"阴影/高光"对话框 | 图 6-59　调节后效果 |

(4)使用"阴影/高光"命令,将一幅夕阳下的图像的暗部细节调节出来,处理后的图像层次细节更加丰富,原图及完成效果如图6-60、图6-61所示。

图 6-60　原图

图 6-61　"阴影/高光"完成效果

6.3 局部调亮

6.3.1 基础知识

1. 亮度/对比度

亮度是指图像的整体明暗程度；对比度是指图像中最亮的白和最暗的黑之间不同亮度层级的对比程度,差异范围越大代表对比度越大,差异范围越小代表对比度越小。对比度对视觉效果的影响非常关键,一般来说对比度越大,图像越清晰醒目,色彩也越鲜明艳丽；而对比度小,则会让整个画面曝光较弱。恰当的亮度和对比度,有助于提升图像的清晰度、细节表现和灰度层次表现。

"亮度/对比度"命令,可以对图像的明暗色调进行调整,将图像中曝光过度的地方进行修正,曝光较弱的地方进行提亮,偏灰的地方增强对比度,它是用于调色的最简单也是最基本的工具。使用菜单命令的方式进行调整的结果是不可逆的,调整出来的色彩信息会把原始信息覆盖掉,一旦确定后,原图的色彩信息就改变了,再继续调整也是在改动后的图像状态下调整,而不是原始的图像状态下调整。

要保留原图的信息而不破坏性的处理原图,一般有两个方法：

(1) 在"图层"面板中,单击选中原图图层,按快捷键 Ctrl+J,复制当前图层,后续所有操作在复制的图层上进行。这样方便前后处理效果的对比,设计者常常采用这种方法。

(2) 单击"图层"面板底部的"创建新的填充或调整图层"图标 ,在弹出的快捷菜单中选择"亮度/对比度",后续调整操作在该调整图层上进行,不会破坏原图。

2. 操作方法

运行 Photoshop,首先打开一张需要调整的图片,单击菜单栏"图像"→"调整"→"亮度/对比度"命令,将"亮度"输入数值"−32"或者拖动滑块查看数值变化至此数；"对比度"输入数值"67",

单击"确定"按钮,如图 6-62 所示。打开的原图和调整后的效果如图 6-63 和图 6-64 所示。

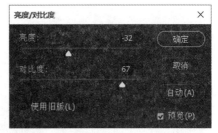

图 6-62　"亮度/对比度"对话框

"亮度/对比度"对话框各项设置说明如下:

"亮度":用来设置图像的整体亮度,数值为负值时,表示降低图像的亮度;数值为正值时,表示增加图像的亮度。

"对比度":用来设置图像亮度对比的程度,数值为负值时,表示降低图像的对比度;数值为正值时,表示增加图像的对比度。

图 6-63　原图

图 6-64　"亮度/对比度"调整后效果

"预览":勾选该选项,表示在文档窗口中可以实时查看调整效果。

"使用旧版":勾选该选项,表示获得与以前的 Photoshop 版本相同的调整效果。

"自动":单击该按钮,获得自动亮度和对比度的效果。

按住 Alt 键,"取消"按钮会变成"复位"按钮。当一张图完全调整乱了以后想恢复原图,可以按住 Alt 键同时单击"复位",图像就回到最初的状态。

6.3.2　项目案例:局部调亮

使用"亮度/对比度"命令对图像进行调整,将调整整张图片的亮度和对比度。但很多情况下只需要调整图片的局部,例如暗部,即保留亮部,修改暗部。本节使用"滤色"图层混合模式,提亮图像中的较暗的部位,把图像中的暗部细节显示出来,具体操作步骤如下:

(1)打开原图,如图 6-65 所示。这幅图像整个天空和油菜花的亮度都比较高,而山峦和油菜花的根部亮度偏低。

(2)按快捷键 Ctrl+Alt+2,选取图像高光部分,如图 6-66 所示。

(3)按快捷键 Shift+Ctrl+I,反选当前的选区,选取除了高光部分以外的其他区域,如图 6-67 所示。

(4)按快捷键 Ctrl+J,复制暗部区域的选区并新建图层,建立了一个新的图层"图层 1",如图 6-68 所示。

(5)在"图层"面板中,选择"图层 1"的图层混合模式为"滤色"模式,如图 6-69 所示。查看完成的效果,图像的暗部区域亮度提升,暗部细节清晰可见,整体效果如图 6-70 所示。

图 6-65　原图

图 6-66　选取图像的高光部分

图 6-67　反选图像选区

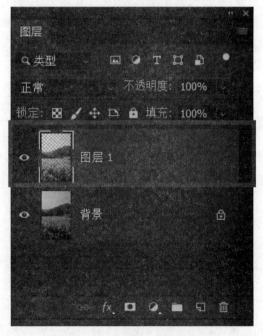

图 6-68　复制暗部成为新图层

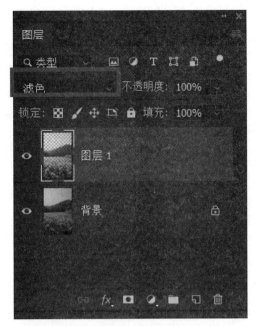

图 6-69　图层混合模式选择"滤色"

图 6-70　图像调亮的效果

6.4 调整图层修图

6.4.1 基础知识

人们拍摄的图片由于光线等各种原因，可能会造成亮部过亮或暗部过暗，那么利用调整图层，既可以保护好原图，又可以很好地实现调整图像效果的目的。

1. 调整图层的作用与优势

"调整图层"将色调调整以"图层"的形式存在于图层面板中，这与"调整"命令直接作用于原图不同，对原始图层具有很好的保护作用，是非破坏性的、可恢复的操作。例如，可以创建"色阶"或"曲线"调整图层，而不是直接在图像上使用"色阶"或"曲线"菜单命令。

默认情况下，调整图层作用于下面的所有图层；如果按住键盘 Alt 键，同时单击调整图层和下面图层的相邻部位，可以将调整图层限制为仅对下面相邻的那个图层起作用；按住 Alt 键，同时再次单击调整图层和下面图层的相邻部位，则可以解除这个限制。调整图层可以通过一次调整来校正多个图层，而不用单独地对每个图层进行调整；也可以随时删除调整图层并恢复原始图像。调整图层有以下优势：

（1）编辑不会造成破坏。可以尝试不同的设置并随时重新编辑调整图层，也可以通过降低该图层的不透明度来减轻调整图层的效果。

（2）编辑具有选择性。可以通过对调整图层的图层蒙版修改来控制调整图层的作用效果，既可以将调整应用于图像的某一部分，也可以重新编辑图层蒙版，修改调整图层作用在图像上的区域。

（3）能够将调整应用于多个图像。在图像之间复制和粘贴调整图层，可以应用相同的调整图层设置。

（4）调整图层具有许多与其他图层相同的特性。可以调整它的不透明度和混合模式，并可以将它们编组以便将调整应用于特定图层，也可以启用和禁用它们的可见性，以便应用或预览效果。

打开一张图片后，单击"图层"面板底部的"创建新的填充或调整图层"图标 ，在弹出的快捷菜单中选择"色彩平衡"，如图 6-71 所示。此时，"图层"面板会增加一个名为"色彩平衡 1"的调整图层，如图 6-72 所示；单击菜单栏"窗口"→"属性"命令，打开"属性"面板，将"洋红"到"绿色"的滑块往右拖动至"＋58"的位置，即增加图像的绿色，如图 6-73 所示；原图和效果如图 6-74 和图 6-75所示。

2. 调整图层的蒙版应用

调整图层和填充图层具有与图像图层相同的不透明度和混合模式选项，可以重新排列、删除、隐藏和复制它们，就像处理图像图层一样。

每个调整图层都会自动带有一个"图层蒙版"，它的使用方法和普通的图层蒙版是一样的，可以使用黑色、白色和灰色来控制当前调整图层的受影响的区域，白色区域为调整图层的完全作用区域，黑色为完全不作用区域，灰色为部分作用区域。

图 6-71　快捷菜单　　　图 6-72　"图层"面板　　　图 6-73　"属性"面板

图 6-74　原图　　　　　　图 6-75　"色彩平衡"调整图层的效果

打开一张瀑布的图片，如图 6-76 所示；这张照片阳光照射的部分正常曝光，落在阴影里的部分则亮度不足，接下来，通过建立"曲线"调整图层，对阴影部分的区域调亮。单击"图层"面板底部的"创建新的填充或调整图层"图标，在弹出的快捷菜单中选择"曲线"；在"图层"面板中，创建的"曲线"调整图层自动建立了一个白色的蒙版，如图6-77所示。

图6-76　原图　　　　　　　　　　　　　图6-77　"图层"面板

　　单击工具箱中的"画笔"工具，在其选项栏中，将画笔"大小"设为"12像素"，"硬度"设为"0％"，"常规画笔"选"柔边圆"；单击工具箱中的"前景色"图标，在弹出的"拾色器（前景色）"对话框中，拾取白色RGB（255，255，255）为前景色；在"图层"面板中，单击调整图层的图层缩览图，在"属性"面板中，在曲线中间部位按住鼠标左键往上提拉，提高整体亮度；在"图层"面板中，单击选中调整图层的蒙版缩览图，按快捷键Ctrl＋I，反相当前蒙版，即白色蒙版变成黑色蒙版；在文档窗口中，使用设定好的画笔涂抹图像中黑色阴影部位，可以看到阴影部位提亮了。"曲线"调整图层的"属性"面板如图6-78所示，添加调整图层后的效果如图6-79所示。

图6-78　"属性"面板　　　　　　　　　　图6-79　添加调整图层后的效果

如果觉得阴影部位的树还不够亮,可以再添加一个"曲线"调整图层,设置方法同上,"曲线"调整图层的"属性"面板如图 6-80 所示,再次添加调整图层后的效果如图 6-81 所示。

图 6-80　"属性"面板

图 6-81　再次添加调整图层后的效果

6.4.2

6.4.2　项目案例:调整图层修图

本节建立"色阶"调整图层,分别对图像中的暗部和亮部进行调整修改,使之呈现出丰富的层次;建立"色相/饱和度"调整图层,提高红色和黄色的饱和度;建立"曲线"调整图层,稍稍调暗一点图像。具体操作步骤如下:

(1) 打开原图,如图 6-82 所示。这幅图像下半部分的草地和羊群部位过暗,而上半部分的云彩天空部分过亮。

(2) 按快捷键 Ctrl+L,打开"色阶"对话框,直方图显示图片的亮部信息和暗部信息都相对反差较大,缺少中间调,如图 6-83 所示。

(3) 单击"图层"面板底部的"创建新的填充或调整图层"图标 ,在弹出的快捷菜单中选择"色阶";单击菜单栏"窗口"→"属性"命令,打开色阶调整图层的"属性"面板,按住黑场滑块(即最左端滑块) 向右推动,一直推动至云彩天空细节出来,同时草地变黑,"色阶"调整图层的"属性"面板如图 6-84 所示。调整后效果如图 6-85 所示。

（4）把工具箱中的"前景色"改为白色 RGB（255，255，255），"背景色"改为黑色 RGB（0，0，0）；单击工具箱中的"渐变工具" 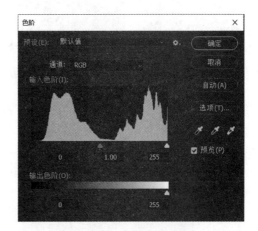，单击打开其选项栏中的"渐变"拾色器，从中单击"从前景色到背景色渐变"色块，如图 6-86 所示。

（5）在"图层"面板中，单击选中"色阶 1"调整图层的蒙版缩览图，然后在文档窗口中，按住鼠标左键，从图像的顶部向下拉出，将蒙版填充由白到黑的渐变；可以多拉几次，注意草地和天空结合的天际线位置，使之自然过渡，"图层"面板如图 6-87 所示；图像的黑色下半部分还原成原来的状态，如图 6-88 所示。

图 6-82　原图

图 6-83　"色阶"对话框

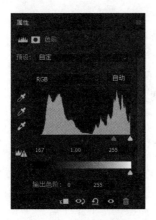

图 6-84　"属性"面板

图 6-85　调整后的效果

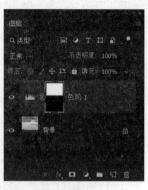

图 6-86　"渐变"拾色器　　　　图 6-87　"图层"面板　　　　图 6-88　利用蒙版还原图像下半部分状态

(6) 再次新建"色阶"调整图层。单击"图层"面板底部的"创建新的填充或调整图层"图标 ，在弹出的快捷菜单中选择"色阶"；单击菜单栏"窗口"→"属性"命令，打开色阶调整图层的"属性"面板，按住白场滑块（即最右端滑块） 向左推动，一直推动至图像的草地变亮，"属性"面板如图 6-89 所示。此时天空部分过曝，调整后效果如图 6-90 所示。

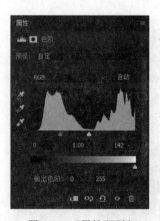

图 6-89　"属性"面板　　　　　　　　图 6-90　调整后的效果

(7) 在"图层"面板中，单击选中"色阶 2"调整图层的蒙版缩览图，单击工具箱中的"渐变工具" ，然后在文档窗口中，按住鼠标左键，从图像的底部向上拉出，将蒙版填充由白到黑地渐变；可以多拉几次，注意草地和天空结合的天际线位置，使之自然过渡，"图层"面板如图 6-91 所示；图像的白色上半部分还原成原来的状态，如图 6-92 所示。

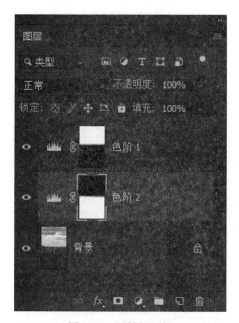

图 6-91 "图层"面板　　　　　图 6-92 建立两个"色阶"调整图层及蒙版效果

（8）在"图层"面板中，单击选中"背景"图层；单击"图层"面板底部的"创建新的填充或调整图层"图标 ，在弹出的快捷菜单中选择"色相/饱和度"，新建一个"色相/饱和度"调整图层，如图 6-93 所示；在"属性"面板中，将"全图"改选为"红色"，"饱和度"调整为"＋30"，如图 6-94 所示；接着将"红色"改选为"黄色"，"饱和度"调整为"＋30"，如图 6-95 所示。调整图像中的红色和黄色的饱和度后，图像的色彩更加鲜艳了，效果如图 6-96 所示。

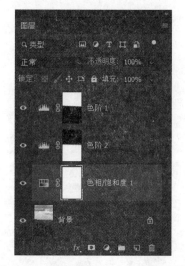

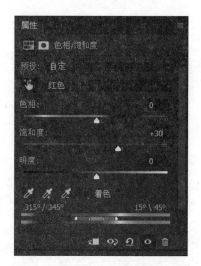

图 6-93 新建"色相/饱和度"调整图层　　　　图 6-94 "红色""饱和度"设为"＋30"

图 6-95　"黄色""饱和度"设为"＋30"　　　　图 6-96　调整"色相/饱和度"后的效果

（9）在"图层"面板中，单击选中"背景"图层；单击"图层"面板底部的"创建新的填充或调整图层"图标 ，在弹出的快捷菜单中选择"曲线"，新建一个"曲线"调整图层，如图 6-97 所示；在"属性"调整面板中，单击选中左侧工具栏中的手形调整工具 ；在文档窗口中，鼠标移动到图像上半部分中的较黑云彩中，按下鼠标左键往下拖动，曲线如图 6-98 所示；这样适当压暗一点画面，使图像中的晚霞更浓烈、效果更好，效果如图 6-99 所示。如果只想调整晚霞部分而不想调整草地部分，可以对"曲线"调整图层的蒙版进行修改。

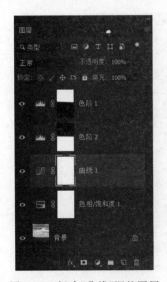

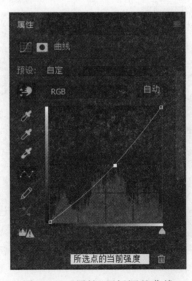

图 6-97　新建"曲线"调整图层　　　图 6-98　"属性"面板调整曲线　　　图 6-99　完成的效果图

"随机化"：随机生成新的纤维。

8."云彩"滤镜

"云彩"滤镜可以根据前景色和背景色随机生成云彩图案,常用于制作云彩、雾气缭绕的效果,本节的实例就应用了该滤镜生成夜晚云的效果。打开一张图片后,新建一个图层,分别设置前景色和背景色为黑色和白色;单击菜单栏"滤镜"→"渲染"→"云彩"命令,新建的图层生成效果如图 6-131 所示;在"图层"面板中,将当前的图层混合模式选为"滤色",适当降低"不透明度",原图及效果如图 6-132 和图 6-133 所示。

图 6-131 "云彩"滤镜效果　　　图 6-132 原图　　　图 6-133 混合模式"滤色"

6.5.2 项目案例：画出一轮明月

6.5.2

本节应用"云彩"滤镜,生成出较为真实的月亮效果,利用"图层样式"的"外发光"为月亮添加月晕效果,具体操作步骤如下:

(1) 打开原图,如图 6-134 所示。

(2) 单击工具箱中的"椭圆选框工具",按 Shift 键,在文档窗口图像的右上角,按住鼠标左键,拉出一个正圆形选区;按快捷键 Shift+F6,在弹出的"羽化选区"对话框中,将"羽化半径"设为"12像素";然后按快捷键 Shift+Ctrl+N,新建一个图层;单击工具箱中"前景色"色块,在弹出的"拾色器(前景色)"对话框中,拾取颜色为鹅黄色 RGB(244,239,155);按快捷键 Alt+Delete,将当前圆形选区填充为该颜色,结果如图 6-135 所示。

图 6-134 原图　　　　　图 6-135 画出一个鹅黄色的正圆

（3）单击菜单栏"滤镜"→"扭曲"→"球面化"命令，在弹出的"球面化"滤镜对话框中，"数量"设置为"20％"，"模式"选择"正常"，单击"确定"按钮，如图 6-136 所示。

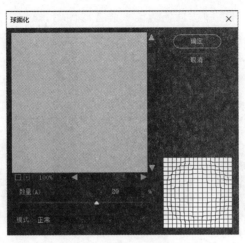

图 6-136　"球面化"滤镜对话框

（4）单击工具箱中的"设置前景色"色块，在弹出的"拾色器(设置前景色)"对话框中，拾取黑色为前景色；同样，将背景色设置为白色。按住键盘 Ctrl 键，同时单击"图层"面板中月亮图层的缩览图，建立月亮的选区；单击菜单栏"滤镜"→"渲染"→"云彩"命令，增加月亮的阴影效果，如图 6-137 所示。

（5）单击选中"图层"面板中的月亮图层，按快捷键 Shift＋Ctrl＋U，为绘制出来的月亮去色，如图 6-138 所示。

图 6-137　增加月亮的月影效果

图 6-138　为月亮去色

（6）按快捷键 Ctrl＋L，在弹出的"色阶"对话框中，拖动白色滑块和黑色滑块至中间位置，增加月亮的亮度,如图 6-139 所示。

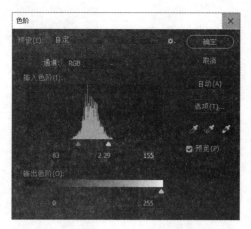

图 6-139　"色阶"对话框

(7) 单击"图层"面板底部的"添加图层样式"图标 fx ,在弹出的快捷菜单中,选择"外发光";在弹出的"图层样式"对话框中,"结构"中的"混合模式"选为"滤色",不透明度设为"64％",设置发光颜色为淡黄色 RGB(254,255,210);"图素"中的"方法"选为"柔和","扩展"设为"0％","大小"设为"250 像素",参数设置如图 6-140 所示。这样就添加"外发光"的效果,为月亮增加了淡淡的光晕,如图 6-141 所示。

(8) 单击选中"图层"面板中的月亮图层,拖曳月亮至海平面上;单击选中"背景"图层,选择工具箱中的"仿制图章工具" ;按下 Alt 键,同时单击海平面有光的倒影的位置,取样后在靠近月亮的海面上,按下鼠标涂抹,绘制出光的倒影,这样使月亮更加真实,光影效果更好,完成效果如图 6-142 所示。

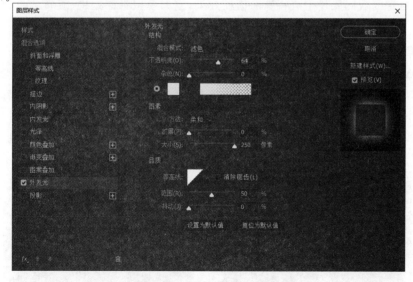

图 6-140　"图层样式"对话框

图 6-141　添加月亮光晕

图 6-142　完成效果

6.6　光晕背景

6.6.1　基础知识

"模糊画廊"滤镜组包括"场景模糊""光圈模糊""移轴模糊""路径模糊"和"旋转模糊"5 种,主要用于为后期处理的数码照片生成特殊的模糊效果,例如模拟景深效果、旋转效果、移轴摄影和微距摄影等特殊效果。

1. 场景模糊

"场景模糊"滤镜通过定义具有不同模糊量的多个控制点来创建渐变的模糊效果。将多个控制点添加到图像,并指定每个控制点的模糊量,甚至可以在图像外部添加控制点,以对边角应用模糊效果,最终结果是合并图像上所有控制点模糊的效果。

打开一张图片,如图 6-143 所示;单击菜单栏"滤镜"→"模糊画廊"→"场景模糊"命令,依次在文档窗口的画面上单击打上 6 个控制点,如图 6-144 所示。

图 6-143　原图

图 6-144　设置控制点

单击选中图像中间最上面的控制点,在"模糊工具"面板中,"模糊"设为"17 像素",如图 6-145 所示;中间的 2 个控制点的"模糊"设为"3 像素",中心位置的控制点的"模糊"设为"0 像素",左右下角的 2 个控制点的"模糊"设为"5 像素"。这样就形成了近处清晰、远处模糊、中间清晰、边缘模糊的效果。

将光标移动至控制点的中心位置,按住鼠标左键并拖曳,即可移动该控制点;光标移动至控制点的外环上,按住鼠标左键并拖曳,即可改变该控制点的"模糊"数值;单击选取某个控制点,按键盘 Delete 键,即可删除该控制点。

"效果"面板中的参数设置说明如下:

"光源散景":用于设置光照亮度,数值越大,高光区域的亮度就越高。

"散景颜色":设置散景区域颜色的程度。

"光照范围":滑动滑块设置 0～255 共 256 个色阶等级,以控制散景的范围。

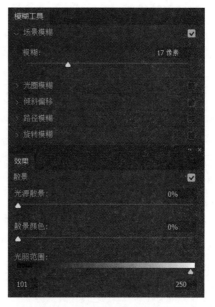

图 6-145 "模糊工具"面板

2. 光圈模糊

"光圈模糊"滤镜是一个单一控制点的模糊滤镜,可以根据设计的需要设置控制点的位置、形状、模糊程度以及从清晰区域到模糊区域的过渡效果。

打开一张图片,单击菜单栏"滤镜"→"模糊画廊"→"光圈模糊"命令,在"模糊工具"面板中,设置"模糊"为"20 像素",如图 6-146 所示;在文档窗口的画面上,显示出中心控制点和椭圆形控制框,如图 6-147 所示;拖曳控制框右上角的方形控制点,控制框的外形由椭圆形变为圆角矩形,如图 6-148 所示。

图 6-146 "模糊工具"面板

图 6-147 椭圆形控制框

图 6-148 圆角矩形控制框

控制框以外的区域是模糊的区域,内圈的控制点到外圈的控制点之间是从清晰到模糊的过渡区间,拖曳控制框内侧的圆形控制点,可以调整模糊过渡的效果;拖曳控制框上的控制点可以旋转控制框,拖曳中心点可以移动模糊的位置。

3.移轴模糊

"移轴模糊"滤镜可以生成移轴摄影拍摄的照片效果，这种拍照效果就像是微缩模型。移轴摄影是指利用移轴镜头拍摄的摄影作品，而移轴镜头是原本用来修正以普通广角镜头拍摄产生的"近大远小"透视畸变问题，后来被用来创作变化景深聚焦点位置的摄影作品。

图 6-149　"模糊工具"面板

打开一张图片，单击菜单栏"滤镜"→"模糊画廊"→"移轴模糊"命令，在"模糊工具"面板中，设置"模糊"为"12像素"，"扭曲度"设为"0％"，如图 6-149 所示，效果如图 6-150 所示。

按住并拖曳中心点的位置，可以调整图像中的清晰区域的范围；拖曳上线两端的虚线，可以扩大或减小从清晰到模糊的过渡区域；按住鼠标左键拖曳实线上的圆形的控制点，可以旋转控制框，如图 6-151 所示。

图 6-150　"移轴模糊"滤镜效果

图 6-151　旋转控制框

4.路径模糊

"路径模糊"滤镜可以沿着控制点连接而成的路径生成画面的模糊效果，多用于制作带有指定方向和角度的动态模糊效果。

打开一张图片，如图 6-152 所示；单击工具箱中的"快速选择工具" ，框选人物的背景，建立选区，如图 6-153 所示。

单击菜单栏"滤镜"→"模糊画廊"→"路径模糊"命令，在"模糊工具"面板中，设置"速度"为"50％"，"锥度"为"0％"，如图 6-154 所示。

默认情况下，图像中央位置会建立带有两个控制点、一个箭头的路径，单击路径上中间位置，即可建立一个控制点，向上拖曳中间的控制点，改变路径的形状，建立一个半圆形的路径，如图 6-155 所示。单击选项栏中的"确定"按钮，该滤镜效果仅对选区起作用，如图 6-156 所示。

5.旋转模糊

"旋转模糊"滤镜可以在图像中设置多个模糊点，并控制每个模糊点的模糊范围和强度，多用于制作旋转物体的模糊效果，例如飞奔的车轮。

打开一张图片，单击菜单栏"滤镜"→"模糊画廊"→"旋转模糊"命令，在"模糊工具"面板中，设置"模糊角度"为"72％"，如图 6-157 所示。

图 6-152 原图

图 6-153 建立背景选区

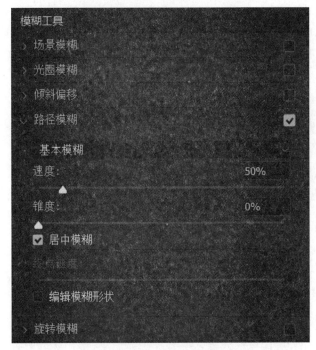

图 6-154 "模糊工具"面板

图 6-155 建立半圆形路径

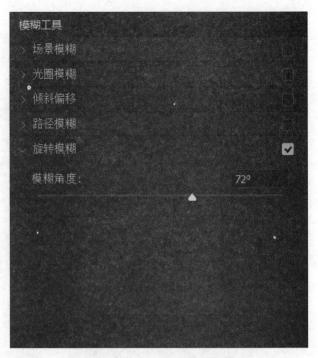

图 6-156 "路径模糊"滤镜效果　　　　　　　图 6-157 "模糊工具"面板

执行"旋转模糊"命令后,在图像中会显示圆形的控制框,如图 6-158 所示;按住控制框的中心点,拖曳到前车轮的轮毂中心点位置,然后按住控制框右上角的方形控制点,缩放控制框至合适的大小,使之与车轮大小吻合。单击后车轮的轮毂中心点位置,再增加一个控制框,同样的方法修改控制框的位置、大小和形状,"模糊角度"也设为"72%";设置完成后的效果如图 6-159 所示。

图 6-158 圆形的控制框　　　　　　　图 6-159 设置两个控制框的效果

6.6.2

6.6.2 项目案例: 光晕背景

本节应用"场景模糊"滤镜,为人物的背景添加灯光光晕效果,具体操作步骤如下:

(1) 打开人物原图,如图 6-160 所示。

(2) 打开另外一张夜景图,在文档窗口中,按住鼠标左键拖曳到人物原图中,按快捷键 Ctrl+T,夜景图层四周出现 8 个控制点;按住 Shift 键,拖动某一个控制点,对夜景图层进行适当缩放,如图 6-161 所示。

"随机化"：随机生成新的纤维。

8. "云彩"滤镜

"云彩"滤镜可以根据前景色和背景色随机生成云彩图案,常用于制作云彩、雾气缭绕的效果,本节的实例就应用了该滤镜生成夜晚云的效果。打开一张图片后,新建一个图层,分别设置前景色和背景色为黑色和白色;单击菜单栏"滤镜"→"渲染"→"云彩"命令,新建的图层生成效果如图 6-131 所示;在"图层"面板中,将当前的图层混合模式选为"滤色",适当降低"不透明度",原图及效果如图 6-132 和图 6-133 所示。

图 6-131　"云彩"滤镜效果　　　　图 6-132　原图　　　　图 6-133　混合模式"滤色"

6.5.2　项目案例：画出一轮明月

6.5.2

本节应用"云彩"滤镜,生成出较为真实的月亮效果,利用"图层样式"的"外发光"为月亮添加月晕效果,具体操作步骤如下:

(1) 打开原图,如图 6-134 所示。

(2) 单击工具箱中的"椭圆选框工具",按 Shift 键,在文档窗口图像的右上角,按住鼠标左键,拉出一个正圆形选区;按快捷键 Shift+F6,在弹出的"羽化选区"对话框中,将"羽化半径"设为"12像素";然后按快捷键 Shift+Ctrl+N,新建一个图层;单击工具箱中"前景色"色块,在弹出的"拾色器(前景色)"对话框中,拾取颜色为鹅黄色 RGB(244,239,155);按快捷键 Alt+Delete,将当前圆形选区填充为该颜色,结果如图 6-135 所示。

图 6-134　原图　　　　　图 6-135　画出一个鹅黄色的正圆

（3）单击菜单栏"滤镜"→"扭曲"→"球面化"命令,在弹出的"球面化"滤镜对话框中,"数量"设置为"20%","模式"选择"正常",单击"确定"按钮,如图 6-136 所示。

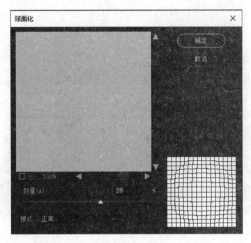

图 6-136 "球面化"滤镜对话框

（4）单击工具箱中的"设置前景色"色块,在弹出的"拾色器(设置前景色)"对话框中,拾取黑色为前景色;同样,将背景色设置为白色。按住键盘 Ctrl 键,同时单击"图层"面板中月亮图层的缩览图,建立月亮的选区;单击菜单栏"滤镜"→"渲染"→"云彩"命令,增加月亮的阴影效果,如图 6-137 所示。

（5）单击选中"图层"面板中的月亮图层,按快捷键 Shift+Ctrl+U,为绘制出来的月亮去色,如图 6-138 所示。

图 6-137 增加月亮的月影效果

图 6-138 为月亮去色

（6）按快捷键 Ctrl+L,在弹出的"色阶"对话框中,拖动白色滑块和黑色滑块至中间位置,增加月亮的亮度,如图 6-139 所示。

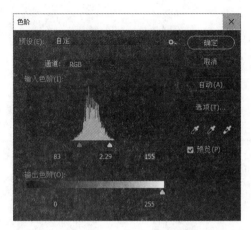

图 6-139　"色阶"对话框

（7）单击"图层"面板底部的"添加图层样式"图标 fx，在弹出的快捷菜单中,选择"外发光"；在弹出的"图层样式"对话框中,"结构"中的"混合模式"选为"滤色",不透明度设为"64％",设置发光颜色为淡黄色 RGB(254,255,210)；"图素"中的"方法"选为"柔和","扩展"设为"0％","大小"设为"250 像素",参数设置如图 6-140 所示。这样就添加"外发光"的效果,为月亮增加了淡淡的光晕,如图 6-141 所示。

（8）单击选中"图层"面板中的月亮图层,拖曳月亮至海平面上；单击选中"背景"图层,选择工具箱中的"仿制图章工具" ，按下 Alt 键,同时单击海平面有光的倒影的位置,取样后在靠近月亮的海面上,按下鼠标涂抹,绘制出光的倒影,这样使月亮更加真实,光影效果更好,完成效果如图 6-142 所示。

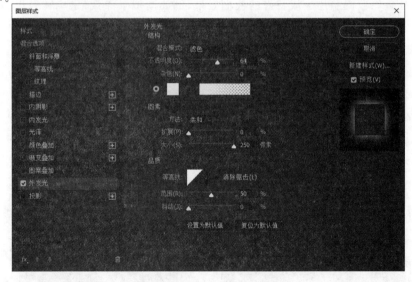

图 6-140　"图层样式"对话框

图 6-141　添加月亮光晕　　　　　　　图 6-142　完成效果

6.6　光晕背景

6.6.1　基础知识

"模糊画廊"滤镜组包括"场景模糊""光圈模糊""移轴模糊""路径模糊"和"旋转模糊"5 种,主要用于为后期处理的数码照片生成特殊的模糊效果,例如模拟景深效果、旋转效果、移轴摄影和微距摄影等特殊效果。

1. 场景模糊

"场景模糊"滤镜通过定义具有不同模糊量的多个控制点来创建渐变的模糊效果。将多个控制点添加到图像,并指定每个控制点的模糊量,甚至可以在图像外部添加控制点,以对边角应用模糊效果,最终结果是合并图像上所有控制点模糊的效果。

打开一张图片,如图 6-143 所示;单击菜单栏"滤镜"→"模糊画廊"→"场景模糊"命令,依次在文档窗口的画面上单击打上 6 个控制点,如图 6-144 所示。

图 6-143　原图　　　　　　　　　　图 6-144　设置控制点

单击选中图像中间最上面的控制点,在"模糊工具"面板中,"模糊"设为"17像素",如图6-145所示;中间的2个控制点的"模糊"设为"3像素",中心位置的控制点的"模糊"设为"0像素",左右下角的2个控制点的"模糊"设为"5像素"。这样就形成了近处清晰、远处模糊、中间清晰、边缘模糊的效果。

将光标移动至控制点的中心位置,按住鼠标左键并拖曳,即可移动该控制点;光标移动至控制点的外环上,按住鼠标左键并拖曳,即可改变该控制点的"模糊"数值;单击选取某个控制点,按键盘Delete键,即可删除该控制点。

"效果"面板中的参数设置说明如下:

"光源散景":用于设置光照亮度,数值越大,高光区域的亮度就越高。

"散景颜色":设置散景区域颜色的程度。

"光照范围":滑动滑块设置0~255共256个色阶等级,以控制散景的范围。

图6-145 "模糊工具"面板

2. 光圈模糊

"光圈模糊"滤镜是一个单一控制点的模糊滤镜,可以根据设计的需要设置控制点的位置、形状、模糊程度以及从清晰区域到模糊区域的过渡效果。

打开一张图片,单击菜单栏"滤镜"→"模糊画廊"→"光圈模糊"命令,在"模糊工具"面板中,设置"模糊"为"20像素",如图6-146所示;在文档窗口的画面上,显示出中心控制点和椭圆形控制框,如图6-147所示;拖曳控制框右上角的方形控制点,控制框的外形由椭圆形变为圆角矩形,如图6-148所示。

图6-146 "模糊工具"面板

图6-147 椭圆形控制框

图6-148 圆角矩形控制框

控制框以外的区域是模糊的区域,内圈的控制点到外圈的控制点之间是从清晰到模糊的过渡区间,拖曳控制框内侧的圆形控制点,可以调整模糊过渡的效果;拖曳控制框上的控制点可以旋转控制框,拖曳中心点可以移动模糊的位置。

3．移轴模糊

"移轴模糊"滤镜可以生成移轴摄影拍摄的照片效果，这种拍照效果就像是微缩模型。移轴摄影是指利用移轴镜头拍摄的摄影作品，而移轴镜头是原本用来修正以普通广角镜头拍摄产生的"近大远小"透视畸变问题，后来被用来创作变化景深聚焦点位置的摄影作品。

打开一张图片，单击菜单栏"滤镜"→"模糊画廊"→"移轴模糊"命令，在"模糊工具"面板中，设置"模糊"为"12像素"，"扭曲度"设为"0％"，如图 6-149 所示，效果如图 6-150所示。

图 6-149　"模糊工具"面板

按住并拖曳中心点的位置，可以调整图像中的清晰区域的范围；拖曳上线两端的虚线，可以扩大或减小从清晰到模糊的过渡区域；按住鼠标左键拖曳实线上的圆形的控制点，可以旋转控制框，如图 6-151所示。

图 6-150　"移轴模糊"滤镜效果

图 6-151　旋转控制框

4．路径模糊

"路径模糊"滤镜可以沿着控制点连接而成的路径生成画面的模糊效果，多用于制作带有指定方向和角度的动态模糊效果。

打开一张图片，如图 6-152 所示；单击工具箱中的"快速选择工具" ，框选人物的背景，建立选区，如图 6-153 所示。

单击菜单栏"滤镜"→"模糊画廊"→"路径模糊"命令，在"模糊工具"面板中，设置"速度"为"50％"，"锥度"为"0％"，如图 6-154 所示。

默认情况下，图像中央位置会建立带有两个控制点、一个箭头的路径，单击路径上中间位置，即可建立一个控制点，向上拖曳中间的控制点，改变路径的形状，建立一个半圆形的路径，如图 6-155 所示。单击选项栏中的"确定"按钮，该滤镜效果仅对选区起作用，如图 6-156 所示。

5．旋转模糊

"旋转模糊"滤镜可以在图像中设置多个模糊点，并控制每个模糊点的模糊范围和强度，多用于制作旋转物体的模糊效果，例如飞奔的车轮。

打开一张图片，单击菜单栏"滤镜"→"模糊画廊"→"旋转模糊"命令，在"模糊工具"面板中，设置"模糊角度"为"72％"，如图 6-157 所示。

图 6-152　原图

图 6-153　建立背景选区

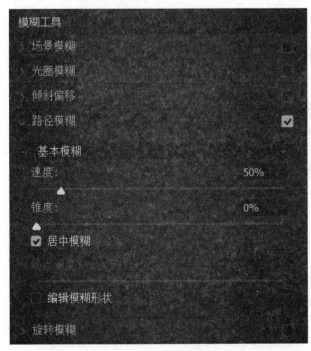

图 6-154　"模糊工具"面板

图 6-155　建立半圆形路径

图 6-156 "路径模糊"滤镜效果

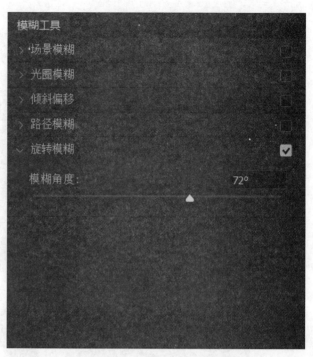

图 6-157 "模糊工具"面板

执行"旋转模糊"命令后,在图像中会显示圆形的控制框,如图 6-158 所示;按住控制框的中心点,拖曳到前车轮的轮毂中心点位置,然后按住控制框右上角的方形控制点,缩放控制框至合适的大小,使之与车轮大小吻合。单击后车轮的轮毂中心点位置,再增加一个控制框,同样的方法修改控制框的位置、大小和形状,"模糊角度"也设为"72%";设置完成后的效果如图 6-159 所示。

图 6-158 圆形的控制框

图 6-159 设置两个控制框的效果

6.6.2 项目案例:光晕背景

6.6.2

本节应用"场景模糊"滤镜,为人物的背景添加灯光光晕效果,具体操作步骤如下:

(1) 打开人物原图,如图 6-160 所示。

(2) 打开另外一张夜景图,在文档窗口中,按住鼠标左键拖曳到人物原图中,按快捷键 Ctrl+T,夜景图层四周出现 8 个控制点;按住 Shift 键,拖动某一个控制点,对夜景图层进行适当缩放,如图 6-161 所示。

图 6-160　原图　　　　图 6-161　拖入夜景图并对其进行适当缩放

（3）单击菜单栏"滤镜"→"模糊画廊"→"场景模糊"命令，在弹出的"模糊工具"面板中，"模糊"设为"83 像素"，如图 6-162 所示；设置后的效果如图 6-163 所示。

（4）进一步调整"效果"参数，"光源散景"设为"63％"，"散景颜色"设为"58％"，如图 6-162 所示；设置后的效果如图 6-164 所示。按快捷键 Ctrl＋J，复制该夜景图层，在"图层"面板中，单击该复制的图层左侧"指示图层可见性"图标 ，暂时让该图层不可见。

（5）在"图层"面板中，选择背景图层（即人物图层）；单击菜单栏"选择"→"主体"，把人物抠选出来，如图 6-165 所示。

（6）在"图层"面板中，选择光晕图层，按快捷键 Ctrl＋Shift＋I，反选当前人物的选区；单击"图层"面板底部的"添加图层蒙版"图标 ，将当前选区作为光晕图层的蒙版，效果如图 6-166 所示。

图 6-162　"场景模糊"面板　　　　图 6-163　"场景模糊"滤镜效果

图 6-164 "光源散景"设置后效果　　　　图 6-165 建立人物的选区

（7）在"图层"面板中，单击复制的夜景图层左侧"指示图层可见性"图标 ，让该图层恢复可见，将它的图层混合模式设为"滤色"，"不透明度"设为"15％"，如图 6-167 所示；该图层的作用是为人物添加上隐约的光影效果，光晕背景的最终效果如图 6-168 所示。

 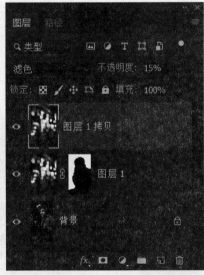 

图 6-166 建立光晕图层的　　图 6-167 对复制的光晕图层进行调整　　图 6-168 最终效果图
　　　　　蒙版效果

第7章

特殊效果

本章彩图

本章概述

　　制作各类不同的画面效果,有的是通过滤镜,有的是通过画笔,有的是通过菜单命令,更多的是融合多种手段。不管哪种方法,一定是为设计目的服务的,是为了凸显特定的效果、氛围或场景。本章通过7个案例将知识点串联起来,深入讲解烟雾效果、雨中效果、下雨效果、漫画效果等特殊效果的操作步骤。学习者不但要掌握方法步骤,更要懂得内在原理,将方法和目的结合起来,灵活应用,激发创意。

学习目标

1. 掌握"对比""比较"图层混合模式的应用。
2. 掌握"像素化"滤镜组的应用。
3. 掌握图像去色的9种方法。
4. 掌握3D对象的创建方法流程。

学习重难点

1. 图像反相与图层蒙版反相的区别。
2. 图层对象与背景的融合方法。
3. 使用通道混合器控制颜色。

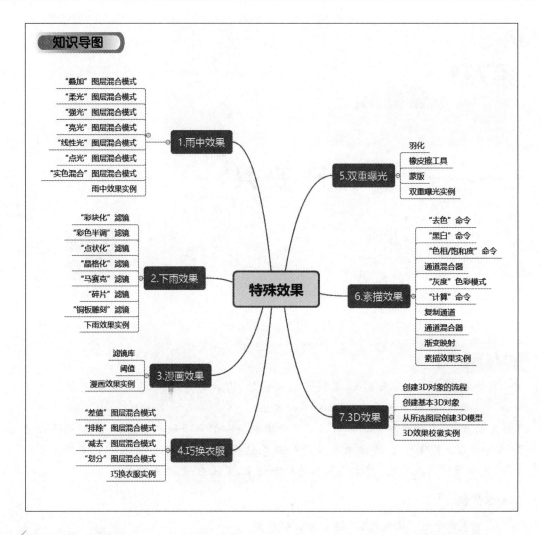

7.1 雨中效果

7.1.1 基础知识

"对比"图层混合模式包括"叠加""柔光""强光""亮光""线性光""点光""实色混合"等7种模式,属于图层混合模式中的灰度组。灰度组是指像素的混合标准为50%灰色。亮度值高于50%灰色的像素提亮下层的图层像素,亮度值低于50%灰色的像素压暗下层的图层像素,从而达到增加明亮对比的效果。

打开一张图片,它包含两个图层,即上面的菊花图层和下面的雏菊背景图层,如图7-1所示。

(1)"叠加"混合模式:对颜色进行过滤,并提高上层图像的亮度,具体取决于底层图层的颜色,同时保留底层图层的明暗对比,效果如图7-2所示。

图7-1　原图

图7-2　"叠加"混合模式效果

（2）"柔光"混合模式：使当前图层变暗或者变亮，具体取决于当前图层的颜色。如果上层图层比50%灰色亮，则图像变亮；如果上层图层比50%灰色暗，则图像变暗，效果如图7-3所示。

（3）"强光"混合模式：过滤颜色，具体取决于当前图层的颜色。如果上层图层比50%灰色亮，则图像变亮；如果上层图层比50%灰色暗，则图像变暗，效果如图7-4所示。

图7-3　"柔光"混合模式效果

图7-4　"强光"混合模式

（4）"亮光"混合模式：通过增加或减小对比度来加深或减淡颜色，具体取决于上层图层的颜色。如果上层图层比50%灰色亮，则图像变亮；如果上层图层比50%灰色暗，则图像变暗，效果如图7-5所示。

（5）"线性光"混合模式：通过增加或者减小亮度来加深或者减淡颜色，具体取决于上层图层的颜色。如果上层图层比50%灰色亮，则图像变亮；如果上层图层比50%灰色暗，则图像变暗，效果如图7-6所示。

图7-5　"亮光"混合模式效果

图7-6　"线性光"混合模式

（6）"点光"混合模式：通过上层图像的颜色来替换颜色。如果上层图层比50%灰色亮，则替换比较亮的像素；如果上层图层比50%灰色暗，则替换比较亮的像素，效果如图7-7所示。

（7）"实色混合"混合模式：将上层图层的 RGB 通道值添加到下层图像的 RGB 值。如果上层图层比 50％灰色亮，则使下层图层变亮；如果上层图层比 50％灰色暗，则使下层图层变暗，效果如图 7-8 所示。

图 7-7 "点光"混合模式 　　　　　　图 7-8 "实色混合"混合模式效果

7.1.2

7.1.2　项目案例：雨中效果

透过玻璃窗看雨中行人，既要体现雨滴跌落的既视感，又要表现玻璃时隐时现的透视感。本例通过"高斯模糊"滤镜，再加以图层蒙版和"叠加"图层混合模式，能够实现这个效果，具体操作步骤如下：

（1）打开一张撑着雨伞的人物图片。

（2）按下快捷键 Ctrl＋J，通过复制背景图层建立一个新图层，如图 7-9 所示；单击选中复制的图层，单击菜单栏"滤镜"→"模糊"→"高斯模糊"命令，在弹出的"高斯模糊"对话框中，将"半径"设为"10.0 像素"，单击"确定"按钮，如图 7-10 所示。

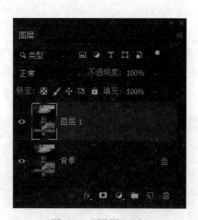 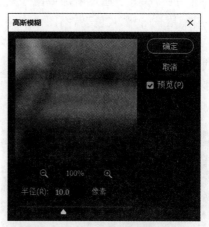

图 7-9 "图层"面板 　　　　　　图 7-10 "高斯模糊"滤镜对话框

（3）对比一下原图和"高斯模糊"滤镜效果，分别如图 7-11、图 7-12 所示。

（4）在"图层"面板中当前选中的图层是"图层 1"，单击工具箱中的"矩形选框工具" ，按住鼠标左键，从左上角拉至右下角，绘制第一个矩形选框；按住 Shift 键，连续绘制宽度不一样的矩形选框；绘制的选区如图 7-13 所示。

图 7-11　原图　　　　　图 7-12　"高斯模糊"滤镜效果

（5）右击绘制的矩形选框，在弹出的快捷菜单中选择"存储选区"，如图 7-14 所示；在弹出的"存储选区"对话框中，为当前选区命名为"001"，如图 7-15 所示。建立选区后，将选区自动转换为 Alpha 通道，"通道"面板中可见名为"001"的通道，如图 7-16 所示。

（6）按快捷键 Ctrl＋O，打开一张雨水玻璃的图片；在该图像的文档窗口中，按住鼠标左键，将该图片拖曳至之前的人物图片中；按住快捷键 Shift＋T，拖曳控制点调整图片大小，使之覆盖下面的图层；单击"图层"面板顶部的"图层混合模式"下拉箭头，将图层混合模式由"正常"设置为"叠加"，如图 7-17 所示。

（7）设置后的效果如图 7-18 所示。在"通道"面板中，按住 Ctrl 键，同时单击"001"通道的缩览图，获得之前保存的选区；在"图层"面板中，单击选中复制的人物图层，单击"图层"面板底部的"添加图层蒙版"图标 ，即为当前图层创建图层蒙版，蒙版的作用是为了使模糊的人物图层部分不可见，完成的效果如图 7-19 所示。

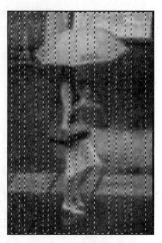

图 7-13　矩形选框　　　　　图 7-14　快捷菜单

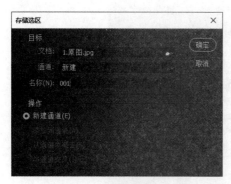

图 7-15 "存储选区"对话框

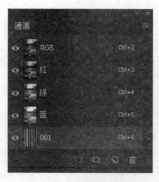

图 7-16 "通道"面板

图 7-17 "图层"面板

图 7-18 "叠加"图层混合模式效果

图 7-19 完成的雨中效果

(8) 用同样的方法,练习两张不同的原图,进一步增加对滤镜和蒙版作用的认识,熟练掌握操作方法步骤。原图和效果分别如图 7-20~图 7-23 所示。

图 7-20 原图一

图 7-21 雨中效果一

图 6-160　原图　　　　　　图 6-161　拖入夜景图并对其进行适当缩放

（3）单击菜单栏"滤镜"→"模糊画廊"→"场景模糊"命令，在弹出的"模糊工具"面板中，"模糊"设为"83 像素"，如图 6-162 所示；设置后的效果如图 6-163 所示。

（4）进一步调整"效果"参数，"光源散景"设为"63％"，"散景颜色"设为"58％"，如图 6-162 所示；设置后的效果如图 6-164 所示。按快捷键 Ctrl＋J，复制该夜景图层，在"图层"面板中，单击该复制的图层左侧"指示图层可见性"图标 ，暂时让该图层不可见。

（5）在"图层"面板中，选择背景图层（即人物图层）；单击菜单栏"选择"→"主体"，把人物抠选出来，如图 6-165 所示。

（6）在"图层"面板中，选择光晕图层，按快捷键 Ctrl＋Shift＋I，反选当前人物的选区；单击"图层"面板底部的"添加图层蒙版"图标 ■，将当前选区作为光晕图层的蒙版，效果如图 6-166 所示。

图 6-162　"场景模糊"面板　　　　图 6-163　"场景模糊"滤镜效果

图 6-164 "光源散景"设置后效果　　　　图 6-165 建立人物的选区

（7）在"图层"面板中，单击复制的夜景图层左侧"指示图层可见性"图标 ◉，让该图层恢复可见，将它的图层混合模式设为"滤色"，"不透明度"设为"15％"，如图 6-167 所示；该图层的作用是为人物添加上隐约的光影效果，光晕背景的最终效果如图 6-168 所示。

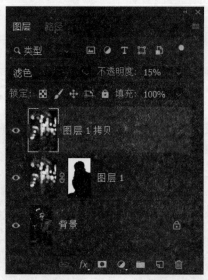

图 6-166 建立光晕图层的　　　图 6-167 对复制的光晕图层进行调整　　　图 6-168 最终效果图
　　　　蒙版效果

第7章

特 殊 效 果

本章彩图

本章概述

　　制作各类不同的画面效果,有的是通过滤镜,有的是通过画笔,有的是通过菜单命令,更多的是融合多种手段。不管哪种方法,一定是为设计目的服务的,是为了凸显特定的效果、氛围或场景。本章通过 7 个案例将知识点串联起来,深入讲解烟雾效果、雨中效果、下雨效果、漫画效果等特殊效果的操作步骤。学习者不但要掌握方法步骤,更要懂得内在原理,将方法和目的结合起来,灵活应用,激发创意。

学习目标

　　1. 掌握"对比""比较"图层混合模式的应用。

　　2. 掌握"像素化"滤镜组的应用。

　　3. 掌握图像去色的 9 种方法。

　　4. 掌握 3D 对象的创建方法流程。

学习重难点

　　1. 图像反相与图层蒙版反相的区别。

　　2. 图层对象与背景的融合方法。

　　3. 使用通道混合器控制颜色。

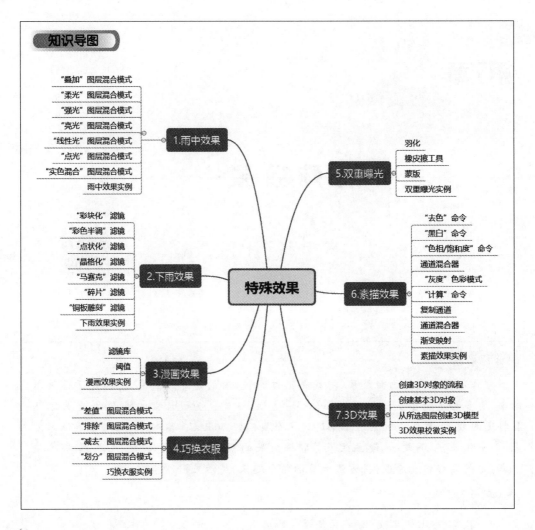

7.1 雨中效果

7.1.1 基础知识

"对比"图层混合模式包括"叠加""柔光""强光""亮光""线性光""点光""实色混合"等7种模式,属于图层混合模式中的灰度组。灰度组是指像素的混合标准为50%灰色。亮度值高于50%灰色的像素提亮下层的图层像素,亮度值低于50%灰色的像素压暗下层的图层像素,从而达到增加明亮对比的效果。

打开一张图片,它包含两个图层,即上面的菊花图层和下面的雏菊背景图层,如图7-1所示。

(1)"叠加"混合模式:对颜色进行过滤,并提高上层图像的亮度,具体取决于底层图层的颜色,同时保留底层图层的明暗对比,效果如图7-2所示。

图 7-1 原图 　　　　　　　　　　　图 7-2 "叠加"混合模式效果

（2）"柔光"混合模式：使当前图层变暗或者变亮，具体取决于当前图层的颜色。如果上层图层比 50％灰色亮，则图像变亮；如果上层图层比 50％灰色暗，则图像变暗，效果如图 7-3 所示。

（3）"强光"混合模式：过滤颜色，具体取决于当前图层的颜色。如果上层图层比 50％灰色亮，则图像变亮；如果上层图层比 50％灰色暗，则图像变暗，效果如图 7-4 所示。

图 7-3 "柔光"混合模式效果 　　　　　图 7-4 "强光"混合模式

（4）"亮光"混合模式：通过增加或减小对比度来加深或减淡颜色，具体取决于上层图层的颜色。如果上层图层比 50％灰色亮，则图像变亮；如果上层图层比 50％灰色暗，则图像变暗，效果如图 7-5 所示。

（5）"线性光"混合模式：通过增加或者减小亮度来加深或者减淡颜色，具体取决于上层图层的颜色。如果上层图层比 50％灰色亮，则图像变亮；如果上层图层比 50％灰色暗，则图像变暗，效果如图 7-6 所示。

图 7-5 "亮光"混合模式效果 　　　　　图 7-6 "线性光"混合模式

（6）"点光"混合模式：通过上层图像的颜色来替换颜色。如果上层图层比 50％灰色亮，则替换比较亮的像素；如果上层图层比 50％灰色暗，则替换比较亮的像素，效果如图 7-7 所示。

（7）"实色混合"混合模式：将上层图层的 RGB 通道值添加到下层图像的 RGB 值。如果上层图层比 50％灰色亮，则使下层图层变亮；如果上层图层比 50％灰色暗，则使下层图层变暗，效果如图 7-8 所示。

图 7-7 "点光"混合模式

图 7-8 "实色混合"混合模式效果

7.1.2

7.1.2 项目案例：雨中效果

透过玻璃窗看雨中行人，既要体现雨滴跌落的既视感，又要表现玻璃时隐时现的透视感。本例通过"高斯模糊"滤镜，再加以图层蒙版和"叠加"图层混合模式，能够实现这个效果，具体操作步骤如下：

（1）打开一张撑着雨伞的人物图片。

（2）按下快捷键 Ctrl+J，通过复制背景图层建立一个新图层，如图 7-9 所示；单击选中复制的图层，单击菜单栏"滤镜"→"模糊"→"高斯模糊"命令，在弹出的"高斯模糊"对话框中，将"半径"设为"10.0 像素"，单击"确定"按钮，如图 7-10 所示。

图 7-9 "图层"面板

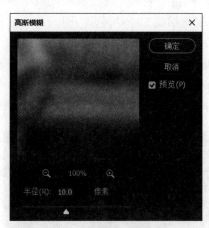

图 7-10 "高斯模糊"滤镜对话框

（3）对比一下原图和"高斯模糊"滤镜效果，分别如图 7-11、图 7-12 所示。

（4）在"图层"面板中当前选中的图层是"图层 1"，单击工具箱中的"矩形选框工具" ，按住鼠标左键，从左上角拉至右下角，绘制第一个矩形选框；按住 Shift 键，连续绘制宽度不一样的矩形选框；绘制的选区如图 7-13 所示。

图 7-11　原图　　　　　　　图 7-12　"高斯模糊"滤镜效果

（5）右击绘制的矩形选框,在弹出的快捷菜单中选择"存储选区",如图 7-14 所示;在弹出的"存储选区"对话框中,为当前选区命名为"001",如图 7-15 所示。建立选区后,将选区自动转换为 Alpha 通道,"通道"面板中可见名为"001"的通道,如图 7-16 所示。

（6）按快捷键 Ctrl+O,打开一张雨水玻璃的图片;在该图像的文档窗口中,按住鼠标左键,将该图片拖曳至之前的人物图片中;按住快捷键 Shift+T,拖曳控制点调整图片大小,使之覆盖下面的图层;单击"图层"面板顶部的"图层混合模式"下拉箭头,将图层混合模式由"正常"设置为"叠加",如图 7-17 所示。

（7）设置后的效果如图 7-18 所示。在"通道"面板中,按住 Ctrl 键,同时单击"001"通道的缩览图,获得之前保存的选区;在"图层"面板中,单击选中复制的人物图层,单击"图层"面板底部的"添加图层蒙版"图标 █,即为当前图层创建图层蒙版,蒙版的作用是为了使模糊的人物图层部分不可见,完成的效果如图 7-19 所示。

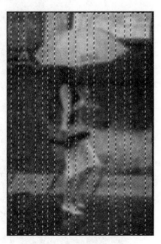 

图 7-13　矩形选框　　　　　　图 7-14　快捷菜单

图 7-15 "存储选区"对话框

图 7-16 "通道"面板

图 7-17 "图层"面板

图 7-18 "叠加"图层混合模式效果

图 7-19 完成的雨中效果

(8) 用同样的方法,练习两张不同的原图,进一步增加对滤镜和蒙版作用的认识,熟练掌握操作方法步骤。原图和效果分别如图 7-20～图 7-23 所示。

图 7-20 原图一

图 7-21 雨中效果一

图 7-54　"海报边缘"滤镜设置

图 7-55　"粗糙画笔"滤镜效果

图 7-56　"底纹效果"滤镜效果

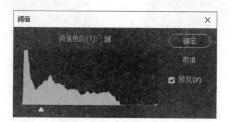

图 7-57　"阈值"对话框

图 7-58　原图

图 7-59　"阈值"设置效果

7.3.2　项目案例：漫画效果

本节使用"海报边缘""彩色半调"滤镜,设置"柔光"图层混合模式,能够实现漫画笔触的效果,具体操作步骤如下:

(1) 打开一张篮球运动员的图片,如图 7-60 所示。

(2) 按快捷键 Ctrl+J,复制原图建立新图层;在"图层"面板中,右击复制的新图层,在弹出的快捷菜单中,选择"转换为智能对象";单击菜单栏"滤镜"→"滤镜库"→"艺术效果"→"海报边缘"命令,将"边缘厚度"设为"2","边缘强度"设为"1","海报化"设为"2",效果如图 7-61 所示。

图 7-60　原图　　　　　　　　　　图 7-61　"海报边缘"滤镜效果

(3) 单击菜单栏"滤镜"→"像素化"→"彩色半调"命令,在弹出的"彩色半调"对话框中,设置"最大半径"为"4(像素)",各通道值设为"45",如图 7-62 所示。

图 7-62　"彩色半调"对话框

(4) 在"图层"面板中,右击"彩色半调",如图 7-63 所示;在弹出的快捷菜单中,选择"编辑智能滤镜混合选项",然后在弹出的"混合选项(彩色半调)"对话框中,将"模式"改为"柔光",并将"不透明度"设为"100%",如图 7-64 所示。

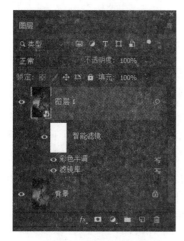

图 7-63　"图层"面板

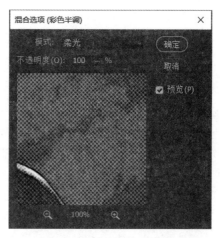

图 7-64　"混合选项(彩色半调)"对话框

（5）按快捷键 Ctrl＋O,在弹出的"打开"对话框中,选择线条素材图片,单击"确定"按钮,打开该图片。单击工具箱中的"移动工具" ,按住鼠标左键,将该线条图片拖曳到篮球运动员的图片文档窗口中,如图 7-65 所示;按下快捷键 Ctrl＋T,用鼠标左键拖曳控制点,调整放大素材图片,使其全部覆盖在图层上,并调整其位置。

（6）单击"图层"面板中的"图层混合模式"下拉箭头,将线条图层的混合模式由"正常"改为"正片叠底",效果如图 7-66 所示。

图 7-65　拖曳并缩放线条素材图片

图 7-66　漫画效果

7.4 巧换衣服

7.4.1 基础知识

"比较"图层混合模式包括"差值""排除""减去""划分"4种模式。这些图层混合模式可以比较当前图层和下层图层的颜色差异,将颜色相同的区域显示为黑色,不同的区域显示为灰色或彩色;如果当前图层包含白色,那么白色区域会使下层图层反相,黑色区域不会对下层图层有影响。

打开一张图片,它包含两个图层,即上面的向日葵图层和下面的草地背景图层,如图7-67所示。

(1)"差值"混合模式:上层图层与白色混合将对下层图层的颜色反相,效果如图7-68所示。

(2)"排除"混合模式:与"差值"模式相类似,但是对比度相对低一些,效果如图7-69所示。

(3)"减去"混合模式:从目标通道中相应的像素上减去源通道中的像素值,效果如图7-70所示。

(4)"划分"混合模式:比较每个通道的颜色信息,然后从下层图层中划分上层图层,效果如图7-71所示。

图7-67　原图

图7-68　"差值"混合模式效果

图7-69　"排除"混合模式效果

图7-70　"减去"混合模式效果

图 7-71　"划分"混合模式效果

7.4.2　项目案例：巧换衣服

7.4.2

本节通过蒙版和"颜色加深"图层混合模式,巧妙实现衣服替换的效果,具体操作步骤如下：

(1) 打开一张人物图片,如图 7-72 所示。

(2) 单击工具箱中的"快速选择工具" ,按住鼠标左键在人物衣服上拖曳,建立衣服的选区,如果需要减去部分选区,可以按住键盘 Alt 键,在要减去的选区范围滑动鼠标,建立的选区如图 7-73 所示。

图 7-72　原图

图 7-73　建立衣服的选区

(3) 右击选区,在弹出的快捷菜单中,选择"存储选区",在弹出的"存储选区"对话框中,输入"名称"为"001",如图 7-74 所示；这样就以 Alpha 通道的形式存储了选区,"通道"面板如图 7-75 所示。按快捷键 Ctrl+D,取消当前选区。

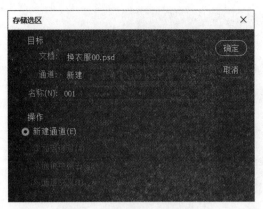

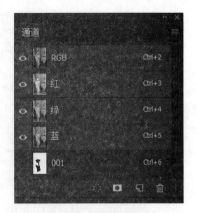

图 7-74　"存储选区"对话框　　　　　　　　图 7-75　"通道"面板

（4）单击菜单栏"文件"→"打开"命令，在弹出"打开文件"对话框中，选择一张花布图片打开；选择工具箱中的"移动工具" ，在花布图片的文档窗口中，按住鼠标左键，将花布图拖曳到人物图像窗口中；按下快捷键 Ctrl+T，对花布图层进行自由变换，适当调整花布图层的位置大小，使之覆盖人物原有的衣服范围，如图 7-76 所示。

（5）在"通道"面板中，按住键盘 Ctrl 键，同时单击通道"001"的缩览图，即可将该通道作为选区载入；在"图层"面板中，选择画布图层，然后单击底部的"添加图层蒙版"图标 ，建立画布图层的蒙版，效果如图 7-77 所示。

图 7-76　画布拖曳至人物图层上　　　　　　图 7-77　图层蒙版效果

（6）在"图层"面板中，单击图层混合模式的下拉列表，将画布图层的混合模式由"正常"改为"颜色加深"，如图 7-78 所示；效果如图 7-79 所示。

图 7-78 "图层"面板

图 7-79 "颜色加深"图层混合模式效果

(7) 将花布图层的混合模式改为"差值""排除",效果分别如图 7-80、图 7-81 所示。

图 7-80 "差值"图层混合模式效果

图 7-81 "排除"图层混合模式效果

7.5 双重曝光

7.5.1 基础知识

本书第 2 章详细讲解了多种抠图方法,可以实现图层对象和背景图层的融合,但有时候图层对象和背景之间的边缘要求不是那么清晰,这时候就可以采用渐变过渡的方式来实现两者的融合。实现渐变过渡有选区羽化、橡皮擦和蒙版等多种方法。

1. 羽化

"羽化"命令可以实现渐隐的柔和的过渡效果,羽化半径越大,选区边缘越柔和,从"有"到"无"逐渐过渡。

打开一张图片,如图 7-82 所示;单击工具箱中的"套索工具" ,按住鼠标左键拖曳,框选图像中的花瓶,如图 7-83 所示;单击菜单栏"选择"→"修改"→"羽化"命令,在弹出的"羽化选区"对话框中,"羽化半径"输入"30 像素";按快捷键 Ctrl+J,复制当前选区的内容成为一个新图层;按快捷键 Shift+Ctrl+N,在该图层之下新建一个图层,单击工具箱中的"渐变填充工具",使用前景色到背景色渐变填充该图层,羽化效果如图 7-84 所示。"羽化半径"为"90 像素"的效果如图 7-85所示。

由图可见,羽化半径越大,边缘模糊范围越大,渐变就越柔和。具体设置多大的羽化半径,要根据图像尺寸大小、分辨率以及设计要求来决定。

图 7-82　原图

图 7-83　框选花瓶

图 7-84　"羽化半径"为 30 像素

图 7-85　"羽化半径"为 90 像素

2. 橡皮擦工具

"橡皮擦工具"可以通过设置选项栏里的"大小""硬度"等参数,实现过渡擦除的效果。

打开一张相机镜头图片和一张荷花图片,如图7-86、图7-87所示;在文档窗口中,按住鼠标左键,将荷花图片拖曳到相机镜头图片中;单击工具箱中的"橡皮擦工具",在其选项栏里设置"大小"为"320像素","硬度"为"0%";这里的"硬度"相当于羽化效果。在"图层"面板中,单击选中荷花图层;在文档窗口中,按住鼠标左键,沿着镜头的边缘,擦除荷花图层镜头外的部分,完成效果如图7-88所示。

图7-86　相机镜头原图

图7-87　荷花原图

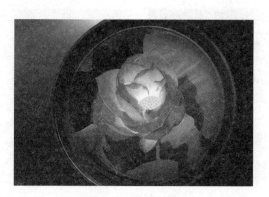

图7-88　擦除效果

3. 蒙版

使用蒙版的好处是不会对原图进行破坏,也就是修改蒙版即可达到对原图呈现效果的修改,既可以反复修改操作,也可以保存下来,以便于下次修改。使用中性灰的画笔涂抹蒙版,可以实现若隐若现的朦胧效果。

打开一张桃花原图,如图7-89所示;按快捷键Ctrl+J,复制背景图层成为一个新图层,单击工具箱中"快速选择工具" ![icon] ,在图像窗口中的桃花区域,按住鼠标左键拖动,选取桃花;在"图层"面板中,单击图层底部的"添加图层蒙版"图标 ![icon] ,为复制的桃花图层建立蒙版;打开另外一张图片,将其拖曳到桃花图层之下,如图7-90所示;图像效果如图7-91所示。

单击工具箱中的"设置前景色"色块,在弹出的"拾色器(前景色)"对话框中,拾取灰色作为前景色；在"图层"面板中，单击复制的桃花图层的蒙版缩览图，单击工具箱中的"画笔工具"，在其选项栏中设置"大小"为"350像素"，"硬度"为"0％"；然后在图像窗口中，使用画笔涂抹桃花背景区域，可以获得朦胧渐隐的背景效果。这样通过蒙版的处理，也能够实现图层对象和背景之间较好的融合，效果如图7-92所示。

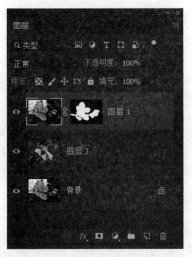

图 7-89　桃花原图　　　　　　　　　　　图 7-90　图层面板

图 7-91　建立桃花图层的蒙版　　　　　　图 7-92　灰色画笔修改蒙版的效果

7.5.2

7.5.2　项目案例：双重曝光

双重曝光指在同一张底片上进行多次曝光，取得重影效果。利用蒙版能够轻松实现双重曝光效果，而蒙版是一种非破坏性的设置图层显示区域和透明程度的最好方法。本例使用剪贴蒙版，配合使用黑色画笔，实现边缘的过渡效果，具体操作步骤如下：

（1）打开原图，如图7-93所示。

（2）单击工具箱中的"快速选择工具" ，拖曳鼠标快速选择图像的人物背景，获得灰色背景的选区，如图7-94所示；单击菜单栏"选择"→"反选"命令，或按住快捷键 Shift＋Ctrl＋I 进行"反选"，选择人物；然后按快捷键 Ctrl＋J，复制当前选区成为一个新图层。

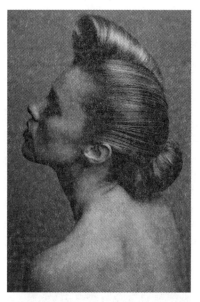
图 7-93　原图

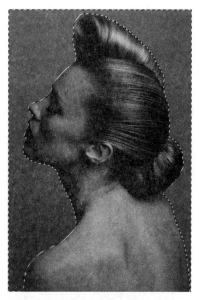
图 7-94　建立选区

（3）打开一张风景图片；单击工具箱中的"移动工具" ，按住鼠标左键，将风景图片直接拖曳到人物图层之上，如图 7-95 所示，按快捷键 Ctrl＋T，拖曳控制点，调整风景图层大小，使之完全覆盖整个人物图层。

（4）在"图层"面板中，右击风景图层，在弹出的"快捷菜单"中，选择"创建剪贴蒙版"，效果如图 7-96 所示。

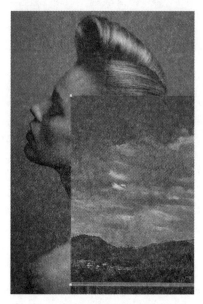
图 7-95　拖曳复制风景图层

图 7-96　"剪贴蒙版"效果

（5）此时"图层"面板如图 7-97 所示；单击"图层"面板底部的"添加图层蒙版"按钮 ，为风景图层添加图层蒙版；单击工具箱中的"设置前景色"色块，在弹出的"拾色器（前景色）"对话框中，单击拾取前景色为黑色 RGB(0,0,0);单击工具箱的"画笔工具" ，在其选项栏中,设置画笔"大小"设为"260 像素","硬度"为"0%",选择"常规画笔"中的"柔边圆";在图像窗口中,按住鼠标左键,用设置好的黑色画笔涂抹人像的边缘,"图层"面板如图 7-98 所示。

图 7-97 "图层"面板　　　　图 7-98 设置蒙版后的"图层"面板

(6) 完成的效果如图 7-99 所示。采用同样的方法,另外一个实例的双重曝光效果如图 7-100 所示。

图 7-99 双重曝光效果一　　　　图 7-100 双重曝光效果二

7.6 素描效果

7.6.1 基础知识

素描是由木炭、铅笔、钢笔等,以线条来画出物象明暗的单色画,单色水彩、单色油画、中国传统的白描和水墨画也可以称为素描。Photoshop将彩色图像制作成素描效果,首先要对图片进行去色处理。去色的方法有很多,总结如下九种去色方法。

1. "去色"命令

单击菜单栏"图像"→"调整"→"去色"命令,或者按快捷键Shift+Ctrl+U,可以将原图去除色彩信息,原图及效果如图7-101和图7-102所示。

图7-101 原图   图7-102 去色效果

2. "黑白"命令

单击菜单栏"图像"→"调整"→"黑白"命令,或者按快捷键Alt+Shift+Ctrl+B,在弹出"黑白"对话框中,可以调整"红色""黄色""滤色""青色""蓝色""洋红"等6种颜色在整个图像的比例,进而调整该种颜色的亮度,获得层次丰富的黑白图像,如图7-103所示;这与"去色"命令简单地将原图去除色彩信息不同,例如将"绿色"由"40%"调整为"200%",即增加绿色成分的亮度,如图7-104所示;原图及两个比例的效果如图7-105~图7-107所示。

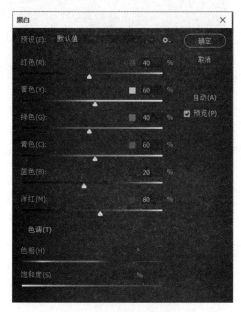

图7-103 "黑白"对话框   图7-104 设置后的"黑白"对话框

图 7-105　原图

图 7-106　"绿色"为"40％"的效果

3. "色相/饱和度"命令

单击菜单栏"图像"→"调整"→"色相/饱和度"命令,或者按快捷键 Ctrl＋U,在弹出的"色相/饱和度"对话框中,将"饱和度"设为"－100",如图 7-108 所示,这样即可将原图去除色彩信息,原图及效果图如图 7-109、图 7-110 所示。创建"色相/饱和度"调整图层,在"属性"面板中,同样设置"饱和度"参数,也可以实现去色的目的。

图 7-107　"绿色"为"200％"的效果

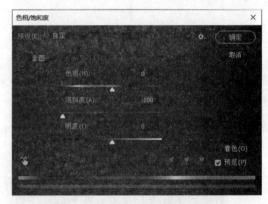

图 7-108　"色相/饱和度"对话框

图 7-109　原图

图 7-110　去色效果

4. 通道混合器

单击菜单栏"图像"→"调整"→"通道混合器"命令,在弹出的"通道混合器"对话框中,勾选左下角的"单色"选项,如图7-111所示;即可将彩色原图变为单色的灰度图像,原图及效果如图7-112和图7-113所示。创建"通道混合器"调整图层,在"属性"面板中,同样勾选"单色"选项,也可以实现去色的目的。

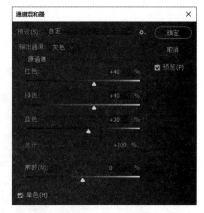

图7-111 "通道混合器"对话框

5. "灰度"色彩模式

单击菜单栏"图像"→"模式"→"灰度"命令,然后单击菜单栏"图像"→"模式"→"RGB颜色"命令,也可以将原图的彩色信息去除,原图及效果如图7-114和图7-115所示。

图7-112 原图

图7-113 去色效果

图7-114 原图

图7-115 "灰度"色彩模式效果

6. "计算"命令

单击菜单栏"图像"→"计算"命令,在弹出的"计算"对话框中,"源1""源2"的"通道"由"红色"改为"灰色","结果"选择"新建通道",单击"确定"按钮,如图7-116所示;此时,在"通道"面板中多了一个名为"Alpha 1"的Alpha通道,如图7-117所示;选择该通道,按快捷键Ctrl+A,在文档窗口中全选该通道内容,然后按快捷键Ctrl+C,复制该通道内容到剪贴板;在"图层"面板中,按快捷键Shift+Ctrl+N,新建一个空白图层,然后再按快捷键Ctrl+V,将复制的通道内容粘贴到该图层内,如图 7-118 所示;这样同样获得了灰度图像,达到了去色的目的,原图和效果如图 7-119 和图 7-120 所示。

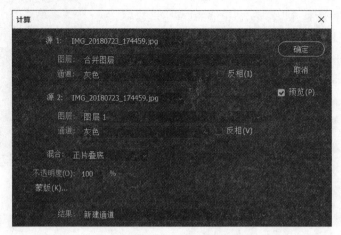

图 7-116　"计算"对话框

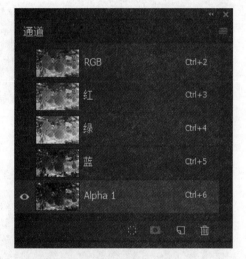

图 7-117　"通道"面板

图 7-118　复制 Alpha 1 通道内容到新建的图层中

图 7-119　原图

图 7-120　去色效果

7. 复制"蓝"通道

打开一张图片后,在"通道"面板中,单击对比效果最好的"蓝"通道,如图 7-121 所示;按快捷键 Ctrl+A,在文档窗口中全选该通道内容,然后按快捷键 Ctrl+C,复制该通道内容到剪贴板;在"图层"面板中,按快捷键 Shift+Ctrl+N,新建一个空白图层,再按快捷键 Ctrl+V,将复制的通道内容粘贴到该图层内;该方法和上一个方法类似,只是复制的通道来源不一样,原图和效果如图 7-122 和图 7-123 所示。

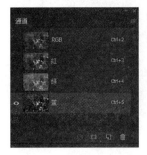

图 7-121 "通道"对话框

图 7-122 原图

图 7-123 去色效果

8. 图层混合模式

打开一张图片后,在"图层"面板中,按快捷键 Ctrl+J,复制背景图层成为一个新图层;单击工具箱中的"设置前景色"色块,在弹出的"拾色器(前景色)"对话框中,拾取黑色作为前景色;按快捷键 Shift+Ctrl+N,新建一个空白图层,然后再按快捷键 Alt+Delete,将该图层填充为黑色,将该图层拖曳到复制的"图层1"下面;单击复制的图层"图层1",将其图层混合模式由"正常"改为"明度",如图 7-124 所示,这样灰度图像效果就出来了;原图和效果如图 7-125 和图 7-126 所示。

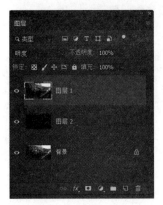

图 7-124 "图层"对话框

图 7-125 原图

图 7-126 去色效果

9. 渐变映射

打开一张图片后,在"图层"面板中,单击底部的"创建新的填充或调整图层"图标 ![icon],在弹出的快捷菜单中,选择"渐变映射"命令;在"属性"面板中,单击渐变色条,如图 7-127 所示;在弹出的"渐变编辑器"对话框中,选择"预设"中的第三个样式,即从黑色到白色的渐变,然后单击"确定"按钮,如图 7-128 所示,原图和效果如图 7-129 和图 7-130 所示。

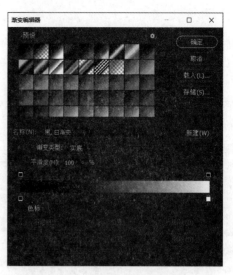

图 7-127 "属性"面板　　　　　　　　　　图 7-128 "渐变编辑器"对话框

图 7-129 原图　　　　　　　　　　图 7-130 去色效果

7.6.2

7.6.2　项目案例：素描效果

本节将原图去色并反相,结合更改图层混合模式,并使用"最小值"滤镜,实现素描效果的效果,叠加原图的彩色信息,还能够实现彩色素描的效果。具体操作步骤如下:

(1) 打开一张人物图片,如图 7-131 所示。

(2) 按快捷键 Ctrl+J,复制当前图层成为一个新图层;单击菜单栏"图像"→"调整"→"去色"命令,或按快捷键 Ctrl+Shift+U,使复制的图层去色,如图 7-132 所示。

(3) 按快捷键 Ctrl+J 复制已去色的图层;单击菜单"图像"→"调整"→"反相"命令,或者按快捷键 Ctrl+I,使图像反相,效果如图 7-133 所示。

(4) 在"图层"面板中,将反相后的图层的混合模式由"正常"改为"颜色减淡",如图 7-134 所示。

(5) 单击菜单栏"滤镜"→"其他"→"最小值"命令,在弹出的"最小值"对话框中,设置"半径"为"1 像素",然后单击"确定"按钮,如图 7-135 所示。黑白素描效果如图 7-136 所示。

(6) 在"图层"面板中,选择彩色的背景图层;按快捷键 Ctrl+J,复制该背景图层成为一个新图层,将它拖曳到所有图层的最上层,将该图层的混合模式由"正常"改为"颜色",单击"确定"按钮,彩色素描效果如图 7-137 所示。

图 7-131 原图

图 7-132 已去色图层

图 7-133 图像反相

图 7-134 "图层"面板

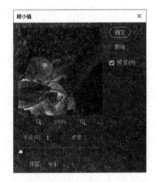

图 7-135 "最小值"对话框

图 7-136 黑白素描效果

图 7-137 彩色素描效果

(7) 打开另外一张菊花图片,使用同样的方法,原图、黑白素描和彩色素描效果分别如图 7-138～图 7-140 所示。

图 7-138　原图　　　　　　　　图 7-139　黑白素描效果　　　　　图 7-140　彩色素描效果

 **3D 效果**

7.7.1　基础知识

Photoshop 虽然是一款平面设计软件,但是也能够创建 3D 立体对象。既可以从无到有创建 3D 对象,也能从已有的图层、选区或者路径创建 3D 对象。

1. 创建 3D 对象的流程

(1) 创建模型。3D 模型是 3D 对象的骨架和基础,可以从外部导入设计好的 3D 模型,也可以在 Photoshop 中创建 3D 模型。Photoshop 可以充分利用 3ds MAX 或者 MAYA 等 3D 动画软件制作的 3D 模型,弥补在模型设计上的短板。

(2) 赋予材质。材质是 3D 对象表面的质感、图案或者纹理等外在属性,给人视觉上的直观感受,材质是对象真实感的重要体现。

(3) 添加光源。设置不同类型的光源,可以产生不同的光影效果,例如点光从一个点向各个方向照射;聚光灯发射出可调整的锥形光线,无线光从一个方向平行照射。

(4) 渲染生成。对 3D 场景渲染,可以生成最后的完成效果,效果更加细腻真实。

2. 创建基本 3D 对象

Photoshop 内置了多种 3D 模型,单击菜单栏"3D"→"从图层新建网格"→"网格预设"命令,在弹出的二级菜单中,列出了多种 3D 对象,单击其中一种,即可创建该类型对象。这里选择"金字塔"命令,创建的金字塔模型如图 7-141 所示。如果选择的图层有内容,将会选取该图层内容作为模型上的部分材质;如果当前的图层为空白的透明图层,创建出的对象为灰色。

3. 从所选图层创建 3D 模型

创建 3D 模型的图层,既可以是普通图层,也可以是智能对象图层、文字图层、形状图层或者填充图层;"从所选图层新建 3D 模型"命令,通过为该图层内容建立纵向上的立体深度,从而创建出 3D 立体效果。之后还可以进一步设置"形状预设""纹理映射""凸出深度"等选项。

打开一张旅行相册的封面图片,如图 7-142 所示;在"图层"面板中,单击"指示图层部分解锁"图标 🔒,将当前背景图层转换为普通图层;按快捷键 Ctrl+T,拖动控制点,适当缩小图层对象;单击菜单栏"3D"→"从所选图层新建 3D 模型"命令,在"属性"面板中,将"凸出深度"设为"1.5 厘米",如图 7-143 所示。在文档窗口中,可以看到生成了立体书籍的效果,如图 7-144 所示。

图 7-141 创建预设的"金字塔"3D 模型

图 7-142 原图

图 7-143 "属性"面板

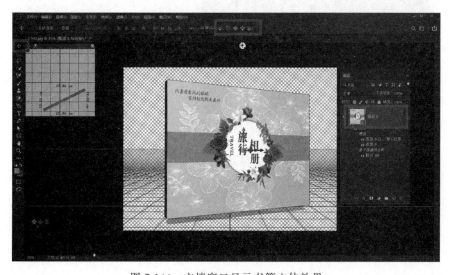

图 7-144 文档窗口显示书籍立体效果

如果要对创建的 3D 对象进行旋转、滚动、拖曳、滑动或者缩放等操作,首先要单击工具箱中"移动工具" ,然后在"3D"面板中选中 3D 对象条目,才能在选项栏中选择相应的工具进行操作,如图 7-144 所示。

(1)旋转 3D 对象工具。单击该图标,在文档窗口中,按住鼠标左键水平拖动,可以围绕 y 轴旋转模型;上下拖动,可以围绕 x 轴旋转模型;按住 Shift 键拖曳,可以沿着水平或者垂直方向旋转对象。

(2)滚动 3D 对象工具。按住鼠标左键左右拖曳,可以围绕 z 轴旋转模型。

(3)拖动 3D 对象工具。按住鼠标左键拖曳,可以移动对象。

(4)滑动 3D 对象工具。按住鼠标左键拖曳,可以将对象拉近或者推远。

(5)缩放 3D 对象工具。按住鼠标左键拖曳,可以放大或者缩小对象,向上拖动可以等比放大对象,向下拖动可以等比缩小对象。

7.7.2　项目案例:3D 效果校徽

7.7.2

本节使用"从所选图层创建 3D 模型"命令,将校徽生成不同材质的立体效果。具体操作步骤如下:

(1)打开一张校徽图片,如图 7-145 所示。

(2)单击菜单栏"选择"→"色彩范围"命令,在弹出的"色彩范围"对话框中,单击选取带加号的吸管工具 ,在预览图中不断单击白色部分,直至全部 Logo 变为白色,背景为黑色,单击"确定"按钮,如图 7-146 所示;此时,就选取了除去背景的 Logo 部分,如图 7-147 所示;按快捷键 Ctrl+J,复制当前选区内容并成为一个新图层。

图 7-145　原图

图 7-146　"色彩范围"对话框

图 7-147　建立选区

(3)打开一张新的背景图片,将已抠除红色背景的 Logo 图层拖曳到背景图层上,如图 7-148 所示。

图 7-148　把 Logo 拖曳到背景图层上

（4）单击菜单栏"3D"→"从所选图层创建 3D 模型"命令，在"属性"对话框中，修改"凸出深度"为"2.07 厘米"，"形状预设"设为"膨胀"，使其呈现 3D 立体感，如图 7-149 所示；效果如图 7-150 所示。

图 7-149　"属性"面板设置"凸出深度"

图 7-150　立体效果

（5）在 3D 面板中，单击"滤镜：材质"按钮，如图 7-151 所示；在"属性"面板中，"闪亮""反射"的值都设为 100%，如图 7-152 所示。

图 7-151　3D 面板

图 7-152　"属性"面板

（6）单击 3D 面板的"滤镜：整个场景"中的"环境"条目，如图 7-153 所示；在"属性"面板中，单击 IBL 右侧的"基于图像的光照映射"图标，在弹出的快捷菜单中，选择"替换纹理"，如图 7-154 所示；在弹出的"打开"对话框中，选择已有的金色金属材质图片，如图 7-155 所示；替换纹理后的效果如

图 7-156 所示；更换银色的金属材质纹理,效果如图 7-157 所示。

图 7-153　3D 面板

图 7-154　"属性"面板

图 7-155　金属材质

图 7-156　金色材质效果

图 7-157　银色材质效果

第8章

人像修图

本章彩图

本章概述

　　无论是老照片的修复,还是人像的数码照片的后期处理,都是人对美的无止境的追求。拍摄出来的人像原图,例如各类身份证件照、生活艺术照、毕业集体照等,可能光线、色调、肤色等原因,原图都需要加以修改,既要保留原来特征,又突出美化人像。本章深入讲解通道磨皮、高斯磨皮、表面模糊磨皮、画笔磨皮和滤镜插件磨皮等5种人脸磨皮方法,还讲解了人脸去除油光、增加黑白照片质感、人像调色等局部或者整体修图的方法。读者要通过反复练习,领悟其中原理,熟练方法技巧,提升审美品位。

学习目标

　　1. 掌握5种人脸磨皮的基本方法。

　　2. 掌握人脸去除油光等局部和整体修图方法。

　　3. 综合运用多种工具或滤镜完成人像修图。

学习重难点

　　1. 人脸磨皮的原理与方法。

　　2. 老照片修图的修补技巧。

　　3. 强化黑白照片质感。

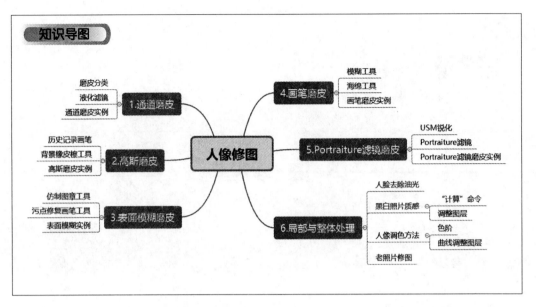

对美的追求是无止境的,人像修图是对形象美的追求和体现。无论是专业摄影拍摄出来的照片,还是手机拍摄的生活照片,都可能因为光线、色调、肤色等原因,需要后期做进一步的修改和完善。人像修图的润饰主要包括磨皮、修型、调色等技巧,在不改变人像基本外貌和特征的前提下,让人像显得更美更自然。本章重点介绍磨皮、祛斑、去油光、增加质感等人像修图方法。

8.1 通道磨皮

8.1.1 基础知识

1. 磨皮

磨皮是使用 Photoshop 软件中的图层、蒙版、通道、工具,或组合使用多种滤镜或其他软件,给图片中的人物消除皮肤部分的斑点、瑕疵、杂色等,让皮肤看上去光滑、细腻、自然。

磨皮按操作方法分为手工磨皮、插件滤镜磨皮(Noiseware,Portraiture,Topaz)、软件磨皮(NeatImage,其他)。按效果分为光滑磨皮,保细节磨皮(通道磨皮、双曲线磨皮、中性灰磨皮、滤镜磨皮)。至于选择哪一种磨皮方法,磨皮并没有万能磨皮方法,需要根据素材图中人物皮肤的实际情况及图像质量的精细程度要求选择不同的方法,也可以用一种或多种方法综合磨皮。各类人像磨皮方法比较如表 8-1 所示。

表 8-1 人像磨皮方法分类一览表

序号	名称	工 具	原 理	使用范围
1	通道磨皮	曲线、通道、计算、高反差保留滤镜等	利用肤色与斑点的色差,把斑点与皮肤分离出来,再转成选区,然后用曲线等调色工具调亮,斑点就会消失	斑点较多人物图片(如图 8-1 所示)

续表

序号	名称	工 具	原 理	使用范围
2	高斯磨皮	画笔、蒙版、钢笔、涂抹工具、减淡工具、加深工具	利用高斯模糊滤镜把人物图片整体模糊处理,然后用图层蒙版控制好模糊的范围即需要处理的皮肤部分,可以快速消除皮肤部分的杂色及瑕疵	精度要求不高的图片(如图8-2所示)
3	中性灰磨皮	画笔、加深、减淡工具等	脸部的斑点等同样是有暗部及高光构成,填充一个中性灰的图片,把模式改为"柔光",不会影响皮肤,用画笔或加深、减淡工具涂抹的时候瑕疵就会消失	印刷及商用高清人像图片
4	双曲线磨皮	曲线、画笔等	脸部的瑕疵及斑点基本上都是由高光及暗部构成,用一个加亮的曲线对应斑点暗部,加深的曲线对应瑕疵的高光,可以快速消除斑点	精度要求较高的高清人像图片
5	高低频磨皮	应用图像、计算、修复画笔等	将图像的形状和颜色分解了高频、低频两个图层,不仅可单独调整,而且互不干扰。低频层可以用来调节图像的颜色、去除色斑,这些调节不会影响到图片的细节;细节在高频层,这里的操作只改变细节,不改变颜色。使用得当,可以获得较满意的效果	高清人像图片
6	NeatImage磨皮	NeatImage滤镜	磨皮非常方便,其中的选项非常多,可以选择光滑效果也可以选择保持细节的效果;可以边看预览图边微调参数	任何人像图片
7	Noiseware磨皮	Noiseware滤镜、污点修复画笔工具、图章工具、曲线等	可以智能识别噪点区域,并按大、中、小、细小等四个层次将噪点归类,降噪的时候只需要调整其中的参数就可以选择光滑或保细节效果	任何人像图片
8	Portraiture磨皮	Portraiture滤镜、污点修复画笔工具等	自动识别或者自己选择需要磨皮的皮肤区域,然后用阈值大小控制噪点大小,调节其中的数值可以快速消除噪点;还有增强功能,可以对皮肤进行锐化及润色处理	任何人像图片
9	Topaz磨皮	Topaz滤镜、蒙版、画笔、涂抹工具等	降噪功能不是很强大,磨皮也很少用到,属于光滑磨皮范畴;有个非常特殊的功能"线性化",处理后的效果有点类似手绘画	需要光滑处理的人像图片
10	视频人物图片磨皮	蒙版、画笔、涂抹、加深、减淡工具等	视频照片如果曝光不足,人物的脸上及皮肤上会有很多五颜六色的杂点。处理的时候需要借助鼠绘的技巧,把人物的五官等稍微加工,再给人物磨皮美化	视频或手机人物图片

续表

序号	名称	工 具	原 理	使用范围
11	利用自定义图案磨皮	图案、蒙版,画笔等	比较适合斑点较多的人物,磨皮前先在人物脸部皮肤上选取一块较好的皮肤,把它复制出来定义成图案;然后新建一个图层直接填充定义的图案,适当地调色及锐化处理,增强肤色的质感	精度要求不是很高的人物图片

图 8-1　通道磨皮效果前后对比　　　　图 8-2　高斯磨皮效果前后对比

2. 液化

液化滤镜(快捷键 Shift+Ctrl+X),是用于更改图片中的一些原始内容的位置及形变的工具,说白了就是将原图颜色视为"液体",然后通过操作对液体进行局部的修改。"液化"命令可用于通过交互方式拼凑、推、拉、旋转、反射、折叠和膨胀图像的任意区域,创建的扭曲可以是细微的或剧烈的,这就使"液化"命令成为修饰图像和创建艺术效果的强大工具。

使用液化滤镜,可以修饰人物脸型,或者说完善一些细部结构的缺憾,让人物脸型、五官结构在"完美、精致"的前提下,修出人物气质。特别需要注意的是,"液化"命令只适用于 RGB 颜色模式、CMYK 颜色模式、Lab 颜色模式和灰度图像模式的 8 位图像。

很多新手用不好液化的原因,有以下几点:没有使用正确的液化工具,没有设置好正确的参数;对人物的五官、骨骼结构的概念比较薄弱;对人物的表情掌握不到位;对影像光影结构掌握不好。正确使用液化工具,应当针对不同的修饰要求要选择适当的工具。

"液化"滤镜工具详解:

(1) 工具箱:工具箱中从上往下包含 12 种工具,如图 8-3 所示,其说明如下:

"向前变形工具":该工具可以移动图像中的像素,得到变形的效果。

"重建工具":运用该工具在变形的区域单击鼠标或拖曳鼠标执行涂抹,可以使变形区域的图像恢复到原始状态。

"平滑工具":对变形的像素进行平滑处理。

"顺时针旋转扭曲工具":运用该工具在图像中单击鼠标或移动鼠标时,图像会被顺时针旋转扭曲;当按住 Alt 键单击鼠标时,图像则会被逆时针旋转扭曲。

"褶皱工具"：运用该工具在图像中单击鼠标或移动鼠标时，可以使像素向画笔中间区域的中心移动，使图像产生收缩的效果。

"膨胀工具"：运用该工具在图像中单击鼠标或移动鼠标时，可以使像素向画笔中心区域以外的方向移动，使图像产生膨胀的效果。

"左推工具"：该工具的运用可以使图像产生挤压变形的效果。运用该工具垂直向上拖动鼠标时，像素向左移动；向下拖动鼠标时，像素向右移动。当按住 Alt 键垂直向上拖动鼠标时，像素向右移动；向下拖动鼠标时，像素向左移动。若运用该工具围绕对象顺时针拖动鼠标，可添加其大小；若顺时针拖动鼠标，则减小其大小。

"冻结蒙版工具"：运用该工具可以在预览窗口打造出冻结区域，在调整时，冻结区域内的图像不会受到变形工具的影响。

"解冻蒙版工具"：运用该工具涂抹冻结区域能够解除该区域的冻结。

"脸部工具"：建立人脸的轮廓线，按住鼠标左键可以调整脸部外形。

"抓手工具"：放大图像的显示比例后，可运用该工具移动图像，以观察图像的不同区域。

"缩放工具"：运用该工具在预览区域中单击可放大图像的显示比例；按下 Alt 键在该区域中单击，则会缩小图像的显示比例。

（2）画笔工具选项：工具选项是用来配置当前所选工具的各项属性，如图 8-4 所示。

"大小"：用来配置扭曲图像的画笔的大小。

"浓度"：用来配置画笔边缘的羽化范围。画笔中心的产生的效果最强，边缘处最弱。

"压力"：用来配置画笔在图像上产生的扭曲速度，较低的压力适合控制变形效果。

"速率"：用来配置重建、膨胀等工具在画面上单击时的扭曲速度，该值越大，扭曲速度越快。

"光笔压力"：当计算机配置有数位板和压感笔时，勾选该项可通过压感笔的压力控制工具的属性。

图 8-4　"画笔工具选项"设置

"固定边缘"：勾选该项时，对画面边缘进行变形时，不会出现透明的缝隙。

（3）重建选项：用来配置重建的形式，以及撤销所做的调整，如图 8-5 和图 8-6 所示。

图 8-5　"画笔重建选项"设置

图 8-6　"恢复重建"设置

"重建"：单击该按钮，在弹出的"恢复重建"对话框中，设置恢复步数的数量。

"恢复全部"：单击该按钮可以去除扭曲效果，就算是冻结区域中的扭曲效果同样会被去除。

（4）蒙版选项：当图像中包含选区或蒙版时，可以通过蒙版选项设置蒙版的保留形式，如图 8-7 所示。

图 8-7　"蒙版选项"设置

各按钮从左到右、从上到下依次是:

"替换选区":显示原图像中的选区、蒙版或者透明度。

"添加到选区":显示原图像中的蒙版,此时可以运用冻结工具添加到选区。

"从选区中减去":从当前的冻结区域中减去通道中的像素。

图8-8 "视图选项"设置

"与选区交叉":只运用当前处于冻结状态的选定像素。

"相反选区":运用选定像素使当前的冻结区域反相。

"无":单击该项后,可解冻所有被冻结的区域。

"全部蒙住":单击该项后,会使图像全部被冻结。

"全部反相":单击该项后,可使冻结和解冻的区域对调。

(5)视图选项:视图选项是用来配置能不能显示图像、网格或背景的,还可以配置网格的大小和颜色、蒙版的颜色、背景模式以及不透明度,如图8-8所示。各参数说明如下:

"显示图像":勾选该项后,可在预览区中显示图像。

"显示网格":勾选该项后,可在预览区中显示网格,运用网格可帮助您查看和跟踪扭曲。可以选取网格的大小和颜色,也可以存储某个图像中的网格并将其运用于其他图像。

"显示蒙版":勾选该项后,可以在冻结区域显示覆盖的蒙版颜色。在调整选项中,可以配置蒙版的颜色。

"显示背景":可以选择只在预览图像中显示现用图层,也可以在预览图像中将其他图层显示为背景。

打开一张人像图片后,单击菜单栏"滤镜"→"液化"命令,在弹出的"液化"滤镜对话框里,单击工具箱中的"向前变形工具" ,在"属性"面板中,设置"画笔工具选项"的"大小"为"163",按住鼠标左键,从图像的人脸轮廓外侧向内推动,修改完成后,单击"确定"按钮,如图8-9所示。

图8-9 "液化"滤镜对话框

比较使用"液化"滤镜效果前后的效果,如图 8-10、图 8-11 所示。

图 8-10 原图

图 8-11 "液化"滤镜效果

8.1.2 项目案例:通道磨皮

8.1.2

本节首先使用"液化"滤镜对人像进行瘦脸,再使用通道等方法获取人脸需要修改的部位,使用"曲线"调整图层美白人脸,具体操作步骤如下:

(1)打开一张人像图片,如图 8-12 所示。

(2)单击菜单栏"图像"→"调整"→"色阶"命令,或按快捷键 Ctrl+L,打开"色阶"对话框,调整色阶,把灰色滑块向左滑动,数值调整为"1.18",调整后提升了图片整体亮度,如图 8-13 所示;"色阶"对话框参数设置如图 8-14 所示。

图 8-12 人像原图

图 8-13 图片整体提亮

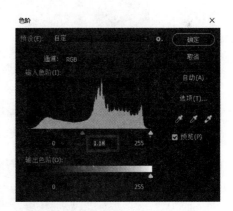
图 8-14 "色阶"对话框调整参数

(3)单击菜单栏"滤镜"→"液化"命令,在"液化"滤镜对话框中,设置"属性"面板的"画笔工具选项"的"大小"为"1476","浓度"为"50","压力"为"100";使用"向前变形工具" 🖌,按住鼠标左键,适当推进人像脸颊部分,使脸部显得修长一些,如图 8-15 所示;勾选"画笔工具选项"的"固定边缘",可以消除人脸边缘的空隙部分,如图 8-16 所示。

(4)单击菜单栏"窗口"→"通道"命令,打开"通道"面板;右击"蓝"通道,在弹出的快捷菜单中选择"复制通道",在弹出的"复制通道"对话框中,单击"确定"按钮,这样就复制了蓝色通道,如图 8-17 所示;复制的蓝色通道图如图 8-18 所示。

图 8-15　使用"液化"滤镜使人像瘦脸

图 8-16　勾选画笔工具选项的"固定边缘"消除缝隙

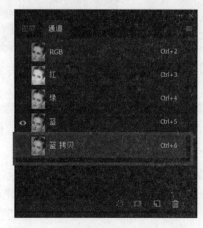

图 8-17　在通道面板中复制"蓝"通道　　　图 8-18　复制的蓝色通道

（5）选择"蓝 复制"通道，单击菜单栏"滤镜"→"其他"→"高反差保留"命令，在弹出的"高反差保留"对话框中，半径设为"10.0 像素"，如图 8-19 所示。

（6）单击菜单栏"图像"→"计算"命令，在弹出的"计算"对话框中，混合设为"强光"，不透明度为"100％"，单击"确定"按钮，重复上述操作三次，以增强效果，如图 8-20 所示；"计算"对话框如图 8-21 所示。

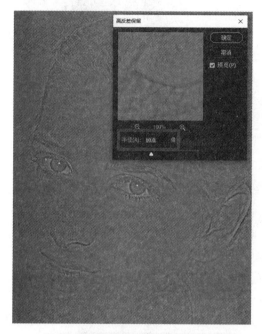

图 8-19　滤镜"高反差保留"对话框

图 8-20　使用"计算"三次后的效果

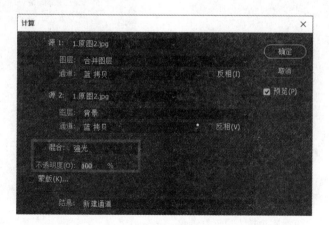

图 8-21　"计算"对话框

（7）单击工具箱中的"设置前景色"色块，在弹出的"拾色器（前景色）"对话框中，单击色域左上角，把颜色设为白色 RGB（255，255，255），单击"确定"按钮，如图 8-22 所示；单击工具箱中的"画笔工具" ，在选项栏中，把画笔"大小"设为"127 像素"，"硬度"为"0％"，"常规画笔"选择"柔边圆"，如图 8-23 所示；使用该画笔，在人像的人脸、眼睛、眉毛、嘴唇等部位涂抹，如图 8-24 所示；上述操作后,通道面板情况如图 8-25 所示。

图 8-22 "拾色器(前景色)"对话框设置前景色

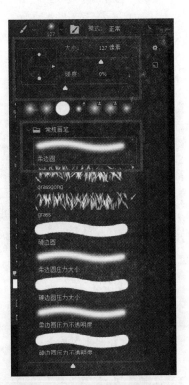

图 8-23 设置画笔大小及硬度

图 8-24 使用白色画笔涂抹人像五官部位

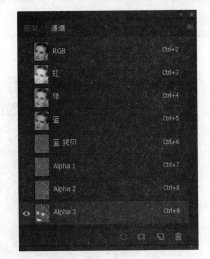

图 8-25 "通道"面板

(8) 单击菜单栏"图像"→"调整"→"反相"命令,或者使用快捷键 CTRL+I,使"Alpha 3"通道反相,反相后如图 8-26 所示;按住键盘 Ctrl 键,同时单击"通道"面板中的"Alpha 3"通道的缩览图,将通道作为选区载入,如图 8-27 所示。

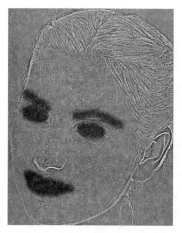
图 8-26　"Alpha 3"通道反相后的效果

图 8-27　将通道作为选区载入

（9）在"通道"面板中，选择 RGB 通道，回到原来的 RGB 通道，这个操作很重要，后续操作将对正常的 RGB 通道作用，如图 8-28 所示；在"图层"面板中，单击"创建新的填充或调整图层"按钮 ，在弹出的快捷菜单中，选择"曲线"；在曲线的"属性"面板，按住鼠标左键，将曲线中部向上拖曳，如图 8-29 所示；可以观察到人脸修图有了很大改善，对比如图 8-30 所示。

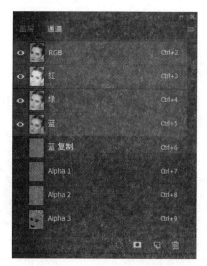
图 8-28　选择 RGB 通道

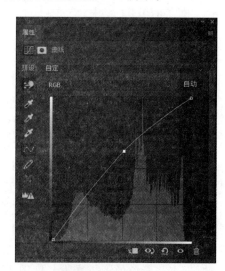
图 8-29　"属性"面板

图 8-30　人脸修图完成前后对比效果

（10）采用同样的方法，对另外一张人像图片练习修图，人像修图前后对比如图8-31所示。

图8-31　另外一张人像修图前后的对比效果

8.2　高斯磨皮

8.2.1　基础知识

1. 历史记录画笔

工具箱中的"画笔工具" ，是以"前景色"为颜料，在图像的画布上绘画；"历史记录画笔" 是以"历史记录"为颜料，在画布上涂抹的区域会回到历史操作的状态下。利用"历史记录画笔"这个特点，可以针对特定的区域，绘制需要的特定的效果。

打开一张彩色的原图，按快捷键Shift＋Ctrl＋U，去除图像中的色彩信息；单击菜单栏"窗口"→"历史记录"命令，打开"历史记录"窗口；单击工具箱中的"历史记录画笔" ，在选项栏中设置画笔"大小"为"120像素"，"不透明度"为"100％"，"流量"为"100％"；在"历史记录"面板中，单击"去色"条目前的方框，设置历史记录画笔的源，然后单击图像缩览图，如图8-32所示。之后，在打开的原图背景天空上涂抹，即可将彩色的天空变为灰度图像，人物的彩色保持不变，原图和效果如图8-33和图8-34所示。

图8-32　"历史记录"面板的选取状态

图8-33　原图

图8-34　历史记录画笔涂抹的效果

2. 背景橡皮擦工具

工具箱中的"背景橡皮擦工具" ，是一种基于色彩差异的智能化擦除工具，可以自动采集画笔中心的色样，同时擦除画笔中的该种颜色，使之成为透明区域。

打开一张包含人像和背景两个图层的图像，单击工具中的"背景橡皮擦工具"，在选项栏中单击"画笔预设"下拉箭头，在弹出的画笔预设选取器中，设置"大小"为"100像素"，"硬度"为"0％"，单击"取样：连续"图标，设置"限制"为"连续"，"容差"为"20％"。然后在人物灰色背景中连续涂抹，使光标中心的十字线一直处于灰色背景中，这样背景就不断被擦除了，原图和擦除效果如图8-35和图8-36所示。

图8-35　原图　　　　　　　　　　　图8-36　背景橡皮擦工具擦除的效果

8.2.2　项目案例：高斯磨皮

本节首先使用"历史记录画笔"和"高斯模糊"滤镜，修改脸部皮肤，使之光泽柔和，具体操作步骤如下：

（1）打开一张人像图片，如图8-37所示。

（2）单击菜单栏"滤镜"→"模糊"→"高斯模糊"命令，在弹出的"高斯模糊"对话框中，"半径"设为"22像素"，然后单击"确定"按钮，高斯模糊效果如图8-38所示。

8.2.2

图8-37　原图　　　　　　　　　　　图8-38　高斯模糊效果

（3）单击菜单栏"窗口"→"历史记录"命令，打开"历史记录"面板，先单击"高斯模糊"历史记录前的方框，此时会出现"历史记录画笔"图标 ，表示设置历史记录画笔的源；再单击图像的缩览图，此时图像回到没有高斯模糊滤镜效果的状态，如图 8-39 所示。

（4）单击工具箱中的"历史记录画笔工具" ，在选项栏中打开"画笔预设选取器"，设置"大小"为"100 像素"，"硬度"为"0％"，单击"常规画笔"中的"柔边圆"；选项栏中的"模式"为"正常"，"不透明度"设为"80％"，"流量"设为"70％"；在图像的人脸部位需要磨皮的部位不断涂抹，特别要注意涂抹时要避开五官的位置，完成的效果如图 8-40 所示。

图 8-39 "历史记录"面板　　　　　　　图 8-40 高斯磨皮的效果

（5）采用同样的方法，对另外一张人像图片练习修图，人像修图前后对比如图 8-41、图 8-42所示。

图 8-41 原图　　　　　　　　图 8-42 高斯磨皮的效果

8.3 表面模糊磨皮

8.3.1 基础知识

在对人像进行表面模糊磨皮之前,可以先对脸部比较大的雀斑或污点进行处理,使用的工具可以是"仿制图章工具"或者"污点修复画笔工具"。

1. 仿制图章工具

使用"仿制图章工具" 🖼 时,首先要进行取样,然后通过涂抹的方式,将取样的区域像素复制到当前的位置,从而实现消除人脸的斑点或者皱纹的目的。

打开一张孩子的图片,通过"仿制图章工具"将孩子脸上的痣去除掉。单击工具箱中的"仿制图章工具" 🖼 ,在选项栏中设置笔尖"大小"为"23 像素","硬度"设为"41％",按住 Alt 键,单击脸上痣的位置附近,完成取样;然后在人脸的痣上,按住鼠标左键涂抹,可以看到痣消失了,原图及效果如图 8-43、图 8-44 所示。

图 8-43 原图 　　　　　　　图 8-44 "仿制图章工具"的修复效果

"仿制图章工具"的选项栏里,可以进一步设置各项参数,如图 8-45 所示。

"对齐":勾选该选项,可以连续对像素进行取样,释放鼠标后,也不会丢失当前的取样点。

"样本":从指定的图层中进行数据取样,有"当前图层""当前和下方图层""所有图层"3 个选项。

图 8-45 "仿制图章工具"的选项栏

2. 污点修复画笔工具

该工具的使用是在选中工具的状态下,直接在需要修复的位置进行涂抹,根据其周围的区域,匹配样本的纹理、光照、阴影等因素,自动识别并填补。

打开一张沾有墨迹的人像图片,通过使用"污点修复画笔工具",将人脸上的墨迹去除掉。单击工具箱中的"污点修复画笔工具" 🖌 ,在选项栏中,将笔尖"大小"设为"19 像素","硬度"为"45％",

"模式"为"正常","类型"选择"内容识别";将光标移动到人脸墨迹的地方,不断的涂抹或者单击,可逐渐去除墨迹斑点。原图及修复效果如图8-46、图8-47所示。

图 8-46　原图　　　　　　　　　　　图 8-47　"污点修复画笔工具"的修复效果

8.3.2　项目案例:表面模糊磨皮

本例使用"表面模糊"滤镜,祛除脸部雀斑,具体操作步骤如下:

8.3.2

(1) 打开一张人像图片,如图8-48所示。

(2) 单击菜单栏"滤镜"→"模糊"→"表面模糊"命令,在弹出的"表面模糊"滤镜对话框中,"半径"设为"22像素","阈值"设为"28色阶",然后单击"确定"按钮,如图8-49所示。

图 8-48　原图　　　　　　　　　图 8-49　"表面模糊"滤镜对话框

(3) 使用表面模糊滤镜的效果如图8-50所示。单击工具箱中的"多边形套索工具"，框选脸上残留雀斑或不完美的部位,如图8-51所示。

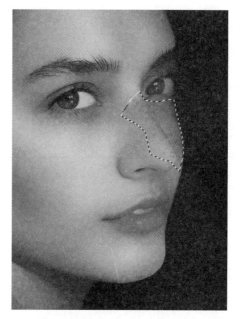

图 8-50 "表面模糊"滤镜效果

图 8-51 框选不完美的部位

（4）单击菜单栏"滤镜"→"模糊"→"表面模糊"命令，再次使用表面模糊滤镜，效果如图 8-52 所示。

（5）按快捷键 Ctrl+J，复制当前图层成为一个新图层，单击菜单栏"滤镜"→"其他"→"高反差保留"命令，在弹出的"高反差保留"对话框中，"半径"设为"1.0 像素"，如图 8-53 所示。

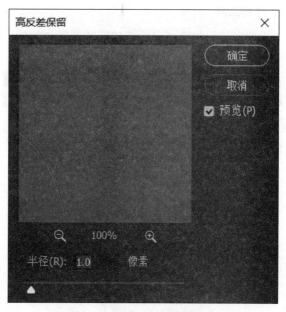

图 8-52 再次"表面模糊"滤镜效果

图 8-53 "高反差保留"滤镜对话框

（6）"高反差保留"滤镜效果如图 8-54 所示；在"图层"面板中，将"高反差保留"滤镜效果的图层的混合模式由"正常"改为"线性光",目的是增加人像的轮廓质感,完成效果如图8-55所示。

图8-54 "高反差保留"滤镜效果　　　　　图8-55 完成的效果

8.4 画笔磨皮

8.4.1 基础知识

1. 模糊工具

人脸磨皮是以牺牲部分区域的清晰度为代价的,无论是通道磨皮、高斯磨皮,还是表面模糊磨皮,皮肤打磨的地方相应的都降低了清晰度,从而使得皮肤"看起来"柔和光滑了很多。

光滑柔和的皮肤效果,还可以通过"模糊工具",实现最简单的磨皮处理。

打开一张人像图片,单击工具箱中的"模糊工具",在选项栏中,画笔笔尖"大小"设为"31像素","硬度"为"61％",选择"常规画笔"中的"柔边圆";在图像中的人脸部位不断涂抹,避开五官的部位,可以看到人像的皮肤逐渐变得光滑柔和,原图和完成效果如图8-56和图8-57所示。

图8-56 原图　　　　　图8-57 "模糊工具"处理的效果

2. 海绵工具

"海绵工具" ，可以针对图像中的局部，增加或者降低色彩的饱和度；对于灰度图像，则可以增加或者降低对比度。使用"海绵工具"处理人像，可以使得图像趋近于某种色调风格，从而融入整体背景中；也可以在某些创意广告中，淡化背景，突出人物主体。

打开一张彩色原图，单击工具箱中的"海绵工具"，在选项栏中，设置笔尖"大小"为"100 像素"，"硬度"为"50％"，"模式"为"去色"；然后在图像中的背景上按住鼠标左键涂抹，将背景变成了淡淡的灰色，改变了图像的整体风格，同时保留了人物的彩色信息，原图及效果如图 8-58、图 8-59所示。

图 8-58　原图

图 8-59　"海绵工具"处理的效果

8.4.2　项目案例：画笔磨皮

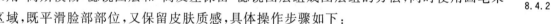

本节采用"高斯模糊"滤镜图层和"高反差保留"滤镜图层组成图层组的方法，同时使用画笔来控制蒙版区域，既平滑脸部部位，又保留皮肤质感，具体操作步骤如下：

（1）打开一张人像图片，如图 8-60 所示。

（2）按两次快捷键 Ctrl＋J，通过复制建立两个图层；在"图层"面板中，单击复制的下一图层，单击菜单栏"滤镜"→"模糊"→"高斯模糊"命令，在弹出的"高斯模糊"对话框中，将"半径"设为"25像素"，单击"确定"按钮，"高斯模糊"滤镜效果如图 8-61 所示。

8.4.2

图 8-60　原图

图 8-61　"高斯模糊"滤镜效果

（3）在"图层"面板中，单击选中复制的上一图层，单击菜单栏"滤镜"→"其他"→"高反差保留"命令，在弹出"高反差保留"对话框中，"半径"为"1像素"，滤镜效果如图8-62所示。

（4）在"图层"面板中，将该图层的混合模式由"正常"改为"线性光"，效果如图8-63所示；"图层"面板如图8-64所示。

（5）按住键盘Ctrl键，同时单击"图层"面板中的"图层1""图层1复制"两个图层，这样就同时选中了两个图层；按快捷键Ctrl+G，将选中的两个图层组成图层组；单击"图层"面板底部的"添加图层蒙版"图标 ，为当前图层组建立图层蒙版，此时"图层"面板如图8-65所示；按快捷键Ctrl+I，将图层组的蒙版反相，即白色蒙版变为黑色蒙版，如图8-66所示。

（6）单击工具箱中的"设置前景色"色块，在弹出的"拾色器(前景色)"对话框中，拾取前景色为白色RGB(255,255,255)，如图8-67所示；单击工具箱中的"画笔工具" ，在选项栏中打开"画笔预设选取器"，将画笔笔尖"大小"设为"105像素"，"硬度"设为"0％"，"常规画笔"选择"柔边圆"，如图8-68所示；使用设置好的画笔，在图像中的人脸部位连续涂抹，涂抹时避开人脸的五官部位，磨皮完成的效果如图8-69所示。

图8-62　"高反差保留"滤镜效果　　图8-63　"线性光"图层混合模式效果

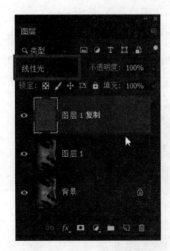

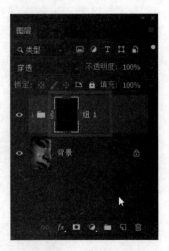

图8-64　"线性光"混合模式　　　图8-65　添加图层组蒙版　　　图8-66　蒙版反相

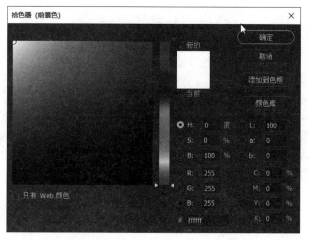

图 8-67　"拾色器(前景色)"对话框

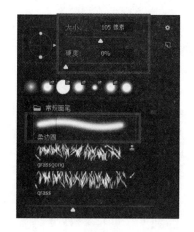

图 8-68　"画笔预设选取器"

图 8-69　磨皮效果

8.5　Portraiture 滤镜磨皮

8.5.1　基础知识

1. USM 锐化

对于经过磨皮降低了清晰度而获得柔化效果的人脸,可以采取一些补救方法恢复一定的清晰度。"USM 锐化"滤镜就是其中一种,它可以查找颜色差异明显的区域,然后使之锐化,同时并不会增加过多的噪点。锐化操作是模糊图像的补救措施,并不会增加原图的细节,而只是增强画面的锐利度,让人看起来清晰了。

打开一张人像原图,单击菜单栏"滤镜"→"锐化"→"USM 锐化"命令,在弹出的"USM 锐化"对话框中,"数量"设为"99%","半径"设为"2.0 像素","阈值"设为"2 色阶",然后单击"确定"按钮,如图 8-70 所示。原图和效果如图 8-71 和图 8-72 所示。

图 8-70　"USM 锐化"滤镜对话框　　　　图 8-71　原图　　　　图 8-72　"USM 锐化"滤镜效果

"USM 锐化"对话框中的参数说明如下：

"数量"：设置锐化效果的精细程度。

"半径"：设置图像锐化的半径范围大小。

"阈值"：相邻像素之间的差值超过了这个数值，才会被锐化。该数值越低，被锐化的像素就越多；反之，该数值越高，被锐化的像素就越少。

2. Portraiture 滤镜

Portraiture 磨皮滤镜是一款 Photoshop 的人像磨皮滤镜插件，它能够快速找到人像的大部分皮肤色调范围，可以根据需要对肤色进行微调，使得人像的皮肤达到最佳的效果，支持对清晰度、柔和度、色调、亮度、对比度的调整，同时提供包括默认在内的 8 种预设，大大提高人脸磨皮修图的效果。

安装好该滤镜后，运行 Photoshop，打开一张人像原图，单击菜单栏"滤镜"→"Imagenomic"→"Portraiture"命令，在弹出的 Portraiture 滤镜对话框中，即可对相关参数进一步设置，如图 8.73 所示。其中，左侧是"细节平滑""肤色蒙版""增强功能"各类参数选项设置，中间是原图和效果图的预览窗口，右侧是输出的有关设置。

图 8-73　Portraiture 滤镜对话框

设置各类参数选项,首先要对人脸原图进行分析,应先使用"仿制图章工具"或者"污点修复画笔工具"处理好过大的痘或者雀斑;然后在 Portraiture 滤镜对话框中设置"细节平滑"的参数,其中"阈值"越大,能够平滑处理的痘或者雀斑就越大,但是同时柔化损失的细节就越多。

8.5.2 项目案例:Portraiture 滤镜磨皮

本节使用"污点修复画笔工具""曲线"调整图层、Portraiture 滤镜、" USM 锐化"滤镜,建立相应的图层蒙版对人像原图进行精细控制,以获得较好的质感和细节层次,具体操作步骤如下:

(1)打开一张人像图片,如图 8-74 所示。

(2)按快捷键 Ctrl+J,复制当前背景图层成为一个新图层;在"图层"面板中,选择该复制的图层;单击工具箱中的"污点修复画笔工具" ,在人像的脸部斑点或痘上单击或者涂抹,祛除比较大的斑点,完成的效果如图 8-75 所示。

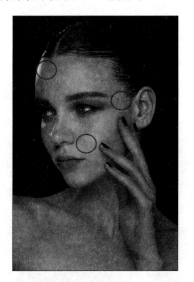
图 8-74 原图

图 8-75 "污点修复画笔工具"修复效果

(3)在"图层"面板中,单击底部的"创建新的填充或调整图层"图标 ,在弹出的快捷菜单中选择"曲线";在"属性"面板中,光标移动到曲线调整区域的曲线中间位置上,按住鼠标左键向上拖曳,直线变为向上弯曲的曲线,如图 8-76 所示,这样就提高了图像亮度。

(4)在"图层"面板中,新建的"曲线"调整图层的蒙版此时是白色的,如图 8-77 所示;**按快捷键 Ctrl+I,将蒙版反相,即白色变为黑色,如图 8-78 所示。**

(5)单击工具箱中的"设置前景色"色块,在弹出的"拾色器(设置前景色)"对话框中,拾取前景色为白色 RGB(255,255,255);单击工具箱中的"画笔工具" ,在其选项栏中,打开"画笔预设选取器",将画笔笔尖"大小"设为"54 像素","硬度"设为"0%","常规画笔"选择"柔边圆";"不透明度"设为"10%","流量"设为"10%";在"图层"面板中,单击"曲线 1"调整图层的蒙版缩览图,使用设置好的画笔,在图像的人脸鼻尖、眼袋、法令纹等部位涂抹,淡化法令纹,提亮眼睛,消去鼻子瑕疵等,"图层"面板如图 8-79 所示;效果如图 8-80 所示。

图 8-76 "属性"面板

图 8-77 "图层"面板

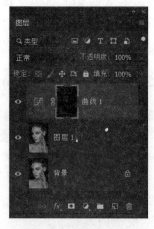

图 8-78 "属性"面板

（6）在"图层"面板中，按住 Ctrl 键，单击"曲线 1"调整图层和"图层 1"两个图层，按快捷键 Ctrl＋Alt＋E，盖印所选的两个图层，建立一个新的合并图层，如图 8-81 所示。

图 8-79 "图层"面板

图 8-80 修复局部细节的效果

图 8-81 盖印图层成为一个新的图层

（7）单击菜单栏"滤镜"→"Imagenomic"→"Portraiture"命令，在弹出的 Portraiture 滤镜对话框中，"细节平滑"中的"阈值"设为"10"，之前已经处理过较大的斑点和痘，所以这里的"阈值"不必设得过大，由原来默认的"20"降为"10"即可；"增强功能"中的"清晰度"设为"10"，最后单击"确定"按钮；人脸皮肤有明显改善，如图 8-82 所示。

（8）在"图层"面板中，单击底部的"添加图层蒙版"图标 ，为施加了 Portraiture 滤镜效果的"曲线 1（合并）"图层，建立图层蒙版。单击工具箱中的"设置前景色"色块，在弹出的"拾色器（设置前景色）"对话框中，拾取前景色为黑色 RGB(0,0,0)；单击工具箱中的"画笔工具" ，在其选项栏中，打开"画笔预设选取器"，将画笔笔尖"大小"设为"54 像素"，"硬度"设为"0％"，"常规画笔"选择"柔边圆";"不透明度"设为"100％","流量"设为"100％";使用设置好的画笔,在人脸的头发、眼睛、眉毛、嘴唇等部位涂抹,这些部位不需要 Portraiture 滤镜效果,"图层"面板如图 8-83 所示;完成效果如图 8-84 所示。

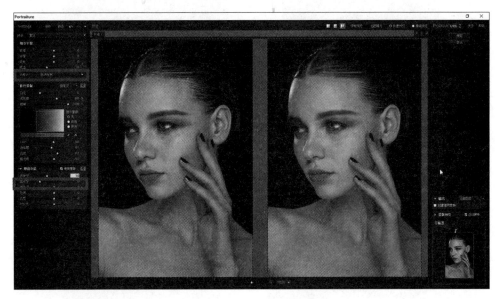

图 8-82 Portraiture 滤镜对话框

图 8-83 "图层"面板

图 8-84 Portraiture 滤镜效果

(9) 在"图层"面板中,按住 Ctrl 键,单击"图层 1""曲线 1""曲线 1(合并)"三个图层,如图 8-85 所示;按住 Ctrl+Alt+E,盖印所选图层,得到一个新的合并图层,如图 8-86 所示。

(10) 单击菜单栏"滤镜"→"锐化"→" USM 锐化"命令,在弹出的"USB 锐化"对话框中,"数量"设为"85％","半径"设为"1.5 像素","阈值"设为"4 色阶",如图 8-87 所示;对新的合并图层进行锐化处理,图像就有了更精细的细节,效果如图 8-88 所示。

图 8-85　选择多个图层

图 8-86　盖印所选图层

图 8-87　"USB 锐化"对话框

图 8-88　"USB 锐化"滤镜效果

（11）单击"图层"面板底部的"添加图层蒙版"图标 ■，为新的合并图层添加图层蒙版；选择该图层蒙版缩览图，按快捷键 Ctrl+I，将白色蒙版反相，变为黑色蒙版；将工具箱中的前景色设为白色；单击工具箱中的"画笔工具"，参数设置与步骤(8)相同；单击"图层"面板中的该图层的蒙版缩览图，如图 8-89 所示；在图像的人脸部位上，涂抹出需要锐化的地方，如眉毛、眼睛、鼻头、嘴巴。

这样做是为了避免全脸锐化,也不要过度锐化。最后完成的效果如图8-90所示。

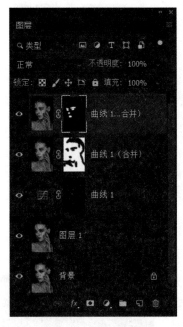

图8-89 "图层"面板

图8-90 完成的效果

特别提示一下,盖印图层是把所有图层或者所有选择的图层合并效果,变成一个新的图层,但是保留了之前的所有图层,并没有把原来的图层合并后丢弃,后续还可以编辑个别图层。如果是合并图层,则被合并的图层不会保留在"图层"面板。按快捷键Shift+Ctrl+Alt+E,盖印所有可见图层;按快捷键Ctrl+Alt+E,盖印所选图层。

8.6 局部与整体处理

8.6.1 项目案例:人脸去除油光

8.6.1

人像摄影,常常因为脸部反光产生油光脸。去除脸部油光可以使用通道和色阶,把油光部分取出来,然后再填充肤色,具体操作步骤如下:

(1)打开一张人像图片,如图8-91所示。观察该人像图片,可以看到脸部的额头及脸颊等部位有较亮的反光。

(2)在"通道"面板中,右击选择黑白反差较大的"蓝"通道,在弹出的快捷菜单中,选择"复制通道",即将"蓝"通道复制为"蓝 复制"通道,"蓝"通道图像如图8-92所示;"通道"面板如图8-93所示。

(3)按快捷键Ctrl+L,在弹出的"色阶"对话框中,往右拖曳暗部滑块(即黑色滑块),如图8-94所示;"蓝 拷贝"通道图像形成较强的黑白反差,如图8-95所示。

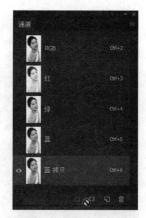

图 8-91　原图　　　　图 8-92　"蓝"通道图像　　　　图 8-93　"通道"面板

（4）将前景色设为黑色 RGB(0,0,0)，单击工具箱中的"画笔工具"✐，在选项栏中，将画笔笔尖"大小"设为"60 像素"，"硬度"为"0％"，"常规画笔"选择"柔边圆"，"不透明度"设为"100％"，"流量"设为"100％"；使用该画笔在图像上涂抹背景和衣服，结果如图 8-96 所示。

（5）按住键盘 Ctrl 键，同时单击"蓝 拷贝"通道的缩览图，将通道作为选区载入，通道中的白色亮部就被选取出来，如图 8-97 所示。

（6）在"通道"面板中，选择 RGB 通道，如图 8-98 所示；在图像窗口中，可以看到当前选区的状态，如图 8-99 所示；按快捷键 Shift＋Ctrl＋N，在弹出的"新建图层"对话框中，单击"确定"按钮，这样新建了一个图层。

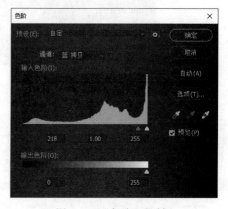

图 8-94　"色阶"对话框

图 8-95　"蓝 复制"通道图像　　　图 8-96　黑色画笔　　　　图 8-97　选取通道中的高光区域
涂抹之后的效果

（7）单击工具箱中的"吸管工具" ，单击靠近选区的皮肤，拾取皮肤的颜色 RGB(246,212,202)为前景色；按快捷键 Alt＋Delete，以前景色填充当前的选区，人脸的油光就去除了，效果如图 8-100 所示。

图 8-98　"通道"面板

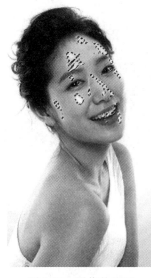

图 8-99　图像的选区

图 8-100　人脸去油光的效果

8.6.2　项目案例：黑白照片质感

制作黑白质感照片，不是简单地把彩色照片去色，而是要调整明暗的层次关系。这里介绍两种方法，一是使用"计算"命令；二是采用"渐变填充"调整图层和"曲线"调整图层的方法。

1. "计算"命令的方法

具体操作步骤如下：

（1）打开一张人像图片，如图 8-101 所示。

（2）单击菜单栏"图像"→"计算"命令，在弹出的"计算"对话框中，"源1""通道"选择"红"，"源2""通道"选择"绿"，"混合"选择"正片叠底"，如图 8-102 所示。"正片叠底"的混合方式是任何颜色与黑色混合产生黑色，任何颜色与白色混合保持不变。

图 8-101　原图

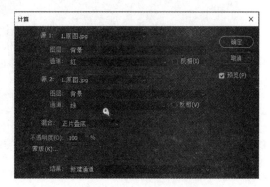

图 8-102　"计算"对话框

8.6.2

（3）"计算"命令产生的灰度图像如图 8-103 所示。按快捷键 Shift＋Ctrl＋U,这样去色产生的灰度效果如图 8-104 所示。

图 8-103   "计算"命令的效果   图 8-104   快捷键去色的效果

2. 建立调整图层的方法

具体操作步骤如下:

（1）打开一张人像图片,如图 8-101 所示。

（2）单击"图层"面板底部的"创建新的填充或调整图层"图标![icon],在弹出的快捷菜单中,选择"渐变映射",在"属性"面板中,单击渐变色条右侧的向下箭头,在弹出的"渐变"拾色器的列表中,选择第三个渐变样式,即从黑到白的渐变,如图 8-105 所示;效果如图 8-106 所示。

图 8-105   "渐变映射""属性"面板   图 8-106   "渐变映射"调整图层的效果

（3）在“图层”面板中，单击背景图层中的锁形图标，将背景图层转换为普通图层；按键盘Ctrl键，选择两个图层，按快捷键Ctrl＋Alt＋E，盖印所选图层，建立一个新的合并图层。

（4）在“图层”面板中，选择新的合并图层，按快捷键Ctrl＋Alt＋2，选取当前图层的高光区域，按快捷键Ctrl＋J，复制成为一个新图层；单击“图层”面板底部的“创建新的填充或调整图层”图标，在弹出的快捷菜单中，选择“曲线”，新建“曲线”调整图层；在“属性”面板中，将曲线的中部向上拖曳，提高高光区域的亮度，如图8-107所示。在“图层”面板中，按住键盘Alt键，把光标移动到调整图层和复制图层之间的交界线上，当光标变为时，单击鼠标左键，这样“曲线”调整图层仅对复制的图层作用。

（5）在“图层”面板中，选择新的合并图层，按快捷键Ctrl＋Alt＋2，选取当前图像的高光区域，然后按Shift＋Ctrl＋I，反选选区，即选择暗部区域；按快捷键Ctrl＋J，复制成为一个新图层；单击“图层”面板底部的“创建新的填充或调整图层”图标，在弹出的快捷菜单中，选择“曲线”，新建“曲线”调整图层；在“属性”面板中，将曲线的上半段向上拖曳，将曲线的下半段向下拖曳，增加图像的对比度，如图8-108所示。同样的，在“图层”面板中，按住键盘Alt键，把光标移动到调整图层和复制图层之间的交界线上，当光标变为时，单击鼠标左键，这样“曲线”调整图层仅对当前复制的图层作用。此时，“图层”面板如图8-109所示。

（6）完成的效果如图8-110所示。

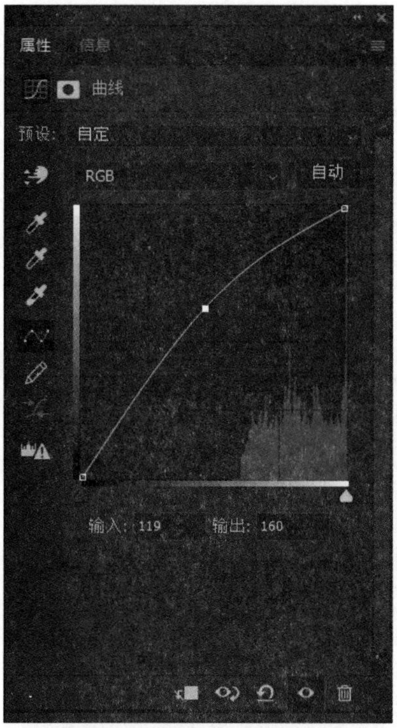

图8-107　提高高光区域的“属性”面板设置

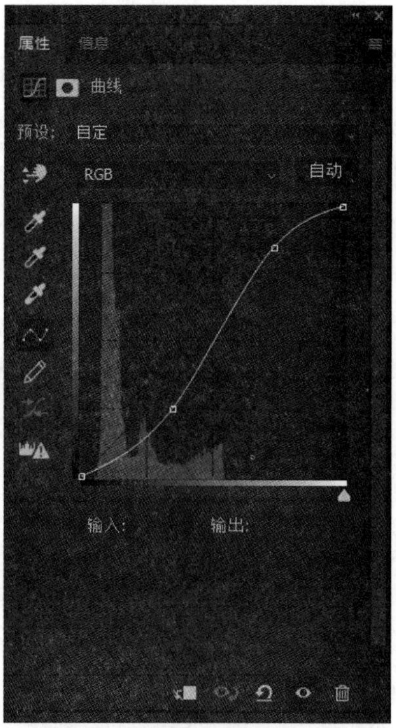

图8-108　增加图像的对比度的“属性”面板设置

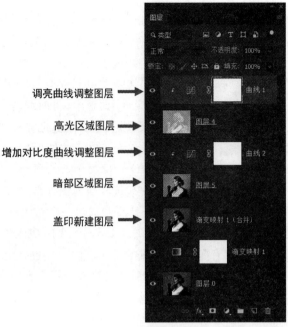

调亮曲线调整图层 ➜

高光区域图层 ➜

增加对比度曲线调整图层 ➜

暗部区域图层 ➜

盖印新建图层 ➜

图 8-109　"图层"面板　　　　　　　　　　图 8-110　完成效果

8.6.3

8.6.3　项目案例：人像调色方法

调色没有那么高深,即便简单的方法也能达到效果,如果需要精细调色,推荐使用 Camera Raw 滤镜。这里介绍使用"色阶"和"曲线"调整图层的方法对人像原图进行调色处理。

1. "色阶"对话框

具体操作步骤如下：

(1) 打开一张人像图片,如图 8-111 所示。

(2) 按快捷键 Ctrl+L,打开"色阶"对话框,如图 8-112 所示；单击对话框右侧的第一个吸管工具 🖊,在图像中的最暗区域取样以设置黑场,例如头发的阴影区域；单击对话框右侧的第三个吸管工具 🖊,单击图像中的最亮区域以设置白场,例如鼻尖反光的部位,效果如图 8-113 所示。之后,单击"确定"按钮。

(3) 单击菜单栏"图像"→"调整"→"阴影/高光"命令,在弹出的"阴影/高光"对话框中,"阴影"的"数量"设为"35%",其他参数保持不变,这样就解决了图像偏色和脸部右侧过暗的问题,调整后的效果如图 8-114 所示。

2. "曲线"调整图层

具体操作步骤如下：

(1) 打开一张人像原图,如图 8-115 所示。

(2) 在"图层"面板中,单击底部的"创建新的填充或调整图层"图标 🔘,在弹出的快捷菜单中,选择"曲线"命令,这样就新建了"曲线"调整图层；在"属性"面板中,按住键盘 Alt 键,同时单击"自动"按钮,如图 8-116 所示。

图 8-111　原图

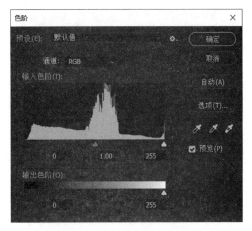

图 8-112　"色阶"对话框

图 8-113　设置黑白场后的效果

图 8-114　设置"阴影/高光"后的效果

图 8-115　原图

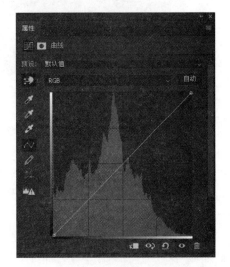

图 8-116　"属性"面板

（3）在弹出的"自动颜色校正选项"对话框中，"算法"选择"增强亮度和对比度"，如图 8-117 所示，效果如图 8-118 所示。

图 8-117　"自动颜色校正选项"对话框　　　图 8-118　"曲线"调整图层的效果

8.6.4

8.6.4　项目案例：老照片修饰

年代久远的老照片，扫描后会出现网纹或者密集的点痕迹，这里讲解如何去除网纹和痕迹。具体操作步骤如下：

（1）打开一张黑白老照片，如图 8-119 所示。

（2）按快捷键 Ctrl+J，复制当前图层成为一个新图层，"图层"面板如图 8-120 所示。

图 8-119　原图　　　　　　　　图 8-120　"图层"面板

（3）按快捷键 Ctrl+I，将复制的图层图像反相，效果如图 8-121 所示。

（4）单击菜单栏"滤镜"→"其他"→"高反差保留"命令，在弹出的"高反差保留"对话框中，"半径"设为"0.4 像素"，单击"确定"按钮，如图 8-122 所示。

（5）在"图层"面板中，将该图层的混合模式设为"线性光"，如图 8-123 所示；去除网纹后的效果如图 8-124 所示。

（6）在"图层"面板中，单击底部的"创建新的填充或调整图层"图标 ，在弹出的快捷菜单中，选择"曲线"命令，这样就新建了"曲线"调整图层；在"属性"面板中，单击第一个吸管工具，在图像中的最暗区域取样以设置黑场，例如衣服或者头发的阴影区域；单击第三个吸管工具，单击图像中的最亮区域以设置白场，例如白衬衣的衣领部位，如图 8-125 所示。最后用白色画笔涂抹背景，完成的效果如图 8-126 所示。

图 8-121　"反相"效果

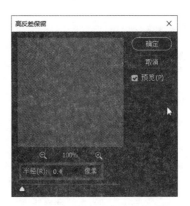

图 8-122　"高反差保留"对话框

图 8-123　设置"线性光"的"图层"面板

图 8-124　去除网纹的效果

设置黑场吸管工具 ⟶

设置白场吸管工具 ⟶

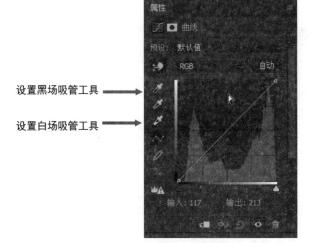

图 8-125　"属性"面板

图 8-126　调整黑白场后的效果

第9章

文 字 设 计

本章彩图

本章概述

文字、图片和色彩并称为平面设计的三要素。合理的文字设计,既要把握文字编排的准确性、识别性和易读性,又要体现一定的艺术性和个性化。文字设计是在使用文字工具输入文字的基础上,利用图层样式、滤镜以及各类工具和命令,进行一定的外形设计和排版,从而达到传情达意、直指主题的作用。本章深入讲解火焰字体、木刻字体、高光字体、压痕字体等多种文字效果,读者要敏锐地察觉到字体特效的设计理念,更要认识到字体为平面设计的主题服务,要统一到平面设计的整体中来。

学习目标

1. 掌握4种基本的文本样式输入方法。
2. 掌握图层样式的设置方法。
3. 掌握立体字制作的3种方法。
4. 掌握变形字体设计方法。
5. 综合运用滤镜、图层样式、图层混合模式制作字体效果。

学习重难点

1. 文字图层与普通图层的转换。
2. 多种图层样式综合运用。
3. 文字设计的造型与创意。

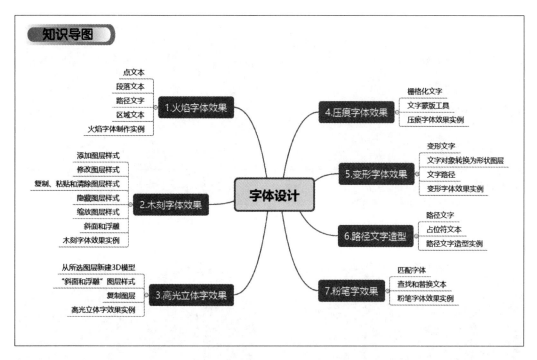

字体作为三要素之一,承载着表达主题、传递信息、交流情感的重要作用。字体、字号、字色等因素决定了文字的外形特征,而文字本身蕴含的意义通过这些外形特征,更为有效地传递出来。

本章通过图层样式设置、滤镜设置、使用钢笔工具等基本操作,讲解火焰字体、木刻字体、高光特效字体、压痕名片效果、变形文字、路径文字造型和粉笔字等效果的实例。

9.1　火焰字体效果

9.1.1　基础知识

第1章详细介绍了工具箱的"横排文字工具""直排文字工具"及其选项栏各项参数设置。本节重点讲解点文本、段落文本、路径文字和区域文本等文本形式。

1. 点文本

"点文本"是最常用的文本形式。单击工具箱中的"横排文字工具"或者"直排文字工具",在图像窗口中单击,会出现闪烁的光标,该处即为文字录入的起点。输入的文字一直会横向或者纵向排列,甚至超出画面的显示区域,按回车键 Enter 才会换行。点文本一般用于较为短小的文字录入,如海报的标题或者商标上的广告词。

打开一张图像,单击工具箱中的"横排文字工具" T ,在图像窗口中单击,输入文字"守望",如图 9-1 所示;单击选项栏中的"切换文本取向"图标 ,横排的文字变成直排,如图 9-2 所示;单击工具箱中的"移动工具" ,按快捷键 Ctrl＋T,此时文字出现定界框和控制点,拖曳控制点可以改变文字大小,如图 9-3 所示;或者旋转文字的方向角度,如图 9-4 所示。

图 9-1　输入文字"守望"

图 9-2　切换文本取向

图 9-3　移动缩放文字

图 9-4　旋转文字

要修改文字内容,可以把光标移动到要修改的文字之前,按住鼠标左键向后拖动,这样就选中了要修改的文字,然后输入新的文字即可。在文字输入状态下会有光标闪烁,提示在当前位置输入文字,单击 3 次即可选择一行文字;单击 4 次,即可选中整个段落的文字,按快捷键 Ctrl＋A,即可选中全部的文字。

2. 段落文本

"段落文本"是将输入的大段文字限定在一个矩形框内的文字形式,在整个矩形范围内,文字超出边界会自动换行,文字区域范围可以自由地进行调整。"段落文本"常用于大量整齐排列的文字的版面设计,例如期刊的内容介绍,产品的详细说明,电影海报的剧情介绍等。

打开一张图像后,单击工具箱中的"横排文字工具" **T** ,在其选项栏中设置恰当的字体、字号、字色等,然后在图像窗口中,按住鼠标左键拖动,拉出一个矩形的文本框,输入文字后,文字会自动排列在文本框中,如图 9-5 所示。将光标移动到文本框的边缘或者控制点上,当光标变成双向箭头时,按住鼠标拖动即可调整文本框的大小;文本框外形改变,文字也会重新排列,如图 9-6 所示。

图 9-5　文本框输入文字

图 9-6　改变文本框

将光标移动到文本框的控制点上或者边缘外侧,当光标变成弯曲的双向箭头时,按住鼠标左键拖动,可以旋转文本框,文本框的文字也随之旋转,如图 9-7 所示;旋转过程中,按住键盘 Shift键,可以每次转动 15°。如果要移动文本框,先要单击选项栏中的图标 ✓ ,或者按键盘 Ctrl＋Enter,完成文本编辑,单击工具箱中的"移动工具" ✛ ,即可在图像窗口中拖动文本;按快捷键Ctrl＋T,此时文字出现定界框和控制点,拖曳控制点可以改变整段文字的大小,如图 9-8 所示。

图 9-7　旋转文本框

图 9-8　移动及缩放文本框

3. 路径文字

"路径文字"是将输入的文字沿着绘制好的路径进行文字的排列,呈现一定的曲线效果,体现了独特的排版创意。

制作路径文字,首先要使用钢笔工具绘制路径。打开一张荷花图片,单击工具箱中的"钢笔工具" ✐ ,沿着荷花的外形绘制一条曲线路径;单击工具箱中"横排文字工具" T ,将光标移动到绘制好的路径上,光标变成 Ɪ 形状时单击,此时路径上出现提示输入文字的闪烁光标,即可输入文字或者将复制的文字粘贴进来,如图 9-9 所示;使用钢笔工具修改路径形状后,文字的排列方式也会随之而改变,如图 9-10 所示。

图 9-9　输入路径文字　　　　　　　　图 9-10　修改路径文字

4. 区域文本

"区域文本"是将输入的文字限定在闭合的路径内,和"段落文本"不一样的地方在于它的区域可以是任意形状的,而"段落文本"只能是一个矩形文本框。"区域文本"非常适合杂志内页的图文混合排版,能够活跃版式设计。

打开一张图片后,单击工具箱中的"钢笔工具" ✐ ,在图像窗口中绘制一条闭合的路径,如图 9-11 所示;单击工具箱中的"横排文字工具" Ｔ ,将光标移动到绘制的路径内,当光标变为 ① 形状时,单击即可插入光标输入文字或者粘贴文字进来,文字仅在路径内排列;绘制其他两条闭合路径,输入文字后的效果如图 9-12 所示。

图 9-11　绘制闭合路径　　　　　　　　图 9-12　输入或粘贴文字

修改路径,路径内的文字也会随之改变排列。文字输入完成后,单击选项栏里的图标 ✓ ,即可提交当前的区域文本操作结果。

9.1.2　项目案例:火焰字体制作

9.1.2

熊熊燃烧的火焰字体,烘托和切合了烈日灼浪的沙漠环境。本节通过"风"滤镜和"波纹"滤镜,获得燃烧的外形效果,再加上图像索引模式的"颜色表"填充颜色,产生逼真的火焰效果,具体操作步骤如下:

(1)打开一张沙漠图片,如图 9-13 所示。

(2)按键盘上的 Ctrl+N 键,在弹出的"新建文档"对话框中,将"高度"设为"1009 像素","宽度"设为"1667 像素","分辨率"设为"300 像素/英寸","背景"选择"黑色",然后单击"创建"按钮。

（3）单击工具箱中的"横排文字工具" **T**，在图像窗口的黑色背景图层上，单击并输入文字"燃烧的火焰"；按快捷键Ctrl＋T，拖曳控制点调整文字大小，双击确认；按键盘Ctrl＋E，合并文字图层和黑色背景图层，结果如图9-14所示。

图9-13　原图

图9-14　输入文字

（4）单击菜单栏"图像"→"图像旋转"→"逆时针90°"命令，结果如图9-15所示；单击菜单栏"滤镜"→"风格化"→"风"命令，在弹出的"风"对话框中，"方法"选择"风"，"方向"选择"从右"，然后单击"确定"按钮，参数设置如图9-16所示。

图9-15　逆时针旋转90°

图9-16　"风"对话框

（5）按快捷键Ctrl＋Alt＋F，重复两次使用上述"风"的滤镜，使效果更加明显，如图9-17所示。

（6）单击菜单栏"图像"→"图像旋转"→"顺时针90°"命令，让图像顺时针旋转90°，结果如图9-18所示。

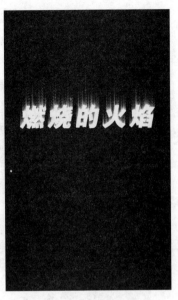

图 9-17　重复两次"风"滤镜的效果　　　　　图 9-18　顺时针旋转图像 90°

（7）单击菜单栏"滤镜"→"扭曲"→"波纹"命令，在弹出的"波纹"对话框中，"数量"设为"100％"，"大小"为"中"，单击"确定"按钮，如图 9-19 所示；文字的波纹效果如图 9-20 所示。

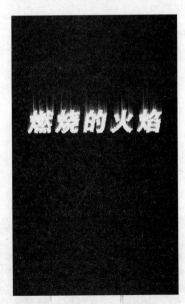

图 9-19　"波纹"对话框　　　　　　　图 9-20　"波纹"滤镜效果

（8）单击菜单栏"图像"→"模式"→"灰度"命令，将当前的文字图像由"RGB 颜色"模式转换为"灰度"模式；然后单击菜单栏"图像"→"模式"→"索引颜色"命令，将当前的文字图像由"灰度"模式转换为"索引颜色"模式，然后单击菜单栏"图像"→"模式"→"颜色表"命令，在弹出的"颜色表"对话框中，"颜色表"选择下拉列表中的"黑体"，单击"确定"按钮。"颜色表"对话框如图 9-21 所示，效果如图 9-22 所示。

（9）单击工具箱中的"移动工具" ，拖曳火焰文字图像到之前打开的沙漠图像中；在"图层"面板中，将火焰文字图层的混合模式设为"滤色"，效果如图 9-23 所示。

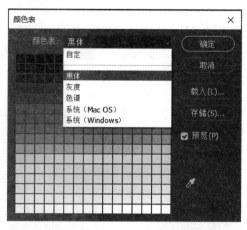

图 9-21　"颜色表"对话框

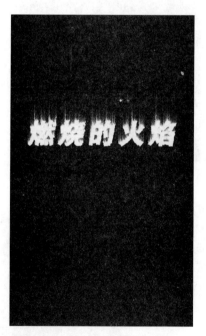

图 9-22　燃烧的字体效果

图 9-23　更换沙漠背景的效果

9.2　木刻字体效果

9.2.1　基础知识

图层样式是附加在图层上的各类效果，包括"斜面和浮雕""描边""内阴影""内发光""光泽"

"颜色叠加""渐变叠加""图案叠加""外发光""投影"等效果。这些图层样式可以单独使用,也可以多种共同使用。设置图层样式之前,要确认当前选择的图层不是空图层。

1. 添加图层样式

单击菜单栏"图层"→"图层样式"命令,在二级菜单中,可选择需要的图层样式,如图 9-24 所示;或者单击"图层"面板底部的"添加图层样式"图标 *fx.*,在弹出的快捷菜单中选择需要的图层样式,如图 9-25 所示。

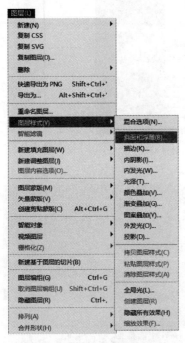

图 9-24 "图层样式"菜单命令

图 9-25 "图层样式"快捷菜单

2. 修改图层样式

打开一张包含两个图层的荷花图片,在"图层"面板中,选择上面的荷花图层,按照上述方法添加"外发光"图层样式,在"图层"面板中会出现已添加的样式列表,如图 9-26 所示;双击该样式的名称,在弹出的"图层样式"对话框中,即可进行参数的修改,如图 9-27 所示。

3. 复制、粘贴和清除图层样式

为某一图层设置好的图层样式,可以将其复制到其他图层,可以重复利用该图层样式。右击设置好图层样式的图层,在弹出的快捷菜单中,选择"复制图层样式"命令,然后右击目标图层,在弹出的快捷菜单中选择"粘贴图层样式"命令即可。要清除某一图层的图层样式,右击该图层,在弹出的快捷菜单中选择"清除图层样式"命令即可。

图 9-26 "外发光"图层样式

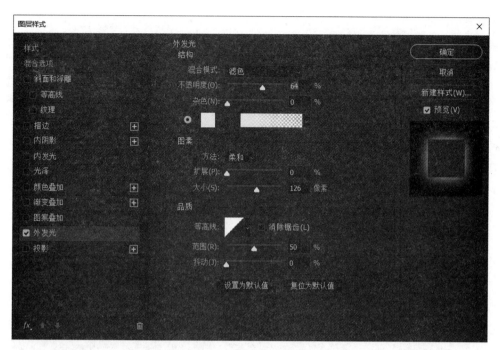

图 9-27　"图层样式"对话框

4. 隐藏图层样式

要隐藏图层样式效果,在"图层"面板中,单击"效果"前的眼睛图标 ,即可隐藏该图层的全部样式;如果单击单个样式前的眼睛图标 ,则可以仅仅隐藏该样式。再次单击该图标,即可将隐藏的图层样式效果显示出来;隐藏文字和荷花图层样式前后的效果如图 9-28 和图 9-29 所示。

图 9-28　隐藏"外发光"图层样式

图 9-29　显示"外发光"图层样式

5. 缩放图层样式

要缩放图层样式的效果,在"图层"面板中右击该图层样式,在弹出的快捷菜单中选择"缩放效果"命令,在弹出的"缩放图层效果"对话框中可以设置缩放效果的比例,例如将"缩放"设为"50％",如图 9-30 所示。

6. 斜面和浮雕

"斜面和浮雕"图层样式可以为当前的图层制作表面凸起的立体感以及"内斜面""外斜面""浮雕斜面""枕状浮雕""描边浮雕"等样式,常用于制作立体字或者有一定厚度的对象。

图 9-30 "缩放图层效果"对话框

打开一张图像,单击工具箱中的"横排文字工具" **T** ,在选项栏中设置合适的字体和大小及字色,在图像窗口中输入"俯瞰大地";单击菜单栏"图层"→"图层样式"→"斜面和浮雕"命令,在弹出的"图层样式"对话框中,设置"样式"为"外斜面","方法"为"平滑","深度"为"115%","方向"为"下","大小"为"10像素","软化"为"0像素",其他设置为默认,如图 9-31 所示。

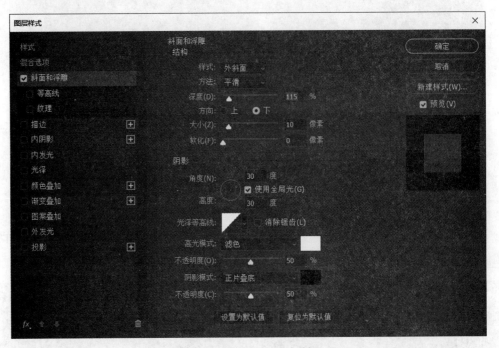

图 9-31 "图层样式"对话框

(1)"外斜面"样式。在图层内容的外侧边缘建立斜面,原图及样式效果如图 9-32、图 9-33 所示。

图 9-32 原图

图 9-33 "外斜面"样式

(2)"内斜面"样式:在图层内容的内侧边缘建立斜面,效果如图 9-34 所示。

（3）"浮雕效果"样式：是当前的图层内容相对于下层图层产生浮雕的效果，效果如图 9-35 所示。

（4）"枕状浮雕"样式：当前图层的内容的边缘嵌入下层图层中产生的效果，效果如图 9-36 所示。

（5）"描边浮雕"样式：将浮雕效果应用于图层的"描边"样式的边界，前提是当前图层已经设置好"描边"样式，"描边"的"大小"为"3 像素"，"颜色"为白色，效果如图 9-37 所示。

图 9-34 "内斜面"样式

图 9-35 "浮雕效果"样式

图 9-36 "枕状浮雕"样式

图 9-37 "描边浮雕"样式

9.2.2 项目案例：木刻字体效果

9.2.2

本节利用"斜面和浮雕""内阴影""光泽""纹理"多种图层样式，在木质底纹上设置木刻字体效果，具体操作步骤如下：

（1）打开一张木纹图片，如图 9-38 所示。

（2）单击工具箱中的"横排文字工具" T ，单击图像窗口，输入文字"跟龚老师学 PS"，单击选项栏中的"居中对齐文本"图标 ，将输入的文字对齐方式改成居中对齐方式；后续将"混合选项"中"填充不透明度"设为"0％"，所以这里的文字颜色不影响最后效果，默认即可，效果如图 9-39 所示。

（3）单击工具箱中的"移动工具" ，移动文字到刻刀位置；按快捷键 Ctrl＋T，把光标移动到控制点上，适当缩放大小；把光标移动到定界框外侧，当光标变成弯曲的双向箭头时，按住鼠标左键拖动，适当地旋转角度，结果如图 9-40 所示。

（4）在"图层"面板中，确认当前选择的图层是文字图层；单击底部的"添加图层样式"图标

[fx.]，在弹出的快捷菜单中，选择"斜面和浮雕"命令，在弹出的"图层样式"对话框中，在"斜面和浮雕"选项卡内，"样式"设为"内斜面"，"深度"为"120％"，"方向"为"下"，"大小"为"5像素"，其他参数为默认，效果如图9-41所示，"图层样式"对话框参数设置如图9-42所示。

图9-38 原图

图9-39 输入文字并居中对齐

图9-40 旋转和缩放文字图层

图9-41 "斜面和浮雕"图层样式效果

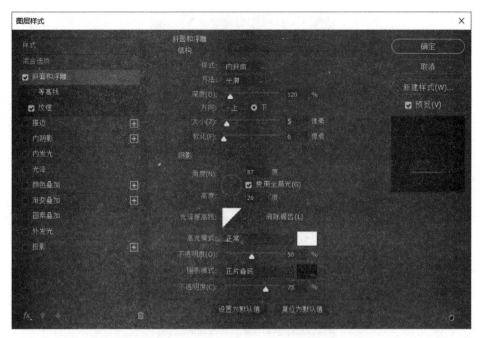

图 9-42　"图层样式"对话框"斜面和浮雕"样式设置

（5）在"图层样式"对话框中，单击左侧样式表中的"混合选项"，将"高级混合"的"填充不透明度"由"100％"改为"0％"，如图 9-43 所示，效果如图 9-44 所示。

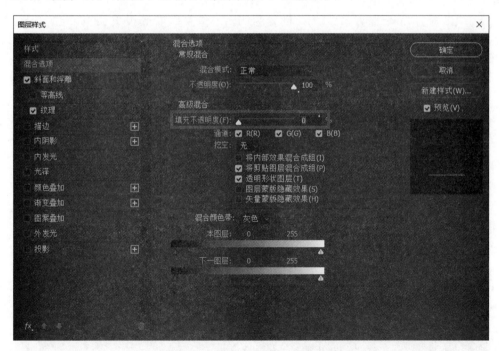

图 9-43　"填充不透明度"设为"0％"

图 9-44　"填充不透明度"为"0％"的效果

（6）接下来设置第二个图层样式，在"图层样式"对话框中，在左侧样式列表中勾选"内阴影"的样式，在右侧对应的选项卡里，将"不透明度"设置为 59％，"角度"设置为"87 度"，"距离"设置为"3 像素"，"阻塞"设置为"5 个像素"，"大小"设置为"13 个像素"，参数设置如图 9-45 表示，效果如图 9-46 所示。

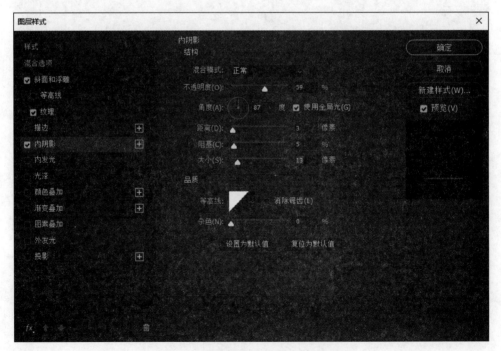

图 9-45　"图层样式""内阴影"样式设置

图 9-46 增加"内阴影"的效果

（7）在"图层样式"对话框中，在左侧样式列表中勾选图层样式"光泽"，在其对应的选项卡中，将"不透明度"设置为"50％"，"距离"设置为"21 像素"，"大小"设置为"29 像素"，"混合模式"设置为"正片叠底"，参数设置如图 9-47 所示，效果如图 9-48 所示。

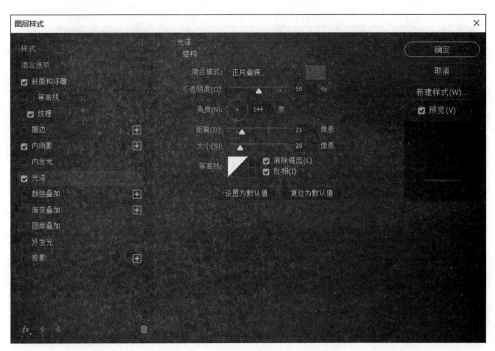

图 9-47 "图层样式""光泽"样式设置

图 9-48 "图层样式""光泽"样式设置

（8）在"图层样式"对话框中,在左侧样式列表中勾选图层样式"纹理",在左侧的选项卡里,单击"图素"的"图案"的向下箭头,在弹出的图案列表中,单击右上角的图标 ，在弹出的快捷菜单中,选择"灰度纸",在"灰度纸"的图案列表中,选择第一个图案"黑色编织纸",最后单击"确定"按钮,参数设置如图 9-49 所示,效果如图 9-50 所示。

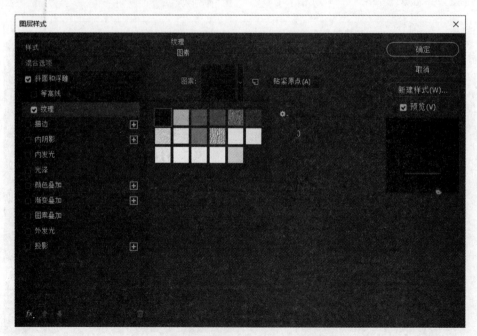

图 9-49 "图层样式"对话框"纹理"设置

（9）单击工具箱中的"缩放工具" ，在图像窗口中按住鼠标左键拖动,可以放大视图,可以看到文字的木纹效果显示出来了,效果如图 9-51 所示。

图 9-50 "黑色编织纸"纹理效果

图 9-51 放大视图查看效果

9.3 高光立体字效果

9.3.1 基础知识

立体字效果是字体设计的特效之一,常用于海报标题、广告招贴、书籍书名等,起着突出强调、丰富层次的作用。Photoshop 可以采用 3D 菜单命令、"斜面和浮雕"图层样式、复制图层等方法来实现立体字效果。

1. 3D 菜单命令

打开一张莲叶图片后,单击工具箱中的"横排文字工具" ，在图像窗口中单击并输入文字"莲叶何田田",在"图层"面板就新增了一个文字图层;在文字工具的选项栏中,文字颜色设为绿色 RGB(147,228,17);单击"从文本创建 3D"图标 ，或者单击菜单栏"3D"→"从所选图层新建 3D 模型"命令,即可将文本对象转换为带有立体感的 3D 对象,如图 9-52 所示。

在"属性"面板中,单击"形状预设"的向下箭头,在弹出的样式表中选择"膨胀"命令,"凸出深度"设为"0.3 厘米",可以在图像窗口中查看立体字效果。原图和立体字效果如图 9-53 和图 9-54 所示。

图 9-52　从文本创建 3D 对象

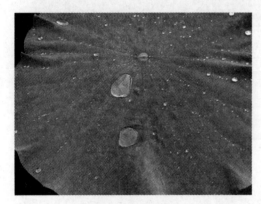

图 9-53　原图

图 9-54　立体字效果

2. "斜面和浮雕"图层样式

打开一张莲叶图片,输入文字"莲叶何田田";单击"图层"面板底部的"添加图层样式"图标 fx ,在弹出的快捷菜单中,选择"斜面和浮雕",然后在弹出的"图层样式"对话框中,勾选"斜面和浮雕"样式,在对话框右侧,"样式"选择"内斜面","方法"选择"平滑","深度"为"120％","方向"选择"上"命令,"大小"设为"5 像素",其他设置为默认参数,如图 9-55 所示。

"斜面和浮雕"图层样式为文字设置的立体效果虽然不如 3D 对象那么强,但是设置更为便捷,有多种样式可供选择。如果结合"投影"等图层样式,立体效果则更好,效果如图 9-56 所示。

3. 复制图层

为当前文字图层再复制一个图层,通过图层的错位移动,形成视觉上的立体效果,这也是立体字效果制作的常见方法之一。

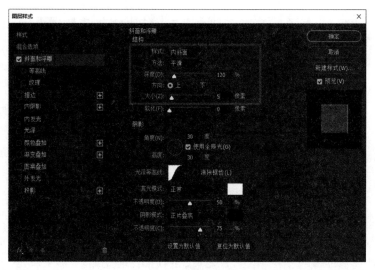

图 9-55　"斜面和浮雕"图层样式设置

打开一张莲叶图片,输入文字"莲叶何田田",文字颜色设为绿色 RGB(147,228,17);在"图层"面板中,按快捷键 Ctrl+J,复制当前文字图层成为一个新图层,如图 9-57 所示;选择下层的文字图层,单击工具箱中的"横排文字工具"  ,在选项栏中设置文字颜色为深绿色 RGB(104,169,0),按键盘"向上"方向键及"向左"方向键,稍稍移动下层文字图层的位置,使之与上层文字图层错位,文字的立体效果就显示出来了,如图 9-58所示。

图 9-56　立体字效果

图 9-57　"图层"面板

图 9-58　立体字效果

9.3.2　项目案例:高光立体字效果

字体特效千变万化,但基本都是运用各种基础工具演化而出。本节为光影图层设置"滤色"图层混合模式,形成高光字体效果,方法简单实用,具体操作步骤如下:

(1)打开一张背景原图,如图 9-59 所示。

(2)单击工具箱中的"横排文字工具"  ,在图像窗口中单击,输入文字"吉珠学院",在选项栏

9.3.2

中设置文字颜色为浅色RGB(225,252,255);单击工具箱的"移动工具" ，按快捷键Ctrl+T,拖曳定界框四周的控制点,缩放文字至合适大小,双击确定,文字效果如图9-60所示。

(3)按快捷键Ctrl+J,复制当前的文字图层;单击工具箱中的"横排文字工具" ，在选项栏中,将文字颜色修改成为另外一种颜色,文字颜色随意;单击工具箱的"移动工具" ，按键盘"向上"方向键及"向左"方向键,稍稍移动上层文字图层的位置,使上下两个文字图层稍微错位,效果如图9-61所示。

(4)单击"图层"面板底部的"添加图层样式" ，在弹出的快捷菜单中,选择"渐变叠加",然后在弹出的"图层样式"对话框中,勾选"渐变叠加"样式,在参数设置框里,单击"渐变"右侧的色条,在弹出的"渐变编辑器"对话框中,单击左下角的"色标"滑块,然后单击下面"色标""颜色"色块,在弹出的"拾色器(色标颜色)"对话框中,拾取颜色为深棕色RGB(92,61,8);单击右下角的"色标"滑块,然后单击下面"色标""颜色"色块,在弹出的"拾色器(色标颜色)"对话框中,拾取颜色为浅棕色RGB(225,183,101),然后单击"确定"按钮,退出"渐变编辑器";单击"图层样式"对话框的"确定"按钮,如图9-62所示;文字渐变效果如图9-63所示。

图9-59　原图　　　　　　　图9-60　输入文字　　　　　图9-61　复制文字图层并移动错位

图9-62　"渐变叠加"图层样式设置　　　　　图9-63　渐变叠加效果

（5）打开一张光影素材图片，在图像窗口中，按住鼠标左键，拖曳光影图片进入上一步设置好的文字图像中；按快捷键Ctrl＋T，拖曳定界框四周的控制点，缩放该图层至合适大小，如图9-64所示。在"图层"面板中，将当前的光影图层的图层混合模式由"正常"改为"滤色"，如图9-65所示；效果如图9-66所示。

图9-64 拖曳光影图像到
文字图层上

图9-65 "图层"面板

图9-66 "滤色"图层混合
模式效果

（6）在"图层"面板中，按住键盘上的Ctrl键，同时单击文字图层的缩略图 **T**，建立文字图层范围的选区，单击"图层"面板底部的"添加图层蒙版"图标 回，为光影图层建立了图层蒙版，如图9-67所示；单击"指示图层蒙版链接到图层"图标 ⑧，解锁图层与蒙版之间的链接，单击光影图层的缩览图，拖曳移动图层位置（蒙版位置不变），可以调整光影效果位置，完成的效果如图9-68所示。

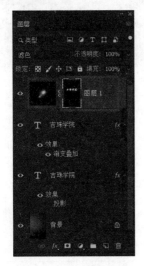

图9-67 添加图层蒙版

图9-68 高光立体字效果

9.4 压痕字体效果

9.4.1 基础知识

1. 栅格化文字

文字图层是无法直接进行内部像素的修改操作,必须首先将其转换为普通图层,这个转换的操作就是"栅格化文字"。栅格化文字是制作某些文字特效的前提条件,否则一些滤镜命令或者工具无法使用。

打开一张晚霞图片后,单击工具箱中的"横排文字工具" ,在图像窗口中单击并输入文字"醉美晚霞";打开另外一张晚霞图片,拖曳进入文字图层之上,在"图层"面板中,右击该晚霞图层,在弹出的快捷菜单中,选择"创建剪贴图层"命令,"图层"面板如图 9-69 所示;效果如图 9-70 所示。

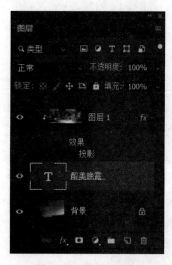

图 9-69 "图层"面板

图 9-70 文字剪贴图层效果

在"图层"面板中,单击文字图层,单击菜单栏"滤镜"→"模糊"→"动感模糊"命令,此时会弹出提示框,提示文字图层必须栅格化或者转换为智能对象才能够使用该滤镜,如图 9-71 所示。单击"栅格化"按钮,即可将该文字图层转换为普通图层。

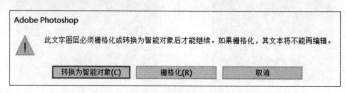

图 9-71 信息提示框

在"图层"面板中,右击该文字图层,在弹出的快捷菜单中,选择"栅格化文字"命令,如图 9-72 所示,也可以将当前的文字图层栅格化。

2. 文字蒙版工具

创建文字蒙版可以按键盘 Ctrl 键,同时单击文字图层的缩览图 **T**,即可建立文字选区,再单击"图层"面板底部的"添加图层蒙版"图标 ▣,即可创建该文字蒙版。

如果只是需要创建文字的选区,而不需要建立实体文字,可以使用文字蒙版工具。文字蒙版工具包括"横排文字蒙版工具" 和"直排文字蒙版工具" 两种,两者的区别在于文字排版方向不同。

打开一张群山图片后,单击工具箱中的"横排文字蒙版工具" ,输入文字"登高望远",然后单击选项栏中提交图标 ✓,建立横排文字选区,如图 9-73 所示;使用"直排文字蒙版工具" ,建立直排文字选区,如图 9-74 所示。

图 9-72　快捷菜单

图 9-73　建立横排文字选区

图 9-74　建立直排文字选区

建立文字选区后,单击"图层"底部的"添加图层蒙版"图标 ▣,即可建立相应的图层蒙版,效果如图 9-75 和图 9-76 所示。

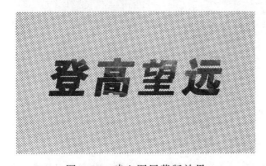

图 9-75　建立图层蒙版效果

图 9-76　建立图层蒙版效果

9.4.2　项目案例：压痕字体效果

字体特效千变万化,但基本都是运用各种基础工具演化而出。本节通过设置图层样式,形成压痕字体效果,具体操作步骤如下:

9.4.2

（1）打开印章原图，如图 9-77 所示。

（2）同样方法，打开另一张金色材质图片，将印章图片直接拖放至金属素材图层上；按快捷键 Ctrl＋T，拖曳定界框四周的控制点，缩放印章图层至合适大小，如图 9-78 所示。

图 9-77　原图　　　　　　　　　　图 9-78　缩小印章图层大小

（3）单击菜单栏"选择"→"色彩范围"命令，在弹出的"色彩范围"对话框中，将"颜色容差"设为"88"，"范围"设为"100％"，单击右侧的带"＋"号的吸管工具 ，在左侧的预览窗口中单击白色区域，如图 9-79 所示；然后单击"确定"按钮，建立选区，如图 9-80 所示。

（4）按键盘上的删除键 Delete，删除选区内容，此时印章图层的白色部分被删除了，如图 9-81 所示。

图 9-79　"色彩范围"对话框　　　　图 9-80　建立选区　　　　图 9-81　删除选区内容

（5）在"图层"面板中，单击底部的"添加图层样式"图标 ，在弹出的快捷菜单中选择"混合选项"；然后在弹出的"图层样式"对话框中,将"高级混合"中的"填充不透明度"调整为"0％",即将印章图层设为完全透明,参数设置如图 9-82 所示。

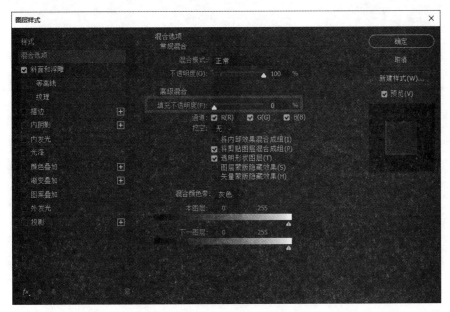

图 9-82　"填充不透明度"设为"0％"

（6）在"图层样式"对话框中,勾选左侧样式列表中的"斜面与浮雕",将"深度"设为"120％","大小"设置为"5 像素","方向"为"下",其他参数为默认,再单击"确定"按钮,参数设置如图 9-83所示。

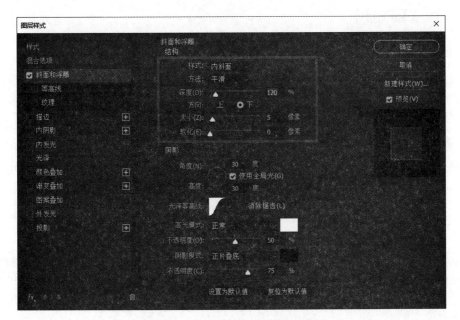

图 9-83　设置"斜面与浮雕"参数

（7）此时,压痕字体效果出来了,如图 9-84 所示；更换不同的金属材质背景,效果如图 9-85、

图 9-86 所示。

图 9-84　压痕字体效果　　　图 9-85　更换背景效果　　　图 9-86　更换背景效果

9.5　变形字体效果

9.5.1　基础知识

1. 变形文字

平面设计作品常常对文字进行夸张变形处理,目的是取得不一样的视觉效果。Photoshop 提供了"创建文字变形"功能,可以对文字进行多种样式的变形处理。

打开一张包含文字图层的图片,在"图层"面板中,单击文字图层,在选项栏中,单击"创建文字变形"图标 ,在弹出的"变形文字"对话框中(如图 9-87 所示),在"样式"下拉列表(如图 9-88 所示)中,选择"旗帜"命令,效果如图 9-89 所示;将"样式"改为"拱形",效果如图 9-90 所示。

2. 文字对象转换为形状图层

要对文字对象进行局部笔画的造型设计和处理,可以首先将文字转换为形状图层,然后使用钢笔工具进行编辑。

打开一张图像后,输入文字"迎客松"和"WELCOME",建立两个文字图层,如图 9-91 所示;在"图层"面板中,右击选择"WELCOME"文字图层,在弹出的快捷菜单中,选择"转换为形状"命令,这样该文字图层就变成了形状图层;单击工具箱中的"钢笔工具" ,在图像窗口中,移动字母"O"中的锚点位置,改变该字母的外形,如图 9-92 所示;同样方法,将"迎客松"文字图层转为形状图层,修改"迎"字的捺笔画的锚点,改变该汉字的外形,如图 9-93 所示;最后为字母"O"所在图层添加两个小圆形的蒙版,完成效果如图 9-94 所示。

图 9-87　"变形文字"对话框　　　　　　　图 9-88　变形文字"样式"列表

图 9-89　"旗帜"样式效果　　　　　　　图 9-90　"拱形"样式效果

图 9-91　输入文字　　　　　　　　　图 9-92　改变字母"O"的锚点

图 9-93　改变汉字"迎"的锚点　　　　　图 9-94　完成的效果

3. 文字路径

　　要对文字对象进行局部笔画的造型设计和处理,还可以为文字图层创建工作路径,然后使用钢笔工具进行编辑。

　　打开一张烟花图片,如图 9-95 所示;输入文字"欢庆节日",如图 9-96 所示。

图 9-95　原图　　　　　　　　　　图 9-96　输入文字

　　单击菜单栏"文字"→"创建工作路径"命令,这样就获得了文字的路径,如图 9-97 所示;隐藏文字图层,新建一个图层,单击工具箱中的"钢笔工具" ✐ ,右击图像窗口中的文字路径,在弹出的快捷菜单中选择"描边路径"命令,在弹出的"描边路径"对话框中,"工具"选择"画笔",单击"确定"按钮,这样路径就会按照事先设置好的画笔进行描边,效果如图 9-98 所示。

图 9-97　创建文字的工作路径　　　　　图 9-98　描边路径的效果

9.5.2　项目案例：变形字体效果

　　通过连笔、象形等字体变形,让文字造型设计与众不同。本节以"男人帮"字样为对象,设计共

用笔画的字体变形,具体操作步骤如下:

(1) 运行 Photoshop CC 2019,按键盘上的 Ctrl＋N 键,新建图像文件。在弹出的"新建文档"对话框中,将"宽度"设置为"600 像素",将"高度"设置为"900 像素","分辨率"设置为"300ppi(像素/英寸)",单击"创建"按钮,建立一个新的空白图像。

(2) 单击工具箱中的"横排文字工具" ,在图像窗口中单击并输入文字"男",在其选项栏中字体选为"方正粗黑宋简体",文字颜色为棕色 RGB(112,74,0),如图 9-99 所示。

(3) 单击菜单栏"文字"→"创建工作路径"命令,这样就获得了文字的路径,如图 9-100 所示。

(4) 单击工具箱中的"钢笔工具" ,把光标移动到"男"字右下角的锚点上,单击即可删除部分锚点,删除结果如图 9-101 所示。

图 9-99　输入第一　　　图 9-100　创建文字　　图 9-101　删除部分锚点　图 9-102　新建图层的
　　　　个字"男"　　　　　　的路径　　　　　　　　　　　　　　　　　　　　填充效果

(5) 在"路径"面板中,按住键盘 Ctrl 键,单击该路径缩览图,即可将路径作为选区载入;在"图层"面板中,隐藏原来的文字图层;按快捷键 Shift＋Ctrl＋N,新建图层,然后按快捷键 Alt＋Delete,填充原来的文字颜色 RGB(112,74,0),如图 9-102 所示。

(6) 依次输入"人"字和"帮"字,"人"字不要变形处理,"帮"字的处理方法同上,"图层"面板如图 9-103 所示;拖曳三个汉字靠拢一些,完成的效果如图 9-104 所示。

图 9-103　"图层"面板　　　　　　图 9-104　完成的效果

9.6 路径文字造型

9.6.1 基础知识

1. 路径文字

本章前面讲解了四种基本文本类型,其中路径文字就是一种活跃版式、构造文字排列的常用方法。创建路径文字,首先要按照创意构思,绘制好一条路径,如图 9-105、图 9-106 所示;然后使用工具箱中的"横排文字工具"或者"直排文字工具",创建依附于路径上的文字,文字会按照路径的外形进行排列,如图 9-107 和图 9-108 所示。

图 9-105　绘制路径

图 9-106　绘制路径

图 9-107　输入路径文字

图 9-108　输入路径文字

2. 占位符文本

电影海报或者产品广告常常需要输入大段的文本,而在这些文本确定之前,可以使用"占位符"功能,对版面中的文字位置和所占区域进行提前排版,待文本确定后,只要替换占位符文本即可。

打开一张图像后,单击工具箱中的"横排文字工具"**T**,在图像窗口中,按住鼠标左键拉出一个矩形文本框,如图 9-109 所示。单击菜单栏中的"文字"→"粘贴 Lorem Ipsum"命令,文本框即可快速被英文字符填充,如图 9-110 所示。

图 9-109　绘制矩形文本框

图 9-110　粘贴占位符文本

9.6.2　项目案例：路径文字造型

本节首先绘制心形路径,然后按照该路径输入路径文本,形成与主题相呼应的设计版式,具体操作步骤如下:

(1) 运行 Photoshop CC 2019,按快捷键 Ctrl+N,在弹出的"新建文档"对话框中,将"高度"设置为"853 像素",将"宽度"设置为"480 像素","分辨率"设置为"300ppi(像素/英寸)","背景内容"颜色设为暗红色 RGB(161,2,32),单击"创建"按钮,新建一个图像文件,如图 9-111 所示。

(2) 单击工具箱中的"钢笔工具"，在图像上绘制一条心形路径,如图 9-112 所示。

(3) 单击工具箱中的"横排文字工具"**T**,在其选项栏中,字体选为"方正大标宋简体",大小为"4 点",字色为 RGB(246,5,50);然后将光标移动到绘制好的路径上,当光标变成 形状时单击,此时路径上出现提示输入文字的闪烁光标,输入文字"祖国在我心中",选择已输入的文字,然后按快捷键 Ctrl+C 复制文字,再连续多次按快捷键 Ctrl+V 粘贴文字,多次粘贴后的效果如图 9-113 所示。

(4) 打开一张天安门长城图片(PNG 格式),将其拖曳到红色背景图层之上,按快捷键 Ctrl+T,拖动控制点缩小并移动至心形文本中心,结果如图 9-114 所示。

(5) 在"图层"面板中,单击底部的"创建新的填充或调整图层"图标，在弹出的快捷菜单中,选择"色相/饱和度"命令;在"属性"面板中,将"色相"设为"-175",如图 9-115 所示;在"图层"面板中,将光标移动到"色相/饱和度"调整图层和地图图层的交界线上,当光标变成形状，单击鼠标左键,如图 9-116 所示;这样就将该调整图层仅作用在下层图层上,效果如图 9-117 所示。

图9-111 新建图像

图9-112 绘制心形路径

图9-113 输入文字

图9-114 拖曳并缩放地图

图9-115 "属性"面板

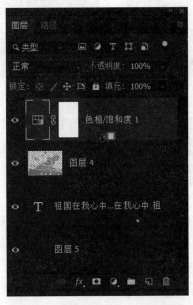
图9-116 设置调整图层的作用图层

图9-117 色相调整后的效果

(6)单击工具箱中的"横排文字工具" T ,在图像窗口中,输入标题文字"爱祖国",在其选项栏中,设置字体为"方正粗圆简体",大小为"18点"。在"图层"面板中,单击底部的"添加图层样式"图标 fx. ,在弹出的快捷菜单中选择"渐变叠加",在弹出的"图层样式"对话框中,单击"渐变叠加"中的"渐变"色条,如图9-118所示;然后在弹出的"渐变编辑器"对话框中,设置渐变颜色为黄色RGB(255,255,0),白色RGB(255,255,255),如图9-119所示;连续单击"确定"按钮两次,为标题文字添加渐变效果;完成的整体效果如图9-120所示。

(7)更多文字造型和排版设计可供借鉴参考,如图9-121~图9-124所示。

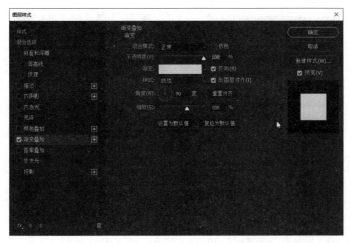

图 9-118　"图层样式"对话框

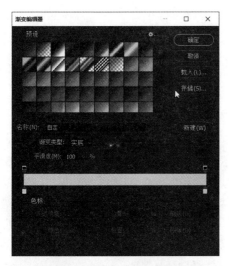

图 9-119　"渐变编辑器"对话框

图 9-120　完成的效果

图 9-121　文字造型设计

图 9-122　文字造型设计

图 9-123　文字造型设计

图 9-124　文字造型设计

9.7　粉笔字效果

9.7.1　基础知识

1. 匹配字体

字体作为一种广泛应用的设计要素,常常出现在地铁公交、霓虹灯光、户外 LED 屏等载体上,如果设计作品中的字体可供参考借鉴,但是又不知道是何种具体字体,那该怎么办呢? Photoshop 提供了"匹配字体"的命令,可以迅速查找出类似或者相匹配的字体。

打开一张包含文字的图片,单击工具箱中的"矩形选框工具",在图像窗口中,框选需要识别的字体,如图 9-125 所示,单击菜单栏"文字"→"匹配字体"命令,在弹出的"匹配字体"对话框中,列出与所选字体相类似或者匹配的字体,如图 9-126 所示,这样就可以去下载使用这些漂亮的字体了。

图 9-125　框选文字区域

图 9-126　"匹配字体"对话框

2. 查找和替换文本

如果在图像中有大段的文本,里面有部分文字需要统一更换,可以使用"查找和替换文本"命令来完成操作。使用该命令有个前提条件,就是文字图层必须是未栅格化或者没有与其他图层合并。

打开一张包含文字图层的图片,单击菜单栏"编辑"→"查找和替换文本"命令,在弹出的"查找和替换文本"对话框中,"查找内容"输入框内输入需要查找

图 9-127 "查找和替换文本"对话框

替换的文字"秋天",在"更改为"输入框里输入新的文字"初秋",如图 9-127 所示,单击"更改全部"按钮,即可全部更换设置的文本,原图和替换效果如图 9-128 和图 9-129 所示。

图 9-128 原图

图 9-129 替换文本后

9.7.2 项目实例:粉笔字体效果

9.7.2

本节用粉笔字和粉彩效果制作教师节祝福海报,特别切合节日的氛围,具体操作步骤如下:

(1) 运行 Photoshop,按键盘上的 Ctrl+N 键,在弹出的"新建文档"对话框中,将"高度"设置为"900 像素",将"宽度"设置为"600 像素","分辨率"设置为"300ppi(像素/英寸)","背景内容"颜色默认为白色 RGB(255,255,255),单击"创建"按钮,新建一个图像文件。

(2) 单击工具箱中的"设置前景色",在弹出"拾色器(前景色)"对话框中,将前景色设置为浅绿色 RGB(86,135,101),将背景色设置为深绿色 RGB(50,77,58);单击工具箱中的"渐变工具"，在其选项栏中单击"径向渐变"图标，然后在图像窗口中,从图像中心点往边角上拉出,即可将当前背景图层填充为渐变色,绿色黑板效果如图 9-130 所示。

(3) 单击工具箱中的"切换前景色和背景色"，将前景色和背景色互换;单击工具箱中的"横排文字工具"，在图像窗口中输入文字"感念恩师",单击"图层"面板底部的"添加图层样式"图标 *fx*.,在弹出的快捷菜单中选择"描边",然后在弹出的"图层样式"对话框中,勾选左侧的样式"描边",在"结构"一栏中,将大小改为 1 个像素。白色描边效果如图 9-131 所示;"图层样式"对话框"描边"参数设置如图 9-132 所示。

(4) 按快捷键 Shift+Ctrl+N,新建一个图层;将前景色设为白色,按快捷键 Alt+Delete 将该图层填充为白色;单击菜单栏"滤镜"→"杂色"→"添加杂色"命令,在弹出的"添加杂色"对话框中,将"数量"设置为"77.87%","分布"选择"高斯分布",勾选"单色",如图 9-133 所示;设置"添加杂色"滤镜后的效果如图 9-134 所示。

图 9-130　填充绿色渐变色效果　　　图 9-131　文字"感念师恩"白色描边效果

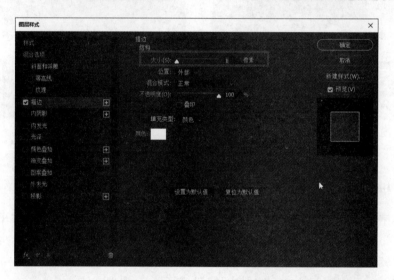

图 9-132　"图层样式"对话框

图 9-133　"添加杂色"对话框　　　图 9-134　设置"添加杂色"滤镜后的效果

（5）单击菜单栏"滤镜"→"模糊"→"动感模糊"命令，在弹出的"动感模糊"对话框中，将"角度"设为"47 度"，"距离"改为"236 像素"，如图 9-135 所示；滤镜效果如图 9-136 所示。

图 9-135　"动感模糊"滤镜对话框

图 9-136　"动感模糊"滤镜效果

（6）在"图层"面板中，将灰色图层的混合模式由"正常"改为"滤色"；然后右击该图层，在弹出的快捷菜单中，选择"创建剪贴蒙版"，效果如图 9-137 所示。

（7）在"图层"面板中，单击文字图层，然后单击工具箱中的"横排文字工具" ，在选项栏中修改文字的字体和大小，并将横排文字改为直排文字，效果如图 9-138 所示。

图 9-137　创建剪贴蒙版的效果

图 9-138　修改文字的字体、大小及排列方向

（8）单击"图层"面板底图的"创建新的填充或调整图层"图标 ，在弹出的快捷菜单中，选择"曲线"命令，在"属性"面板中，光标移动到直方图的直线上，按住鼠标左键，往下拖曳，直线变成了向下弯曲的曲线，如图 9-139 所示；在"图层"面板中，按住 Alt 键，移动光标到曲线调整图层和粉笔字图层的

交界线上,当光标变为图标 时单击,此时"曲线"调整图层只对其下的文字图层起作用,适当降低了文字的亮度和对比度,效果如图 9-140 所示。

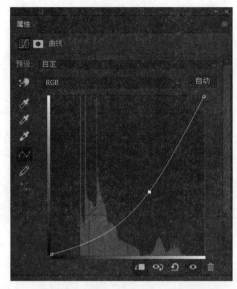

图 9-139 "属性"面板调整曲线

图 9-140 "曲线"调整图层的效果

(9)单击"图层"面板底图的"创建新的填充或调整图层"图标 ,在弹出的快捷菜单中,选择"色彩平衡"命令,添加"色彩平衡"调整图层;在"属性"面板中,将"洋红色"与"绿色"的滑块拖向最左侧,数值变为"−100",参数设置如图 9-141 所示,彩色粉笔字体效果如图 9-142 所示。

(10)继续添加心型、桃花等素材,输入配图的文字,完成效果如图 9-143 所示。

图 9-141 "属性"面板

图 9-142 彩色粉笔字体效果

图 9-143 完成的彩色粉笔字效果

第10章

合 成 设 计

本章彩图

本章概述

　　图像合成设计最考验设计者功夫的操作技能,既是对设计者基本功的检验,也是对设计成品是否具有创意的最终考核。图像的合成设计,是对图像素材的"再创造",好的合成设计是对素材的有机融合,也是"画龙点睛"的神来之笔。本章讲解图像合成和作品设计案例,使读者由浅入深地领悟合成设计的精髓要义,明白平面设计的功夫既在 Photoshop 之内,更在 Photoshop 之外。

学习目标

1. 掌握图像合成的基本方法。
2. 掌握海报、网站首页、相册的设计方法和技巧。
3. 能够应用各类工具制作个人平面设计作品。

学习重难点

1. 融会贯通地使用通道、蒙版和选区。
2. 汲取和借鉴创意为我所用。
3. 设计满足特定需求的作品。

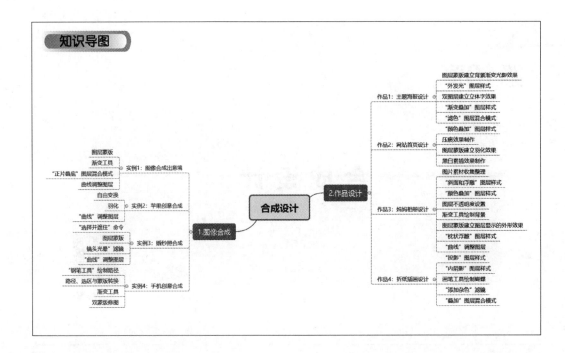

10.1 图像合成

图像合成是指整合两张或多张图像,通过调整大小、位置、角度、透视关系、色调、明暗等,从而形成新的、独特的统一整体效果。图像合成是对原图素材的再创作,其目的是实现图像各式各样的特殊效果,制作符合人们审美需求的图像,既突出主题,又寓意深刻。本节讲解图像合成的 4 个实例,通过多种工具和命令实现图像素材的融合。

10.1.1 项目案例:图像合成出意境

10.1.1

本节使用图层蒙版、渐变填充、正片叠底图层混合模式、曲线调整图层等,实现天空和地面剪影图像的合成。具体步骤如下:

(1) 打开两张原图,如图 10-1 和图 10-2 所示。

图 10-1 地面剪影原图

图 10-2 天空云彩原图

（2）单击地面剪影图像窗口，单击菜单栏"图像"→"画布大小"命令，在弹出的"画布大小"对话框中，"高度"设为"11厘米"，单击"定位"中心点的下方，单击"确定"按钮，如图10-3所示。这样扩大了画布大小，为天空云彩图像准备好空间位置。

（3）单击工具箱中的"移动工具" ，将天空云彩图片拖曳到扩展了画布的地面剪影图像之上，适当移动位置；按快捷键Ctrl+T，拖曳控制点缩小天空图像大小，效果如图10-4所示。

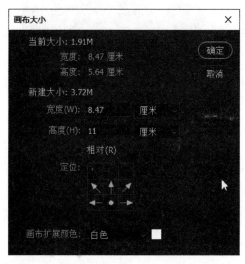

图10-3　"画布大小"对话框

图10-4　拖曳天空图片进入剪影图像上

（4）在"图层"面板中，单击天空云彩图层，单击底部的"添加图层蒙版" ▣ ，为该图层添加了白色的图层蒙版；单击工具箱中的"设置前景色"，在弹出的"拾色器（设置前景色）"对话框中，将前景色设为黑色RGB(0,0,0)；单击工具箱中的"设置背景色"，在弹出的"拾色器（设置背景色）"对话框中，将背景色设为白色RGB(255,255,255)；单击工具箱中的"渐变工具" ▢ ，在其选项栏中，选择"从前景色到背景色渐变"样式，单击"线性渐变"，如图10-5所示；单击天空云彩图层的蒙版缩览图，在图像窗口中按住鼠标左键由下往上拉出渐变，并再重复几次，"图层"面板如图10-6所示；图层蒙版的效果如图10-7所示。

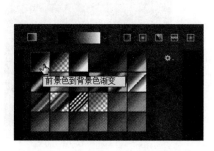

图10-5　"渐变工具"选项栏

图10-6　"图层"面板

（5）单击工具箱中的"设置前景色"，在弹出的"拾色器（设置前景色）"对话框中，将前景色设为白色 RGB（255，255，255）；单击工具箱中的"画笔工具" ，在其选项栏中，将画笔笔尖"大小"设为"200 像素"，"硬度"设为"0％"，"常规画笔"选择"柔边圆"；在"图层"面板中，单击背景图层，使用该画笔在背景图层的天空背景部分涂抹，使之与天空云彩图层过渡柔和，如图 10-8 所示。

图 10-7　天空云彩图层蒙版效果　　　　　　图 10-8　处理背景图层的天空

（6）在"图层"面板中，单击背景图层，单击面板底部"创建新的填充或调整图层"图标 ，在弹出的快捷菜单中，选择"渐变"，在弹出的"渐变填充"对话框中，单击"渐变"色条，然后在弹出的"渐变编辑器"对话框中，单击"预设"中的第 6 个渐变样式，即"蓝、红、黄渐变"，单击"确定"按钮，如图 10-9 所示。

（7）在"图层"面板中，将"渐变填充 1"的图层混合模式由"正常"改为"正片叠底"，如图 10-10 所示，效果如图 10-11 所示。

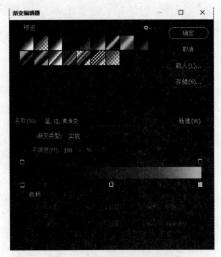

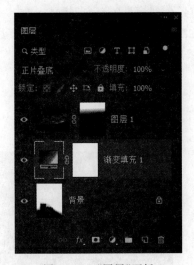

图 10-9　"渐变编辑器"对话框　　　　　　图 10-10　"图层"面板

（8）单击"图层"面板中"渐变填充 1"调整图层的缩览图,在弹出的"渐变填充"对话框中,单击"渐变"色条,然后在弹出的"渐变编辑器"对话框（如图 10-12 所示）中,单击色条的中间滑块,然后单击"颜色"色块,在弹出的"拾色器（色标颜色）"对话框（如图 10-13 所示）中,拾取红橙色 RGB（255,96,0）,将原来的红色改为红橙色,更接近天空真实的颜色,然后单击"确定"按钮,效果如图 10-14 所示。

图 10-11　渐变填充的效果

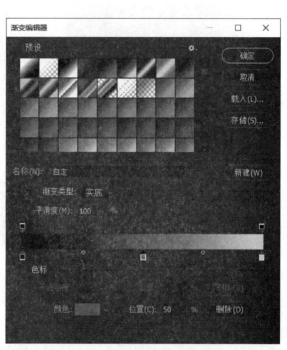

图 10-12　"渐变编辑器"对话框

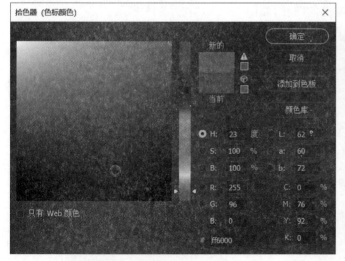

图 10-13　"拾色器（色标颜色）"对话框

图 10-14　调整颜色后的效果

（9）在"图层"面板中,单击背景图层,单击面板底部"创建新的填充或调整图层"图标 ⬤ ,在弹出的快捷菜单中,选择"曲线"命令,在弹出的"属性"面板中,单击手动直接调整图标 ,在图像窗口中的云彩暗部位置,按住鼠标左键并向下拖曳,然后在云彩亮部位置,按住鼠标左键向上拖曳,增加明暗对比度,调整后的曲线如图 10-15 所示。这样便增加了云彩的亮部和暗部的对比关系,拉大了反差效果,使得天空和大地浑然一体,调整后的效果如图 10-16 所示。

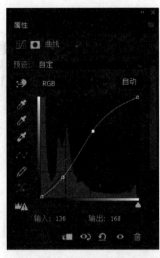

图 10-15　"属性"对话框

图 10-16　调整颜色后的效果

10.1.2　项目案例: 苹果创意合成

本节把简单的苹果和嘴巴图像,通过巧妙的组合,使人产生丰富的联想,为作品创意打开无限的空间,具体操作步骤如下:

(1) 打开一张苹果的图片和一张嘴巴的图片,如图 10-17 和图 10-18 所示。

(2) 单击工具箱中的"移动工具" ,在图像窗口中,将嘴巴图像拖曳到苹果图像上,如图 10-19 所示。

图 10-17　苹果原图

图 10-18　嘴巴原图

图 10-19　拖曳复制嘴巴图像到苹果图像中

(3) 按快捷键 Ctrl+T,将光标移动到控制点上,旋转和缩放嘴巴图层大小,如图 10-20 所示,调整后的结果如图 10-21 所示。

（4）按住 Ctrl 键，同时单击"图层"面板中的嘴巴图层的缩览图，建立嘴巴图层的选区，如图 10-22 所示。

图 10-20　旋转缩放嘴巴大小

图 10-21　调整后的结果

图 10-22　建立嘴巴图层的选区

（5）单击菜单栏"选择"→"修改"→"羽化"命令，或者按快捷键 Shift＋F6，在弹出的"羽化选区"对话框中，"羽化半径"设为"6 像素"，如图 10-23 所示。

（6）按快捷键 Ctrl＋J，复制选区内容并建立一个新的嘴巴图层，删除原来的嘴巴图层，如图 10-24 所示。这样处理的目的是使嘴巴图层和苹果图层过渡柔和，没有那么生硬。

（7）单击"图层"面板底部的"创建新的填充或调整图层"图标 ⬤，在弹出的快捷菜单中选择"曲线"命令，这样就新建了一个"曲线"调整图层；在"属性"面板中，按住鼠标左键拖曳曲线中间位置，向上提拉，将图像整体调亮，"属性"面板如图 10-25 所示。

图 10-23　"羽化选区"对话框

图 10-24　复制新的嘴巴图层

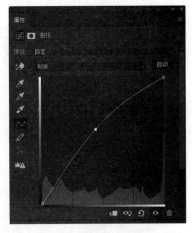

图 10-25　曲线调整图层的
"属性"面板

（8）按住键盘 Alt 键，在"图层"面板中，将光标移动到"曲线"调整图层与嘴巴图层之间的交界线上，当光标变成 图标时单击，使"曲线"调整图层只对下一图层（即嘴巴图层）起作用，此时"图层"面板如图 10-26 所示；苹果创意合成的效果如图 10-27 所示。

图 10-26　"图层"面板　　　　　图 10-27　苹果创意合成效果

10.1.3

10.1.3　项目案例：婚纱照合成

拍摄婚纱照，不一定要去场景实地，本节利用"选择并遮住"命令、"镜头光晕"滤镜、"曲线"调整图层，能够把人像和背景很好的融合，具体操作步骤如下：

(1) 打开一张婚纱照图片，如图 10-28 所示。

(2) 单击菜单栏"选择"→"主体"命令，建立人像主体的基本选区，如图 10-29 所示。

图 10-28　婚纱照原图　　　　　图 10-29　"主体"命令建立选区

(3) 单击菜单栏"选择"→"选择并遮住"命令，在弹出的"选择并遮住"对话框(如图 10-30 所示)中，单击工具箱中的"快速选择工具"　，按住 Alt 键，涂抹人物之外的多余选择的部分；单击工具箱中的"调整边缘画笔工具"　，涂抹头发及婚纱透明部分；完成选区的调整后，"输出到"选择"新建带有图层蒙版的图层"。

图 10-30 "选择并遮住"对话框

（4）打开一张山水图像，单击工具箱中的"移动工具" <kbd>✛</kbd>，将新建了图层蒙版的人像图层拖曳到该图像上，"图层"面板如图 10-31 所示；合成效果如图 10-32 所示。

图 10-31 "图层"面板

图 10-32 婚纱照更换背景的合成效果

（5）在"图层"面板中，单击"背景"图层；然后单击菜单栏"滤镜"→"渲染"→"镜头光晕"命令，在弹出的"镜头光晕"对话框中，在预览图中将光晕的中心点拖曳到右上角，"亮度"设为"100％"，"镜头类型"选择"50-300 毫米变焦(Z)"，单击"确定"按钮，如图 10-33 所示；为背景添加镜头光晕的效果如图 10-34 所示。

（6）在"图层"面板中，单击婚纱图层；单击面板底部的"创建新的填充或调整图层"图标 <kbd>◑</kbd>，在弹出的快捷菜单中选择"曲线"命令，这样就新建了一个"曲线"调整图层；在"属性"面板中，单击右上角图标 <kbd>▤</kbd>，在弹出的快捷菜单中选择"自动选项"，随后在弹出的"自动颜色校正选项"对话框中，选择"查找深色与浅色"选项，然后单击"确定"按钮，如图 10-35 所示，效果如图 10-36 所示。

图 10-33 "镜头光晕"对话框

图 10-34 添加镜头光晕的效果

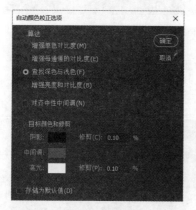

图 10-35 "自动颜色校正选项"对话框

图 10-36 自动颜色校正的效果

（7）更换不同的背景的效果如图 10-37、图 10-38 所示。

图 10-37 更换背景的效果

图 10-38 更换背景的效果

10.1.4

10.1.4 项目案例：手机创意合成

本节使用图层蒙版和羽化功能，创意合成手机图像和马匹奔腾的图像，制作从屏幕中万马奔腾而出的效果，具体操作步骤如下：

（1）单击菜单栏"文件"→"新建"命令，在弹出的"新建文档"对话框中，"宽度"设为"2800像素"，"高度"设为"2000像素"，"分辨率"设为"300像素/英寸"，如图10-39所示，然后单击"创建"按钮。

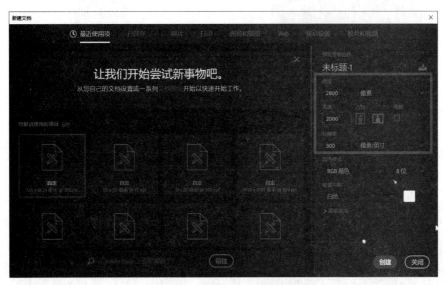

图10-39 "新建文档"对话框

（2）单击菜单栏"文件"→"打开"命令，在弹出的"打开"对话框中，找到准备好的手机图像，单击"打开"按钮，手机素材图片如图10-40所示。

（3）单击工具箱中的"移动工具"，将手机图像拖曳到新建的图像窗口中；单击工具箱中的"钢笔工具"，沿着右侧手机外边沿绘制路径，完成的结果如图10-41所示。

图10-40 手机原图

图10-41 钢笔工具绘制路径

（4）在"路径"面板中，单击底部的"将路径作为选区载入"图标，即可将绘制的路径转为选区；在"图层"面板中，按快捷键Ctrl+J，复制当前选区成为一个新图层，单击原手机图层的可见性图标，使其不可见，"图层"面板如图10-42所示；效果如图10-43所示。

（5）单击工具箱中的"设置前景色"对话框，在弹出的"拾色器（前景色）"对话框中，拾取颜色RGB(213,59,133)，如图10-44所示；单击"图层"面板中的背景图层，按快捷键Alt+Delete，使用该前景色填充背景，效果如图10-45所示。

图 10-42　复制新建手机图层　　　　　图 10-43　把手机复制成新图层

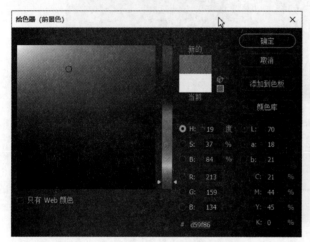

图 10-44　"拾色器(前景色)"对话框　　　　图 10-45　更改背景颜色

（6）单击工具箱中的"钢笔工具" ，沿着手机屏幕外边沿绘制路径，结果如图 10-46 所示。

（7）在"路径"面板中，单击面板底部的"将路径作为选区载入"图标 ，即可将绘制的路径转为选区；按快捷键 Shift＋Ctrl＋I，反选选区；在"图层"面板中，单击"添加图层蒙版"图标 ，为手机图层建立蒙版，效果如图 10-47 所示。

图 10-46　绘制手机屏幕的外边沿路径　　　图 10-47　建立手机图层蒙版的效果

（8）单击菜单栏"文件"→"打开"命令，在弹出"打开"对话框中，找到准备好的马匹图像，单击"打开"按钮，马匹图片如图 10-48 所示。

（9）单击工具箱中的"移动工具"⊕，将马匹图像拖曳到手机图像窗口中，并调整大小及位置，如图 10-49 所示。

图 10-48　马匹原图

图 10-49　将马匹图像拖曳到手机图层上

（10）在"图层"面板中，按住 Ctrl 键，同时单击手机图层的蒙版缩览图，即可将蒙版转为选区；按快捷键 Shift+Ctrl+I，反选选区；单击马匹图层，单击面板底部的"添加图层蒙版"图标 ▣，为马匹图层建立蒙版，效果如图 10-50 所示。

（11）按快捷键 Ctrl+J，复制马匹图层；单击菜单栏"选择"→"主体"命令，即可建立复制的马匹图层的选区；单击原马匹图层的可见性图标 👁，使其不可见；单击菜单栏"选择"→"选择并遮住"命令，在弹出的"选择并遮住"对话框中，单击工具箱中的"调整边缘画笔工具" ✏，涂抹马的边缘及毛发，使其细致抠选出来，效果如图 10-51 所示。

（12）在"图层"面板中，单击原马匹图层的可见性图标 👁，使其可见；单击该图层的蒙版缩览图（如图 10-52 所示），设置工具箱中的前景色为黑色 RGB(0,0,0)；单击工具箱中的"画笔工具" ✏，在选项栏中画笔笔尖"大小"为"81 像素"，"硬度"为"0%"，"常规画笔"中选择"柔边圆"，使用该画笔涂抹马匹图层的背景部分，使马的上半部分透空出来；将前景色改为白色 RGB(255,255,255)，使用该画笔涂抹马脚下的地面部分，使地面显示出来，效果如图 10-53 所示。

图 10-50　马匹图层建立蒙版的效果

图 10-51　"选择并遮住"命令抠取效果

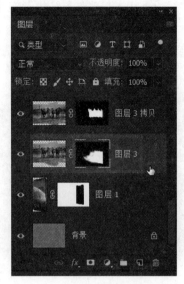

图 10-52 "图层"面板

图 10-53 修改蒙版的效果

（13）在"图层"面板中，按快捷键 Shift＋Ctrl＋N，新建空白图层，该图层置于马匹图层之下；设置工具箱中的前景色为白色 RGB（255，255,255），背景色为蓝色 RGB（2,44,147）；单击工具箱中的"渐变工具" ，单击选项栏中的"线性渐变"，在图像窗口中，从下往上拉出渐变，建立由白色到蓝色的渐变图层，并为该图层设置与手机图层相同的蒙版，该蒙版可以由已绘制的路径转换而来，也可以借用手机图层的蒙版，将其转为选区，再将该选区反选后添加为渐变图层的蒙版，图层蒙版如图 10-54 所示；效果如图 10-55 所示。

（14）打开白云图片和飞鸟图片（PNG 格式），将其拖曳到手机图像窗口中的合适位置，调整大小和朝向，建立从屏幕内向外的奔腾之势，最后完成效果如图 10-56 所示。配上合适的广告词，就是一幅很美的广告了。

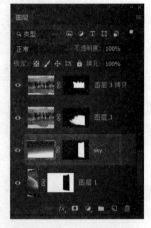

图 10-54 "图层"面板

图 10-55 建立蓝色渐变背景的效果

图 10-56 完成的效果

10.2 作品设计

平面设计作品类型多样，需求各异。街边海报、广告宣传、杂志封面、网站首页、动画原型等，都是平面设计作品的呈现，因为承载的媒体形式不同，观看距离不一，设计上有着特定的要求。设计流程一般按照需求分析、素材搜集、设计合成、反馈修改等阶段进行，需要根据应用场景和需求来确定大小、分辨率、色调、排版、文字等。本节讲解海报、网站首页、相册等多种类型的平面设计实例，为读者提供了紧贴实际的案例。

10.2.1 项目案例：主题海报设计

10.2.1

海报是极为常见的招贴形式，多用于电影、戏剧、比赛、文艺演出、演讲等各类主题活动，语言要求简明扼要，形式做到新颖美观。海报的尺寸大小以实际印刷大小为准，分辨率最少为 300ppi（像素/英寸）。

本节综合使用不同的图层混合模式，营造以红黄为主色的暖色调，设计"五四青年节"主题演讲活动海报，具体操作步骤如下：

（1）单击菜单栏"文件"→"新建"命令，在弹出的"新建文档"对话框中，"宽度"设为"60 厘米"，"高度"设为"90 厘米"，"分辨率"设为"300 像素/英寸"，"背景内容"为"自定义"红色 RGB(227,3,8)如图 10-57 所示，然后单击"创建"按钮。

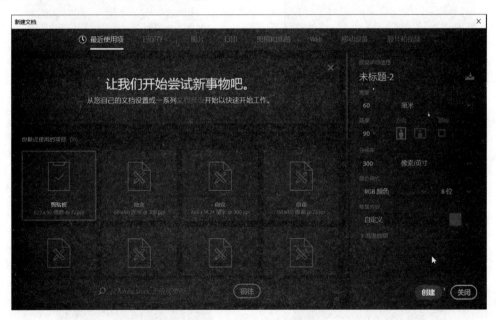

图 10-57 "新建文档"对话框

（2）打开一张纹理图片，如图 10-58 所示，单击工具箱中的"移动工具"，在图像窗口中，拖曳该纹理图片到新建的图像中；按快捷键 Ctrl＋T，拖曳控制点调整纹理图层的大小，使其正好覆盖红色背景；在"图层"面板中，将纹理图层的混合模式由"正常"改为"正片叠底"，"不透明度"设为

"42%";单击面板底部的"添加图层蒙版"图标 ，单击该图层蒙版缩览图，将工具箱中的前景色设为黑色 RGB(0,0,0)，单击工具箱中的"画笔工具" ，在其选项栏中打开画笔预设选取器，设置画笔"大小"为"2500 像素"，"硬度"为"0%"，"常规画笔"选择"柔边圆"，在图像窗口中涂抹出一块中心聚焦的区域，"图层"面板如图 10-59 所示；效果如图 10-60 所示。

（3）打开一张火炬图片，图片格式为 PNG 格式，背景透明，无须抠图；单击工具箱中的"移动工具" ，在图像窗口中，拖曳该图片到新建的图像中；在"图层"面板中，单击面板底部的"添加图层样式"图标 ，在弹出"图层样式"对话框中，勾选"外发光"，"结构"中的"混合模式"选择"滤色"，"不透明度"设为"100%"，设置发光颜色为黄色 RGB(255,245,86)，"图素"中的"大小"设为"188 像素"，单击"确定"按钮，效果如图 10-61 所示，"图层样式"对话框参数设置如图 10-62 所示。

图 10-58　纹理图片

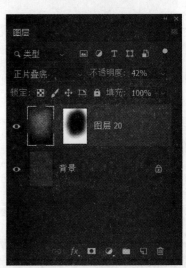

图 10-59　"图层"面板

图 10-60　纹理建立蒙版后的效果

图 10-61　添加"外发光"图层样式

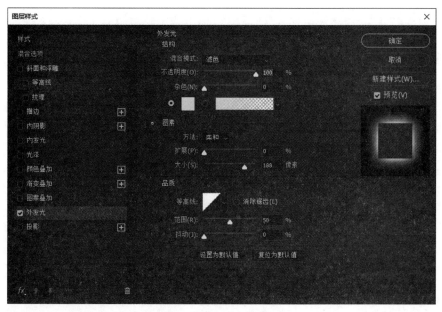

图 10-62　"图层样式"对话框

（4）单击工具箱中的"横排文字工具"▯，在图像窗口中，依次输入文字"五四青年节"，建立 5 个文字图层，字体为"方正行楷简体"，字色为黄色 RGB（254，245，100），大小错落排版，效果如图 10-63 所示。

（5）在"图层"面板中，按 Ctrl 键，同时选择 5 个文字图层，然后按快捷键 Ctrl＋G，将这 5 个文字图层组合为一个图层组；按快捷键 Ctrl＋J，复制"五四青年节"图层组成为一个新图层组；单击下面的文字图层组，单击面板底部的"添加图层样式"图标 ▯，在弹出"图层样式"对话框中，勾选"颜色叠加"，设置叠加颜色为橙黄色 RGB（232，141，43），按键盘上的方向键，向下向右移动几个像素，形成立体字效果，适当修饰部分细节，效果如图 10-64 所示。

（6）在"图层"面板中，单击上层的"五四青年节"图层组，单击面板底部的"添加图层样式"图标 ▯，在弹出"图层样式"对话框中，勾选"渐变叠加"，设置从黄色 RGB（255，240，1）到白色 RGB（255，255，255）的渐变叠加，效果如图 10-65 所示，"图层样式"对话框参数设置如图 10-66 所示。

图 10-63　添加文字图层

图 10-64　立体字效果

图 10-65　文字添加"渐变叠加"的效果

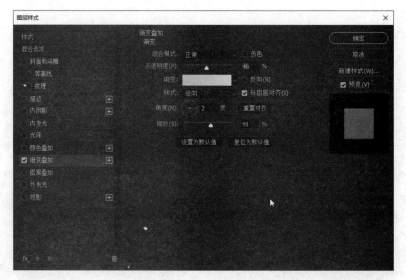

图 10-66　设置"渐变叠加"图层样式

(7) 单击工具箱中的"横排文字工具" T，在图像窗口中，依次输入准备好的"青春在奋斗中闪光"等中文和英文文字，文字颜色设为橙黄色 RGB(251,182,76)，中文文字字体为"方正大标宋"，英文文字字体为"方正大黑简体"，将这些文字图层的"不透明度"设为"60%"；输入"专题演讲"文字，字体设为"方正大黑简体"，文字颜色设为黄色 RGB(255,248,115)，"不透明度"设为"100%"，效果如图 10-67 所示。

(8) 打开一张话筒素材图片，将其拖曳到海报图像窗口中，按快捷键 Ctrl+T，拖曳控制点放大话筒图层；单击工具箱中的"快速选择工具" ，选择话筒图层的白色部分，单击"图层"面板底部的"添加图层蒙版"图标 ，再按快捷键 Ctrl+I，使蒙版反相，这样就抠除了话筒之外的部分；单击工具箱中的"横排文字工具" T，在图像窗口中，输入主题文字"放飞梦想 激扬青春"，颜色为橙黄色 RGB(253,200,72)，字体为"叶根友刀锋黑草"，效果如图 10-68 所示。

图 10-67　添加相关文字

图 10-68　加入话筒和主题文字

（9）打开一张光影素材图片，将其拖曳到海报图像窗口中，如图10-69所示；在"图层"面板中，将图层混合模式由"正常"设为"滤色"，为金话筒添加光影效果，效果如图10-70所示。

（10）在海报中加入活动的时间、地点，就是一幅完美的主题活动海报了，海报展示效果如图10-71、图10-72所示。

图10-69　拖曳光影素材进入海报

图10-70　添加光影的效果

图10-71　海报展示效果

图10-72　海报展示效果

10.2.2　项目案例：网站首页设计

网站首页是一个网站的入口网页，是网站内容提纲挈领的总目录。Photoshop设计好的首页图像后，需要切片分割，并将其转换为HTML网页格式，然后使用Dreamweaver等网页设计软件进一步编辑。显示器分辨率在1024*768的情况下，页面的显示尺寸为1007*600px，页面长度原则上不超过3屏，宽度不超过1屏。

10.2.2

本节采用封面型网页布局,设计某高校的门户网站首页,简洁明了,重点突出,具体操作步骤如下:

(1) 单击菜单栏"文件"→"新建"命令,在弹出的"新建文档"对话框中,"宽度"设为"1007 像素","高度"设为"600 像素","分辨率"设为"72 像素/英寸","背景内容"为"自定义"白色 RGB (255,255,255),如图 10-73 所示,然后单击"创建"按钮。

(2) 单击工具箱中的"横排文字工具" ，在图像窗口中,输入文字"吉林大学珠海学院",选项栏中字体设为"叶根友刀锋黑草";单击"图层"面板底部的"添加图层样式"图标 *fx*，在弹出的"图层样式"对话框中,勾选"颜色叠加",设置叠加颜色为金褐色 RGB(148,138,102),单击"确定"按钮,如图 10-74 所示。

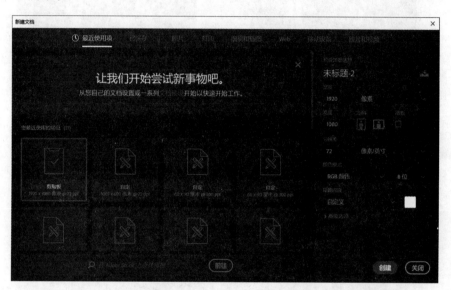

图 10-73 "新建文档"对话框

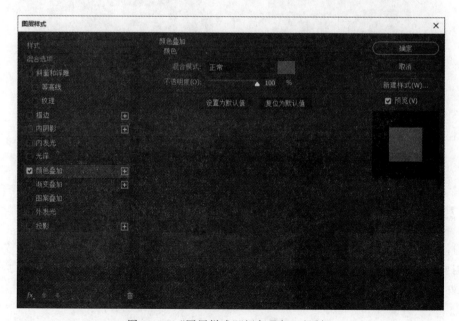

图 10-74 "图层样式""颜色叠加"对话框

（3）在图像窗口中，输入文字"ZHUHAI COLLEGE OF JILIN UNIVERSITY"，选项栏中字体设为"方正大黑简体"；在"图层"面板中，复制"吉林大学珠海学院"文字图层的图样样式，粘贴该图层样式到英文文字图层。

（4）打开校徽图片，将其制作成压痕效果，制作方法参见第9.4节内容，效果如图10-75所示。

（5）将压痕效果的校徽拖曳到网页底图中，如图10-76所示。

图 10-75　校徽压痕效果

图 10-76　添加校徽

（6）打开主建筑图像，将其拖曳到网页图像窗口中，单击工具箱中的"多边形套索工具" ，沿着建筑外轮廓框选它，单击"图层"面板底部的"添加图层蒙版"图标 ，为建筑图层添加蒙版；单击建筑图层的蒙版缩览图，将工具箱中的前景色设为黑色RGB(0,0,0)，单击工具箱中的"画笔工具" ，在其选项栏中设置画笔"大小"为"150像素"，"硬度"为"0%"，"常规画笔"选择"柔边圆"，使用该画笔涂抹图像窗口中的建筑左侧边缘和下侧边沿，获得柔和过渡的效果，"图层"面板如图10-77所示；图像的效果如图10-78所示。

图 10-77　"图层"面板

图 10-78　添加主建筑图层蒙版的效果

（7）单击工具箱中的"横排文字工具" T，在图像窗口中，输入新闻标题文字，在选项栏中，设置字体大小为"16"，字体为"宋体"，加入新闻标题的效果如图 10-79 所示。

（8）按快捷键 Shift+Ctrl+N，新建一个图层，单击工具箱中的"矩形选框工具" ，在图像窗口中，按住鼠标左键拉出矩形选框；将工具箱中的前景色设为灰色 RGB(134,134,134)，按快捷键 Alt+Delete，将矩形选区填充为灰色；单击工具箱中的"横排文字工具" T，在图像窗口中，输入导航栏文字"学校概括 校园新闻 培养与就业 学术与教育 信息公开 校内办公 人才培养 招生信息"，在选项栏中，将字色设为白色 RGB(255,255,255)，字体为"方正大黑简体"，效果如图 10-80 所示。

图 10-79　添加新闻标题文字

图 10-80　添加导航栏文字

（9）单击工具箱中的"横排文字工具" T，在图像窗口中，输入网站备案信息文字，效果如图 10-81 所示。

（10）打开两张校园风景图片，按照去色、复制、反相、设置"颜色减淡"图层混合模式、设置"最小值"滤镜等步骤，将其转换为黑白素描效果图像，具体方法步骤请参加第 7.7 节内容，原图及效果如图 10-82～图 10-85 所示。

图 10-81　添加网站备案信息文字

（11）将制作好的黑白素描图像拖曳到网页图像窗口中，单击"图层"面板底部的"添加图层蒙版"图标 ，为图层添加蒙版，使用黑色画笔涂抹蒙版，隐藏多余的部分，"图层"面板如图 10-86 所示；完成的效果如图 10-87 所示，更换主页的插图的效果如图 10-88、图 10-89 所示。

图 10-82　校园风景图之一

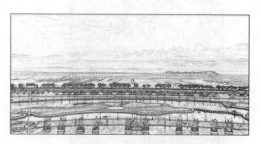

图 10-83　黑白素描效果

图 10-84　校园风景图之二

图 10-85　黑白素描效果

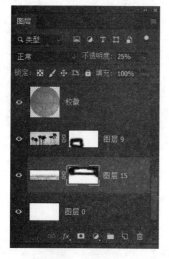

图 10-86　"图层"面板

图 10-87　完成的效果

图 10-88　更换插图的效果一

图 10-89　更换插图的效果二

10.2.3　项目案例：妈妈相册设计

10.2.3

为妈妈制作一本相册，是献给母亲最好的礼物。横版内页大小为 62×20 厘米，单页设计大小为 31×20 厘米，本节先设计单页，然后再拼合成双页一版，具体操作步骤如下：

（1）单击菜单栏"文件"→"新建"命令，在弹出的"新建文档"对话框中，"宽度"设为"31 厘米"，"高度"设为"20 厘米"，"分辨率"设为"300 像素/英寸"，"背景内容"为"自定义"浅绿色 RGB(191，213，166)，如图 10-90 所示，然后单击"创建"按钮。动手设计之前，要注意搜集整理好相关的图片素材，如图 10-91 所示。

图 10-90   "新建文档"对话框

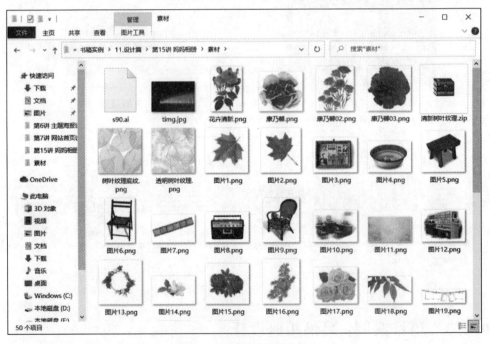

图 10-91   搜集整理图片素材

（2）按快捷键 Shift＋Ctrl＋N，新建一个图层，单击工具箱中的"矩形选框工具" ，在图像窗口中，按住鼠标左键拉出矩形选框；将工具箱中的前景色设为绿色 RGB(105,192,149)，按快捷键 Alt＋Delete，将矩形选区填充为绿色；在"图层"面板中，单击面板底部的"添加图层样式"图标 ，在弹出"图层样式"对话框中，勾选"斜面和浮雕"，"样式"选择"外斜面"，"方向"为"上"，"大小"为"1 像素"，如图 10-92 所示；这样使绿色横条稍有立体感，效果如图 10-93 所示。

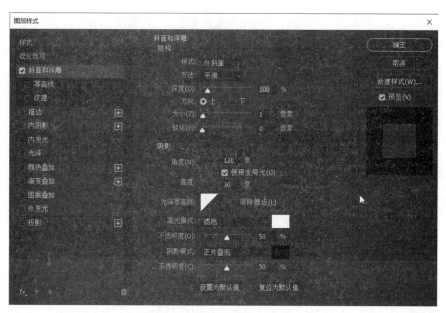

图 10-92　"图层样式"对话框

（3）打开一张花卉图片，如图 10-94 所示；单击工具箱中的"移动工具" ，在图像窗口中，按住鼠标左键，拖曳该花卉图像到相册图像中，按快捷键 Ctrl＋T，拖曳控制点调整花卉图层的大小和位置，效果如图 10-95 所示。

（4）单击工具箱中的"直排文字工具" ，在图像窗口中，单击并输入文字"妈妈相册"，在选项栏中，字体选为"方正大标宋简体"，大小设为"36 点"；单击"图层"面板底部的"添加图层样式"图标 ，在弹出"图层样式"对话框中，勾选

图 10-93　建立绿色横条

"颜色叠加"，设置叠加颜色为暗红色 RGB（168，31，39），单击"确定"按钮；同样的使用"直排文字工具" ，输入英文"TRAVEL"，在选项栏中，字体选为"方正大标宋简体"，大小设为"24 点"；设置相同参数的"颜色叠加"图层样式，效果如图 10-96 所示。

（5）打开一张树叶纹理素材图像，如图 10-97 所示。

图 10-94　花卉原图

图 10-95　拖曳花卉到相册图像中

图 10-96　添加标题文字

图 10-97　树叶纹理素材

（6）单击工具箱中的"移动工具"，在图像窗口中，按住鼠标左键，拖曳树叶纹理图像复制到相册图像中；在"图层"面板中，调整图层顺序，将树叶纹理图层拖曳在背景图层之上，在其他图层之下；按快捷键 Ctrl＋T，拖曳控制点调整树叶纹理图层的大小和位置；在"图层"面板中，将树叶纹理图层的"不透明度"设为"36％"，如图 10-98 所示，效果如图 10-99 所示。

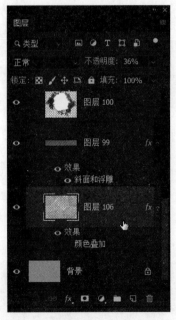

图 10-98　"图层"面板

图 10-99　添加树叶纹理的效果

（7）单击工具箱中的"横排文字工具"，在图像窗口中，输入文字"人生就像旅行 随处都是风景"，在选项栏中，文字字体设为"叶根友刀锋黑草"，字色设为绿色 RGB(50,169,110)，效果如图 10-100 所示。这样就完成封面页的设计；修改标题文字和主题文字，完成封底页的设计，如图 10-101 所示。

（8）在"图层"面板中，按住 Ctrl 键，同时单击以上步骤处理过的图层，这样就选择了多个图层；然后按快捷键 Ctrl＋G，将封面设计的图层组合成一个图层组。

图 10-100 添加主题文字

图 10-101 相册封底

（9）按快捷键 Shift＋Ctrl＋N，新建一个图层；单击工具箱中的"设置前景色""设置背景色"色块，分别设置前景色为白色 RGB(248,251,255)，背景色为浅绿色 RGB(206,226,191)；单击工具箱中的"渐变工具" □ ，在其选项栏中单击"径向渐变"，在图像窗口中，按住鼠标左键从中心位置往边缘拉出，使当前图层填充为渐变色，效果如图 10-102 所示。

（10）单击工具箱中的"横排文字工具" T ，在图像窗口中，输入文字"母亲旅行记"，在选项栏中设置字体为"叶根友刀锋黑草"，字体大小为"52 点"；接着，再输入一段文字"人生就是一次充满未知的旅行…"，字体设为"方正行楷简体"，字体大小为"23 点"；为这两个文字图层设置"颜色叠加"图层样式，设置叠加颜色为绿色 RGB(64,126,49)，效果如图 10-103 所示。

图 10-102 渐变填充的效果

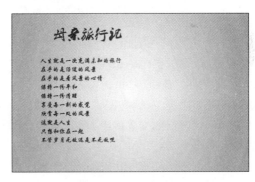

图 10-103 添加文字

（11）打开一张母亲的照片，将该图片拖曳到相册图像中；单击工具箱中的"钢笔工具" ✍ ，在图像窗口中绘制一个六边形；在"路径"面板中，单击"将路径作为选区载入"图标 ▦ ，将路径转换为选区；单击工具箱中的"矩形选框工具" ▦ ，移动该选区到母亲图层合适位置，正好框选母亲头像；在"图层"面板中，单击母亲图层，然后单击"添加图层蒙版"图标 ▣ ，为母亲图层建立蒙版，效果如图 10-104 所示。

（12）单击"图层"面板底部的"添加图层样式"图

图 10-104 为母亲图层添加图层蒙版

标 ，在弹出"图层样式"对话框中，勾选"斜面和浮雕"，"样式"选择"枕状浮雕"，"方向"选择"上"，"大小"选择"2像素"，其他参数为默认值，然后单击"确定"按钮，如图10-105所示，效果如图10-106所示。

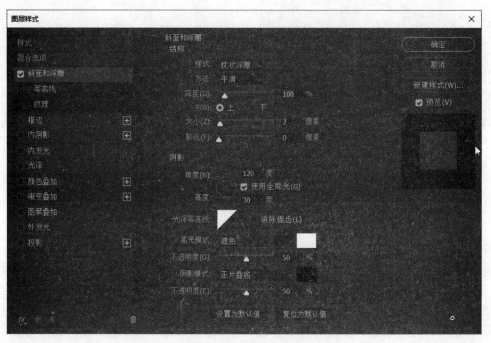

图 10-105 "斜面和浮雕"图层样式对话框

（13）打开6张风景图片，将其拖曳进入相册图像中，同样地设置图层的六边形蒙版和"枕状浮雕"图层样式，效果如图10-107所示。

（14）在"图层"面板中，单击母亲图层，为该图层添加"曲线"调整图层，在"属性"面板中，按住曲线中间位置向上提拉，调亮图像亮度，如图10-108所示；按住Alt键，同时将光标移动到"曲线"调整图层和母亲图层的交界线上，当光标变成 图标时单击，即可将"曲线"调整图层仅仅作用在其下的母亲图层上，如图10-109所示，效果如图10-110所示。

（15）打开一张树叶图片（PNG格式），将其拖曳到相册图像中的左上角，点缀和活跃版式，效果如图10-111所示。

图 10-106 添加"枕状浮雕"效果

图 10-107 添加其他风景图层的蒙版效果

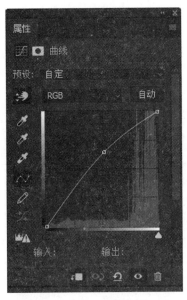

图 10-108　"属性"面板

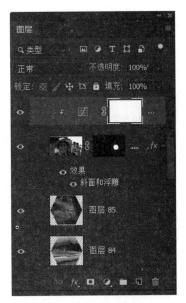

图 10-109　"图层"面板

图 10-110　"曲线"调整图层的效果

图 10-111　添加树叶图层

（16）相册的版式设计要多样灵活,色调要和谐统一,整体简洁明了,不宜过于烦琐。相册的部分内页如图 10-112 和图 10-113 所示。

图 10-112　相册内页之一

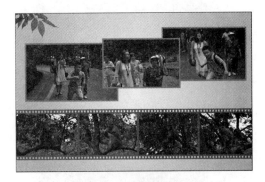

图 10-113　相册内页之二

10.2.4

10.2.4　项目案例：折纸插画设计

插图的风格千变万化,本节主要讲解如何利用简单的属性调节制作出折纸插画的效果以及噪点效果。本节以蝴蝶图案为对象,使用图层样式中"内阴影""投影"等属性设置,制作出折纸效果,具体操作步骤如下:

(1) 运行 Photoshop,单击菜单栏"文件"→"新建"命令(快捷键 Ctrl+N),在弹出的"新建"对话框中,将"宽度""高度""分辨率"等参数设置好后点击确定,将蝴蝶图案分层绘制好,如图 10-114 所示;蝴蝶图案的各图层如图 10-115 所示。

(2) 制作基本透视造型。单击工具箱中的"设置前景色"色块,在弹出的"拾色器(设置前景色)"对话框中,单击蝴蝶的大翅膀吸取其颜色,使用与大翅膀色系相同的渐变色填充背景;单击右边大翅膀图层,按快捷键 Ctrl+J 键,复制该图层,并将其颜色改为白色。在"图层"面板中,单击选择"右边翅膀"整个图层组,按快捷键 Ctrl+T 键,将其压缩变形。将"右边翅膀"两个图层的暗度降低,模拟背光效果。效果如图 10-116 所示。

(3) 设置图层样式。"左边大翅膀"设置完的效果如图 10-117 所示,可以看到阴影、高光部分制作完成后,左边翅膀会呈现出立体感。在"图层"面板底部,单击"添加图层样式"图标 fx,在弹出的"图层样式"对话框中,具体设置参数如下:

图 10-114　绘制蝴蝶形状图案

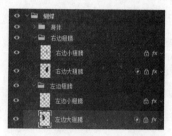

图 10-115　蝴蝶图案的图层

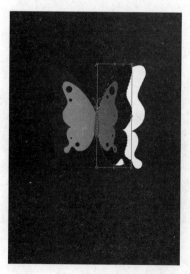

图 10-116　设置右边翅膀的效果

图 10-117　设置左边翅膀的效果

"投影"图层样式：勾选"投影"，"混合模式"选为"正片叠底"，取消勾选"使用全局光"，"角度"设为"17度"，"距离"设为"27像素"，"扩展"设为"0％"，"大小"设为"40像素"。各参数设置如图 10-118 所示。

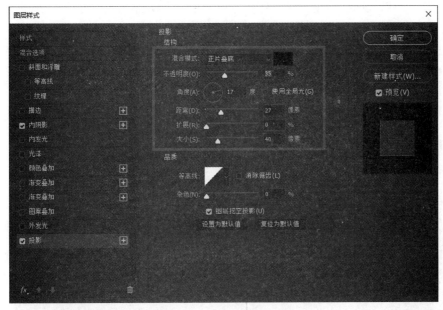

图 10-118 "投影"图层样式设置

"内阴影"图层样式：勾选"内阴影"，"混合模式"选为"滤色"，单击右侧的色块，将颜色改为白色，取消勾选"使用全局光"，"距离"设为"4像素"，"阻塞"设为"0％"，"大小"设为"3像素"，高光的大小越细越精致。各参数设置如图 10-119 所示。

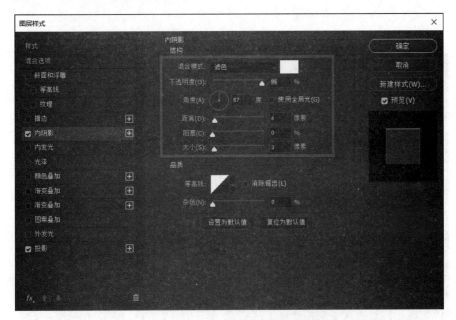

图 10-119 "内阴影"图层样式设置

(4) 制作镂空效果。制作右侧的大翅膀的镂空效果,投影的方向应该是向内,所以需要使用
"**内阴影**"制作投影,可使用"投影"制作高光部分,具体参数如下:

"内阴影"图层样式:勾选"内阴影","混合模式"选为"正片叠底",取消勾选"使用全局光","角
度"设为"41度","距离"设为"21像素","阻塞"设为"0%","大小"设为"29像素",各参数设置如
图10-120所示。

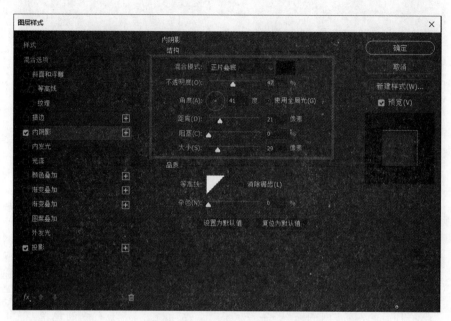

图10-120 "内阴影"图层样式设置

"**投影**"图层样式:勾选"投影","混合模式"选为"滤色",取消勾选"使用全局光","角度"设为
"—135度","距离"设为"6像素","阻塞"设为"0%","大小"设为"0像素",如图10-121所示。

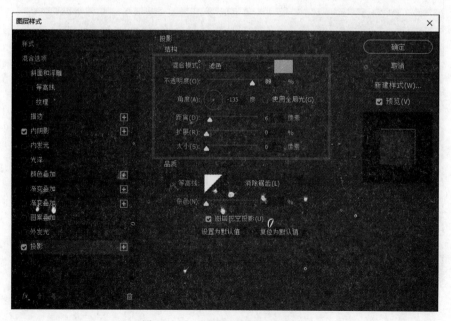

图10-121 "投影"图层样式设置

（5）利用蒙版将右侧的大翅膀的左半边羽化，制作好的镂空效果如图 10-122 所示；将其他翅膀图层加上图层样式，效果如图 10-123 所示。

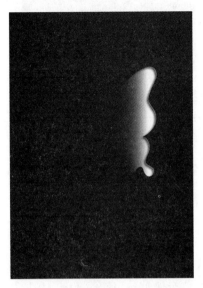

图 10-122　右侧翅膀羽化后的镂空效果

图 10-123　整体的效果

（6）添加点缀元素。利用自带的蝴蝶画笔（或者将绘制好的蝴蝶定义为画笔预设）画出一些有疏密节奏的蝴蝶元素。单击工具箱中的"画笔工具"，按快捷键 Shift＋Ctrl＋N，新建一个图层，在图像窗口上单击，绘制出几个大小不同的蝴蝶，画笔及绘制效果如图 10-124 所示。

图 10-124　蝴蝶画笔及绘制效果

利用工具箱中的套索工具和移动工具，调整每个蝴蝶的大小和位置，如图 10-125 所示；然后在"图层"面板中，单击"锁定透明像素"图标 ，使用不同深浅的橙色的画笔涂抹不同大小的小蝴蝶；为小蝴蝶添加"投影"图层样式，"投影"的距离可以适当拉大一些，效果如图 10-126 所示。

（7）添加噪点肌理。将颗粒肌理叠加在画面上是用来增加插画细节的一种方式，它能丰富纯色块的画面质感。具体操作如下：

图 10-125　调整蝴蝶位置及大小　　图 10-126　调整蝴蝶的颜色并添加"投影"图层样式

按快捷键 Shift＋Ctrl＋N,新建一个图层,使用灰色 RGB(145,145,145)填充该图层;在"图层"面板中,单击该图层,单击菜单栏"滤镜"→"杂色"→"添加杂色"命令,如图 10-127 所示。在弹出的"添加杂色"对话框中,"数量"设为"21.57％","分布"选为"平均分布",勾选"单色"选项,如图 10-128 所示。

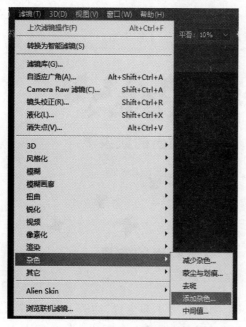

图 10-127　菜单栏"添加杂色"命令　　　　　图 10-128　"添加杂色"对话框

在"图层"面板中,将图层混合模式选为"叠加","不透明度"设为"40％",参数如图 10-129 所示,局部放大的效果如图 10-130 所示。最后完成的整体插画效果如图 10-131 所示。

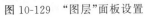

图 10-129　"图层"面板设置　　图 10-130　局部放大的效果　　图 10-131　完成的整体效果

（8）使用同样的方法，制作的插画如图 10-132 和图 10-133 所示。

图 10-132　插画设计样例一　　　　　图 10-133　插画设计样例二

参 考 文 献

[1] 唯美世界. Photoshop CC 从入门到精通[M]. 北京：中国水利水电出版社,2017.

[2] 孙红阳. Photoshop 基础与实训[M]. 上海：上海交通大学出版社,2017.

[3] 龚玉清,周洁,胡萍. 网站艺术设计[M]. 上海：上海交通大学出版社,2017.

[4] 善本出版有限公司. 平面设计高手之路 Logo 设计全解 [M]. 北京：人民邮电出版社,2018.

[5] 马库斯·韦格. 平面设计完全手册[M]. 张影,周秋实,译. 北京：北京科学技术出版社,2015.

[6] 威廉·立德威尔,克里蒂娜·霍顿,吉尔·巴特勒. 设计的 125 条通用法则[M]. 陈丽丽,吴奕俊,译. 北京：中国画报出版社,2019.

[7] 瞿颖健. 手把手教你学平面设计[M]. 北京：化学工业出版社,2017.

[8] 蒂莫西·萨马拉. 图形、色彩、文字、编排、网格设计参考书[M]. 庞秀云,译. 南宁：广西美术出版社,2017.

[9] 德鲁·德索托. 平面设计必修课[M]. 陈少芸,梁炯,译. 北京：人民邮电出版社,2019.

[10] 李涛. Photoshop CS5 中文版案例教程[M]. 北京：高等教育出版社,2012.

[11] 邵喃数码影像设计工作室. 平面设计制作整合案例详解——招贴及光盘封套设计卷[M]. 北京：人民邮电出版社,2000.

[12] Sun｜视觉设计. 平面设计就这么简单[M]. 北京：电子工业出版社,2017.

[13] Sun｜视觉设计. 版式设计法则[M]. 2 版. 北京：电子工业出版社,2016.

[14] Sun｜视觉设计. 平面设计法则[M]. 2 版. 北京：电子工业出版社,2016.

[15] 汪端,郑曦. 老邮差数码照片处理技法入门篇. [M]. 2 版. 北京：人民邮电出版社,2015.

图 书 资 源 支 持

感谢您一直以来对清华大学出版社图书的支持和爱护。为了配合本书的使用，本书提供配套的资源，有需求的读者请扫描下方的"书圈"微信公众号二维码，在图书专区下载，也可以拨打电话或发送电子邮件咨询。

如果您在使用本书的过程中遇到了什么问题，或者有相关图书出版计划，也请您发邮件告诉我们，以便我们更好地为您服务。

我们的联系方式：

教学资源·教学样书·新书信息

地　　址：北京市海淀区双清路学研大厦 A 座 701

邮　　编：100084

电　　话：010-83470236　010-83470237

资源下载：http://www.tup.com.cn

客服邮箱：tupjsj@vip.163.com

QQ：2301891038（请写明您的单位和姓名）

人工智能科学与技术
人工智能|电子通信|自动控制

资料下载·样书申请

书圈

用微信扫一扫右边的二维码，即可关注清华大学出版社公众号。